“十二五”普通高等教育包装本科规划教材

包装管理

（第三版）

主　编　戴宏民
副主编　杨祖彬　戴佩华
编　著　戴宏民　杨祖彬　戴佩华
周　强　刘彦蓉　白云千
王润球　刘丽华　周树高
白成东
主　审　许文才

文化发展出版社
Cultural Development Press

内容提要

本书是“十二五”普通高等教育包装本科规划教材。为了更好地适应包装工业的发展，比较全面地反映包装行业管理的新方法，作者对《包装管理》（第二版）进行了修订，在修订过程中，按原教材体系，依据最新的包装专业规范和新颁布的与包装管理相关的国家标准，对书中内容进行了更新补充。全书共有七章，即：包装管理概论、包装经营管理、包装计划管理及实施、包装质量管理、包装环境及绿色化管理、包装物流管理及CPS，包装成本管理。本书内容丰富，并附有一些企业管理的真实案例，以增加本书的实用性及易读性。

本书适合于普通高校包装工程专业选作教材和参考书，也可以供包装企事业管理及技术人员在实践中参考。

图书在版编目（CIP）数据

包装管理/戴宏民主编；杨祖彬等编著. —3版. —北京：文化发展出版社，2013.2（2021.1重印）
（“十二五”普通高等教育包装本科规划教材）
ISBN 978-7-5142-0776-7

Ⅰ.①包… Ⅱ.①戴…②杨… Ⅲ.包装技术－高等学校－教材 Ⅳ.TB48

中国版本图书馆CIP数据核字(2012)第300097号

包装管理（第三版）

主　　编：戴宏民
副 主 编：杨祖彬　戴佩华
编　　著：戴宏民　杨祖彬　戴佩华　周　强　刘彦蓉　白云千　王润球　刘丽华　周树高　白成东
主　　审：许文才

责任编辑：刘淑婧　李　毅　　责任校对：郭　平
责任印制：邓辉明　　责任设计：侯　铮
出版发行：文化发展出版社（北京市翠微路2号　邮编：100036）
网　　址：www.wenhuafazhan.com　　www.printhome.com
经　　销：各地新华书店
印　　刷：北京捷迅佳彩印刷有限公司

开　　本：787mm×1092mm　1/16
字　　数：320千字
印　　张：13.875
印　　次：2021年1月第3版第11次印刷
定　　价：59.00元
I S B N：978-7-5142-0776-7

出版说明

我国包装印刷行业具有万亿市场规模。近十年来，我国包装工业总产值从2002年2500多亿元，到2009年突破1万亿元，超过日本，成为仅次于美国的世界第二包装大国。2014年国内包装工业总产值完成14800亿元，包装行业社会需求量大、科技含量日益提高，已经成为对经济社会发展具有重要影响力的支撑性产业。随着“十三五”的到来，包装工业作为国民经济产业体系的重要组成部分，也将着力于通过“互联网+绿色环保+包装工业”的新型工业发展模式推动产业转型与结构调整；推动信息化、大数据建设，引导包装工业与互联网深度融合；在包装工业的各领域注重“创意设计”与“绿色环保”，通过科技创新实现提质、增效、升级；加快包装企业走出去步伐，扩大国际交流与合作；推进标准化建设与人才培养机制。力求包装工业在“十三五”规划期间实现长足发展。

为了满足社会对新型人才的需要和适应包装技术与装备、包装材料、包装标准的更新和应用，作为包装工业发展支撑点和推动力的包装教育，必须与时俱进、不断更新和升级，努力提高教育质量。而高等教育教学的三大基本建设是师资队伍、教材和实验室建设，而教材是提升教育、教学的基础配套条件。

近30多年来，中国包装学科教育的兴起、发展，始终紧扣包装工程专业的教材建设。1985年首次开创高等学校适用教材建设，出版了第一套12本开拓性教材；1995年为推进全国包装统编教材建设，又出版了第二套12本探索性教材；跨入21世纪，2005年在中国包装联合会包装教育委员会与教育部包装工程专业教学指导分委员会联合组织、规划，全国包装教材编审委员会指导下，出版了第三套23本包装工程专业教材。文化发展出版社（原印刷工业出版社）作为国内唯一一家以印刷包装为特色的专业出版社，一直致力于包装专业教材的建设，积极推动教材的发展与更新，先后承担了三套包装工程专业教材的出版工作，并取得了可喜的成果。许多包装类教材经过专家的审定，获得了国家级精品教材、国家级规划教材等荣誉称号，并得到了广大院校、教学机构和读者的认可。

目前，全国已有近 70 所高等学校开设包装工程本科专业。近年来，江南大学、天津科技大学等高校在轻工科学与技术一级博士点下设立了包装工程博士点和硕士点，西安理工大学、上海大学、北京印刷学院、陕西科技大学、浙江理工大学、湖南工业大学、哈尔滨商业大学等高校在相近专业以学科方向形式开展包装工程专业硕士研究生教育，这给我国包装教育的发展注入了新的活力。

随着产业技术的发展，原有的包装工程专业教材无论在体系上还是内容上都已经落后于产业和专业教育发展的要求。因此，文化发展出版社根据教育部《全面提高高等教育教学质量的若干意见》的指导思想，紧密配合教育部“十三五”国家级规划教材的建设，在“十三五”期间将对包装工程专业教材不断进行修订和补充，出版适合教学需要的第四套包装专业本科教材。本套教材具有以下显著特点：

1. **具备“互联网 +”特性**。依据教材的内容特色与资源，在纸媒教材上增印二维码，内容包含复杂的原理机构图、Flash 动画、简短视频等信息，实现纸媒与手机等移动终端的联动性，加强教学的互动性。

2. **配套课件全面化**。本套教材将全部采用“教材 + 配套 PPT 课件”的模式，其中 PPT 课件免费供使用本套教材的院校教师使用。

3. **科学规范性**。教材体系更符合教学实际，同时紧扣教育部新制定的普通高等学校包装工程专业的专业规范，教材的内容涵盖了新专业规范中要求学生需要掌握的知识点与技能。

4. **先进性**。教材引用了大量当今国际、国内包装工业的科技发展现状和实例，以及当前科技研发的成果和学术观点，内容较为先进。

5. **实用性**。教材紧扣包装工业实际，并注重联系相关产业的基本知识和发展需求，实现知识面广、工理渗透，强调基础知识、技能的协调发展和综合提高。

“‘十三五’普通高等教育包装本科规划教材”已陆续出版并稳步前进，我们真诚地希望全国相关院校的师生及行业专家将本套教材在使用中发现的问题及时反馈给我们，以利于我们改进工作，便于作者再版时对教材进行改进，使教材质量不断提高，真正满足当今包装工程专业教育、教学发展的需求。

文化发展出版社

2015 年 12 月

前　言

《包装管理》(第二版) 出版至今已七年多了。在这段时间中，包装学科和管理学科都出现了新发展：绿色包装和整体包装解决方案等新理念及新技术在产品包装实践中得到进一步深化和成熟，RFID 电子标签在包装物流中获得了越来越广泛的应用；在管理学科中，则更加强调对实现决策的保证——计划管理的先进编制和实施方法的应用。这些新理念、新技术和新方法也必将促进包装管理学科在理论和实践中获得扩展。基于此，并考虑到我国包装行业规模的快速增长及对先进管理方法的强烈需求，本书决定对《包装管理》(第二版) 进行修订。

在《包装管理》(第三版) 中，增加了包装企业资源计划、目标管理法、滚动计划法、网络计划技术、绿色包装壁垒、食品包装材料安全性、包装环境及绿色化管理、整体包装解决方案、包装使用总成本的控制、RFID 标签等新内容，同时改写了包装物流管理的内容。上述新增内容均附有案例分析。此外，还对原第二版中其他各章内容也进行了合并、删减和修订。如原包装标准化与法规一章的内容因考虑到另有专著而删去。另外，本书配有 PPT 教学课件，为使用本教材的教师免费提供。

《包装管理》(第三版) 全书共有七章，即：包装管理概论、包装经营管理、包装计划管理及实施、包装企业质量管理、包装环境及绿色化管理、包装物流管理及 CPS、包装成本管理。

本书修订工作由重庆工商大学包装工程编写团队修编，戴宏民教授担任主编，杨祖彬副教授和戴佩华副教授担任副主编。其中，第三章第四～七节由戴宏民教授和戴佩华副教授编写，第四章第五节由周强讲师编写，第五章由戴宏民教授和刘彦蓉讲师编写，第六章由戴宏民教授编写，第七章第四节由杨祖彬副教授编写，而书中其他章节，则由本书主编戴宏民教授对《包装管理》（第二版）书稿中对应章节的内容进行了适当删节和修改而成。全书由北京印刷学院许文才教授担任主审。

本书适合于普通高校包装工程专业选作教材和参考书，也可供包装企事业管理及技术人员在实践中参考。

本书编写中难免有疏漏不当之处，望读者提出宝贵意见。在这里尤要对《包装管理》（第二版）中各有关章节的原编写作者（编写第一章的重庆工商大学白云千教授，编写第二章的湖南工业大学王润球教授，编写第三章第一～三节和第七章第六节的吉林大学刘丽华教师，编写第四章第一～四节的湖南工业大学周树高教师，编写第七章第一～三节的重庆工商大学白云千教授和白成东讲师）表示敬意。同时也要对本次修订中引用文献的作者致以敬意。

编者 戴宏民

2012年9月20日

目 录

第一章　包装管理概论

包装管理是一门新兴的管理学科，它的形成和发展是包装产业发展的内在要求和必然产物。商品生产和商品交换都离不开包装，包装工业的发展水平，体现了一个国家工业现代化的水平。搞好包装管理，对于加快我国包装工业的发展，提升我国包装产业的水平，实现我国从包装大国向包装强国迈进具有十分重要的意义。本章主要论述包装管理的概念、意义、内容；现代包装企业管理的性质、职能与任务；市场经济与现代包装企业制度；包装企业的领导体制与组织结构等问题。

第一节　包装管理概述

一、包装的概念

大多数物质产品在从生产领域流转到消费领域的过程中，都需要有适当的包装。包装一词，有两种含义：其一是指在商品流通过程中，为保护商品、方便储运、促进销售，按一定技术方法而采用的容器、材料及辅助物；其二是指在为保护商品、方便储运、促进销售而采用容器、材料和辅助物的过程中施加一定技术方法的操作活动。

商品的包装一般有 3 个层次：内包装、中层包装和外包装。内包装又称销售包装，是指盛装商品的直接容器，如牙膏的软管、药品的玻璃瓶等；中层包装又称次要包装，指用于保护商品和促进销售的直接容器外面的包装，如牙膏软管的纸盒和玻璃瓶外面的纸盒等；外包装又称储运包装，指便于储存、搬运和便于识别商品的外包装。此外，包装上的标签、装潢等也属于商品包装范畴。

二、包装管理概述

（一）包装管理的概述

包装管理，是指对包装经济活动进行的决策、计划、组织、指挥、协调、激励、控制和创新活动，它是综合运用社会科学和自然科学的原理和方法，对包装生产、流通、分配、消费等活动进行管理的过程。其目的在于科学地组织包装生产力，高效率地利用包装经济资源，达到以最小劳动耗费和最少的资源消耗，取得最大的社会效益、环境效益和经济效益的目的，满足包装工业和国民经济发展的需要。

（二）包装管理的内容

包装管理的内容，从要素结构上来说，是一个十分复杂的相互联系的体系。从总体上分，有人、财、物的管理；按部门和系统区分，有纸包装、塑料包装、金属包装、木质包装、玻璃包装等方面的管理；按包装经济活动的过程和环节区分，有包装原辅材料、包装印刷、包装机械、包装容器和包装消费的管理；按管理的层次和幅度区分，有国家对包装经济的宏观控制，中央有关职能部门对某一行业或区域包装经济实行的管理，还有地方政府有关职能部门对包装企业的管理。所以说，包装经济管理是一个有机的相互制约和联系的组织体系和组织过程。

如前所述，包装工业本身是一个综合性、横向性和跨行业的工业，其组织过程比较特殊，分散在轻工、食品、医药、化工、纺织、商业、外贸等工业系统。因此，包装经济系统是一个多部门、多子系统、多因素、多层次构成的庞大体系。包装经济管理的范围十分广泛，既包括微观系统包装企业的生产经营管理，又包括宏观系统的包装行业管理；既包括生产领域的包装管理，也包括物流中的包装管理；既涉及包装企业的经济效益问题，又涉及到包装废弃物的综合利用及管理问题。这里仅就包装经济的宏观调控和微观的包装企业管理的内容作一阐述。

包装经济宏观调控，通常指国家为保证包装与国民经济、社会利益各方面协调发展，从总量和结构以及包装的使用上对包装经济活动进行的调节和监控。包装经济宏观调节、监控的主要内容有：①包装经济的规模、发展速度和重点。②包装资源的有效配置以及包装投资的数量和结构。③包装科学技术发展以及包装工业装备研制的方向和重点。④包装废弃物对环境的污染及治理。⑤包装标准化以及法规的制定与执行。⑥物流中的包装管理。⑦包装资源开发与包装工业布局。⑧包装行业管理。

包装企业管理，是对包装企业的生产经营活动进行计划、组织、指挥、协调、控制的一系列活动。包装企业是以从事包装生产为主，实行独立核算并具有法人资格的基本经济单位；是应用现代生产技术，进行社会化大生产的自主经营、自负盈亏的经济组织。包装企业管理的基本任务是在社会主义市场经济条件下，通过有效的管理，合理组织企业系统的人、财、物和信息等生产要素，加快企业技术进步，增强企业技术创新能力，正确处理企业内部人员在生产过程中的相互关系以及企业同国家之间、企业同其他经济单位之间的关系，创造一种良好的工作环境，调动全体职工的积极性，以最少的投入，通过企业的工作系统，取得最大的产出。

第二节　包装企业管理的性质、职能与任务

一、包装企业的基本概念和分类

（一）包装企业的基本概念

包装企业是在包装行业内从事包装制品的生产、流通或提供包装作业及包装服务等包

装经济活动，为满足商品包装和国民经济发展的需要，实现自身的赢利目标而进行自主经营、自负盈亏，实行独立核算，具有法人资格的商品生产者与经营者，是市场经济主体的一部分，也是市场经济条件下社会的基本经济单位。

（二）包装企业的分类

1. 按包装制品的基材分类

（1）纸制品包装企业，即生产纸箱、纸盒、纸杯、纸袋、纸桶等纸类包装制品的企业。

（2）塑料制品包装企业，即生产塑料箱、塑料盒、塑料袋（含塑料编织袋）、塑料桶等塑料包装制品的企业。

（3）金属包装企业，即生产金属箱（如集装箱）、金属桶、金属罐、金属盒（如糖果、饼干包装盒）等金属包装制品的企业。

（4）玻璃包装企业，即生产玻璃瓶（如各种酒瓶、饮料瓶）、玻璃罐等玻璃包装制品的企业。

2. 按包装产品大类分类

（1）包装材料企业，即生产包装制品用的各种纸材（如纸箱板、真空包装纸）、金属板材、塑材等包装材料的企业。

（2）包装印刷企业，即为各种包装制品提供装潢印刷服务（如金属印刷、塑料印刷、纸印刷等）的企业。

（3）包装容器（制品）企业，即生产纸、塑料、玻璃、金属等包装容器（制品）的企业。

（4）包装机械企业，即生产各种包装机械设备（如饮料罐装机、瓶盖封装机、打包捆扎机）的企业。

二、包装企业管理的职能

职能是人、事物、机构应发挥的作用。从企业管理的角度看，企业管理职能就是企业管理者对一定领域内的企业活动进行有效管理所必须具备的基本功能。根据企业管理的二重性原理，企业管理具有两个基本职能：合理组织生产力和维护生产关系。由于包装企业既是社会生产力的承担者，又是一定生产关系的体现者，是生产力和生产关系的统一体，因而这两种管理职能是结合在一起的。包装企业管理的具体职能，主要包括决策、计划、组织、指挥、协调、激励、控制和创新等主要活动。

（一）决策职能

决策是人们为达到一定目标，运用科学的理论和方法，拟定多种行动方案，并从中选出最优方案的活动。其本质是人们对将要付诸行动的主观意志的表达。

决策是现代管理中的一项重要功能。它一般由 7 个要素构成：①决策者，即作出决策的个人或集体。②决策目标，即决策者所要达到的目的。③决策方案，即决策者用以达到目标的手段。④决策环境，即决策者无法控制但又对决策后果起重大影响的因素。⑤决策后果，即决策方案在特定的决策环境中所达到的结果。⑥决策变量，即决策环境与决策后果之间的关系。⑦决策评价，即对决策后果的分析与评估。

包装企业管理包括企业内部管理与企业外部管理，主要指经营管理，管理的重心在经营，经营的重心在决策。决策是对包装企业的生产、技术和经营等活动全过程的筹划。

包装企业管理的决策，对确定包装企业的企业目标和方针，制定有关政策和规章制度等均有重要意义。在包装企业管理决策中，既要考虑企业的近期目标，又要对企业的全局和长远目标包括生产规模、设备更新、技术引进、费用与成本水平以及包装企业体制改革等，作出选择和决定。

（二）计划职能

计划是指为实现既定的决策目标而对各项具体管理活动及其所需人力、物力和财力所作出的设计和谋划。

计划是管理职能中的一项重要职能，它与决策的关系十分密切。通常认为，决策是计划的灵魂，计划是决策的具体化和落实。决策职能的使命是确定未来活动的目标、方向和原则，以及为实现目标在整体上必须采取的程序、途径、手段和措施。但是，决策只是勾勒了未来行动的大致轮廓，远远没有达到周密设计的程度。决策确定的目标能否实现？决策选择的方案能否实施？在决策和决策实施之间还需要有一种管理职能作为桥梁把它们彼此衔接起来。计划就是起这种桥梁作用。计划功能的使命是在决策所确定的目标、方向和原则的基础上，使决策方案具体化。在包装企业管理中，管理者通过一系列的计划管理活动，对包装企业的生产经营目标进行分解、计算，并拟定实施目标的步骤、方法和策略，以期合理地安排人力、物力和财力资源，调动各方面的积极性，从而迅速有效地实现决策目标。

（三）组织职能

管理学上所讲的组织，是指人们在社会活动中分工和协作的方式。两个人以上的群体共同工作，就有一个分工与协作的问题。因为，人的知识和能力的有限性决定了人们必须进行分工，以求提高效率，分工可以使不同的人为同一目标而工作，分工必须协调一致，才能发挥出综合效益。为了使分工与协作在推动管理目标的实现方面卓有成效，人们必须使共同工作中的每一成员或每一单位的任务、目标、责任与权限相对固定，也就是要求把在一起共同工作的人们之间的关系以相对固定的方式确定下来，这种被固定下来的稳定的联系就是组织。

从组织的职能方面来看，组织表现为有序性。组织工作和组织活动在于合理地向分系统和成员分配工作，调整各个分系统的关系。当组织内部因素变动或环境变动而产生各种矛盾时，组织的职能就在于解决这些矛盾，以便统一各种行动。组织工作的职能，就在于消除不断产生的各种无序状态，使之保持系统的有序性。

在包装企业管理中，组织职能是指建立包装企业组织结构方面的管理活动，它也是构成管理职能的要素之一。即按照已制订计划的目标要求，对包装企业的劳动力、劳动资料和劳动对象进行科学的组织安排，形成一个有机的整体，使企业人、财、物得到最合理的使用。同时，明确企业内部各岗位的责任与权限，决定合理的管理制度，确立相互协调的关系，促进企业工作的开展。

（四）指挥职能

在决策、计划与组织的既定条件下，管理者面临的任务是指挥。所谓指挥就是管理者凭借自身的权力和影响力，对下属进行调度，指导他们为实现组织目标而展开活动的行为。

包装企业管理的指挥职能是指管理者为实现包装企业的生产经营计划，按照社会化大生产的客观要求，运用权力手段和权威进行发令调度，从而有效地领导他人行为的一种管理活动。

指挥职能是组织劳动协作的必要条件，其内容主要包括自上而下发出指令调动，了解意见和建议，进行必要的指导和调节等。指挥职能的执行，必须建立集中而有效的生产经营指挥系统，保证企业按照统一计划，把各方面的工作有机地组织起来，使企业内各部门、各工种、各工序紧密配合，协调发展。指挥职能具有统一性、科学性、权威性、适应性和纪律性的特点。

（五）协调职能

在管理活动中，不可避免地会遇到各式各样的矛盾与冲突，这就需要协调。协调是管理的重要职能，是在管理过程引导组织之间、人员之间建立相互协作和主动配合的良好关系，有效利用各种资源，以实现共同预期目标的活动。

协调的对象包括组织与人员。管理协调就是正确处理人与人、人与组织以及组织与组织间的关系。但由于人是一切管理活动的主体，是构成组织的“基本单位”，所以，协调的对象归根结底是人员，管理协调归根结底是正确处理人与人的关系。可见，协调的最终目的是建立并维护良好的人际关系，通过实现人际关系的协调带动组织内外诸要素的协调。

包装企业管理的协调职能就是协调包装企业各方面的工作，协调各项生产经营活动，使企业内部各部门、各单位、各环节之间配合得当，消除不和谐现象，使包装企业的生产经营活动有序进行的一种管理职能。

协调职能的内容包括企业的内部协调、外部协调、纵向协调和横向协调等。

协调职能的特点：具有协商性、民主性、和谐性、沟通性和激励性的特点。

（六）激励职能

激励是管理的一项重要职能。现代管理强调以人为中心，如何充分开发和利用人力资源，如何调动组织成员的积极性、主动性和创造性，是至关重要的一个问题。这就要求管理者必须学会在不同的情境中采用不同的激励方法，对拥有不同需要的组织成员进行有效的激励。

所谓激励职能就是激发人的动机，诱导人的行为，使其发挥内在潜力，为追求企业的目标而努力的管理活动。

对包装企业管理来说，管理者如何建立合理有效的激励机制，充分调动企业全体职工的积极性、主动性和创造性，充分发挥包装企业人力资源的效益，是包装企业能否提升竞争能力，能否兴旺发达的根本问题和关键问题所在。

激励的形成机制表现为个人需求和它所引起的行为，以及这种行为所期望实现的目标之间的相互作用关系。

包装企业管理的激励职能，就是指企业管理者要通过影响职工个人需要的实现来提高他们的工作积极性和创造性，引导他们在企业经营中的行为朝着实现企业经营目标的方向发展。企业管理主要是对人的管理，也是通过对人的管理去实现对企业经营的管理，其核心内容就是激励员工，调动人的积极性和激发人的创造性，使人的工作效率和智慧、潜能得到充分的发挥。而通过激励，提高人的积极性，则是发挥人的创造性的前提和基础。管理的激励职能就是研究如何根据人的行为规律来提高人的积极性和发挥人的创造性。

（七）控制职能

控制是指由管理人员对当前的实际工作是否符合计划进行测定，并促使组织目标实现的过程。控制主要体现在计划的执行过程中，是一种不断地对照计划来检查现有的作业状况的活动。

控制是管理的基本职能之一，是对组织内部的管理活动及其效果进行的衡量和校正，其目的是确保组织的目标以及为此而拟定的计划得以实现。

包装企业管理的控制职能是对包装企业的生产目标、质量目标、库存目标和成本目标等，通过信息的各种反馈系统，进行定期检查、监督和分析，并采取相应的调整措施的一项管理活动。它通过检查产品计划的实行情况，调查各类包装的质量状况，以监督包装标准的实行，并通过制定严格的规章制度，建立各种责任制，实行经济核算，把人们的行动纳入实现计划的轨道，履行自己的职责，从而保证包装企业的生产和销售计划的实现，以达到提高经济效益的目的。

管理的控制职能是与管理的计划职能联系在一起的。因为，控制是依据计划所提供的标准来衡量组织运行所取得的成果。在这种衡量中，如果发现偏差，就采取纠正措施，以使计划目标顺利实现。如果说计划是为了使组织获得完整的方案的话，那么控制则是要使组织活动按照计划进行。所以，对于管理活动来说，控制是计划的继续。同时，计划又需要控制来为其提供保障，只有借助于控制，才能够纠正计划执行中出现的偏差，把那些不符合要求的管理活动引回到正常轨道上来，使管理系统稳步地实现计划目标。

管理职能中的控制包含着常规控制和非常规控制。常规控制是包含在管理制度中的一些既定的控制程序。但是，既定的控制程序并不能够完全适应管理系统发展的需要，而且既定的控制程序也需要加以控制。所以，必须有大量的非常规控制来作为补充。非常规控制是直接根据主管人员的指令进行的，或者说，主管人员运用指令来改变人和组织的行为，使之符合计划和预定方案的要求，从而使管理过程朝着既定目标进展。

包装企业的管理控制，一般分为因素控制与职能控制两种。前者包括数量控制、品质控制、时间控制和成本控制等；后者属于企业基本经营机能活动的控制，包括生产控制、销售控制、人事控制、财务控制等内容。

（八）创新职能

所谓创新，就是淘汰旧的东西，创造新的东西，它是一切事物向前发展的根本动力，是事物内部新的进步因素通过矛盾斗争战胜旧的落后因素，从而推动事物向前发展的过程。在现代管理活动中，创新是创造与革新的合称，创造与革新的整个过程及其成果则表现为创新。所以，创新是通过创造与革新达到更高目标的创造性活动，是管理的一项基本职能。

创新也是现代管理的重要职能之一，因为现代管理处在不断变化着的动态环境之中，组织活动的内容和目标为了适应这种不断变化的环境必须不断地得到调整。而且，在做出这种调整时，很多情况下可能是无先例可循的，日新月异的环境决定了管理活动必须在不断的创新中获得生存和发展的机遇。对于许多成功的管理者来说，不断的创新往往是立于不败之地的秘诀。

当前，世界包装工业正在向高技术、新材料、低成本、高质量、规模化、专业化、集约化的方向发展。随着经济全球化进程的加快，特别是我国已经加入 WTO，市场开放的速度在加快，范围在不断扩大，更多的国外包装企业集团进入我国，进口包装材料和包装制品也越来越多地占领中国市场，国内包装企业面临越来越大的竞争压力。所以，现代管理者应有充分的创新意识，自觉地运用创新思维，并在管理实践中，把目标创新、技术创新、制度创新和管理方法的创新作为自己不懈的追求。在管理实践中，整个管理活动的基本内容无非是维持与创新的矛盾统一，任何组织系统的任何管理工作都是在维持与创新中实现其管理的。所谓有效的管理，就在于适度的维持与适度的创新相结合。维持与创新对系统的生存和发展均非常重要，它们是相互联系、缺一不可的。

创新是在维持基础上的发展，而维持则是创新的逻辑延续；维持是为了实现创新的成果，而创新则为更高层次上的维持提供了依托和框架。任何管理工作，都应围绕着系统运转的维持和创新而展开。只有创新没有维持，系统便会呈现无时无刻、无所不变的混乱状态，而只有维持没有创新，系统就会缺乏活力，犹如一潭死水，适应不了任何外界变化，最终将被环境所淘汰。卓越的管理是实现维持与创新有机统一的管理。

现代管理是在新的科学技术革命迅猛发展，社会进步和人们的观念变革日新月异的条件下的管理，它要求管理者比以往任何时候都需要有更强烈的创新意识，时时把握内外环境变化的趋势，并根据这种趋势创造性地进行管理，以便在每一时刻都能够使组织的目标和存在形态与社会发展的节拍相吻合。

三、包装企业管理的任务

现代包装企业管理是一项系统工程，其根本任务是在社会主义市场经济条件下，通过有效的管理，合理组织企业系统的人、财、物和信息等生产要素，创造一种良好的工作环境，以最少的投入，通过企业的工作系统取得更大的产出。

包装企业的任务主要是在生产经营活动过程中实现的，而包装企业系统是社会大系统的一个开放性的子系统，它受环境即大系统的制约，又由许多小系统所组成。它通过相互联系和共同工作把人财物、产供销及信息等要素组成企业系统，同周围环境之间存在着动态的相互作用，并且具有内部的和外部的信息反馈网络。分析包装企业生产经营活动的投入、转换、产出关系可以展示企业是如何实现管理任务、提高经济效益的。

构成包装企业生产经营活动的投入、转换和产出 3 部分是一个动态系统，如图 1－1 所示。

由图 1－1 可知，包装企业的生产经营活动是企业的主要活动，企业管理任务的实现可以归结为四大流程：物质流、价值流、信息流和人事流。四大流程在输入、转换、输出动态过程的关系是：物质流反映原材料等的运动过程，价值流反映资金运动过程，而物质流和价值流则由信息流指挥，而这三者均是物的因素，它们又由生产要素中最具活力的人事流来掌握，从而向社会提供优质产品、劳务，收回资金并取得赢利。

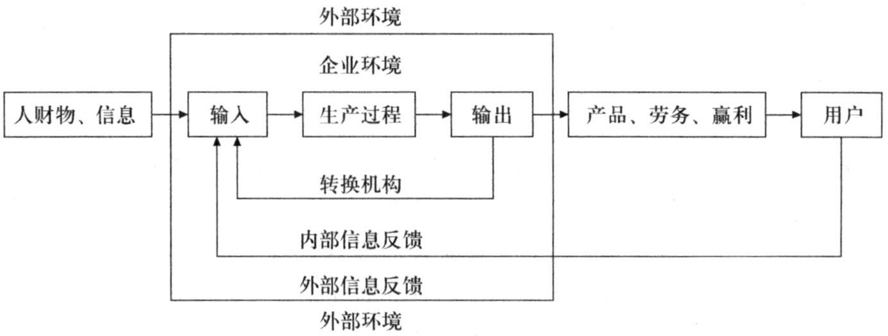

图1-1 包装企业生产经营活动动态系统图

包装企业在生产经营活动中，从输入的人、财、物到转换为成果，最终表现为经济效益的提高，可用公式表示如下：

$$企业的经济效益=\frac{输出}{输入}=\frac{能满足用户需要的产品和服务}{投入资源}$$

企业的经济效益可以通过一些指标来体现。体现效率的指标主要有：单位产品成本、单位产品原材料消耗、单位产品能源消耗、单位产品工资含量等；体现效用性的指标主要有：产品品种、产品产量、产品质量、工业净产值、利润总额等。此外，还可通过各项财务比率进行汇总分析，如流动比率、债务比率和盈利能力比率等。

第三节　市场经济与现代包装企业制度

一、社会主义市场经济

（一）社会主义市场经济的概念

1. 市场经济的含义

市场经济是商品经济运行的总体。商品经济是相对于自然经济、产品经济而言的一种社会经济形态。商品经济是人类社会经济不断发展的产物，商品经济并不是资本主义固有的社会经济形态，它是社会主义经济发展不可逾越的发展阶段。所谓运行总体是指经济形式的整体运转的载体。任何经济形式都有体现其整体运转的运行总体。商品经济形式的整体运转由市场来决定，通过市场使生产经营者的一切活动和产品都转化为交换价值，从而以交换价值为中介实现人们的一切社会联系，形成由市场推动经济运行的市场经济。

2. 社会主义市场经济的含义

社会主义市场经济是以公有制为主体和其他多种经济成分并存的所有制结构做基础，具有一般性和特殊性的市场经济。

社会主义市场经济的一般性主要表现在以下方面：①经济活动主体处于平等的市场关系之中。企业面向市场，自主地开展生产经营活动，通过市场实现联系。②开放进取。在市场经济的物质利益动力和市场竞争压力的推动下，各行各业不断开拓国内和国际市场，永不满足现状。③宏观间接调控。政府部门不直接干预企业生产经营的具体事务，通过经济政策、经济杠杆和法律法规，引导、调节和规范企业的经营活动，使经济健康运行。

社会主义市场经济的特殊性主要表现在以下方面：①在市场机制作用中壮大社会主义公有制经济的实力。②市场机制为按劳分配和其他多种分配制度提供实现形式，并在收入分配关系中促进共同富裕。③在充分发挥市场配置社会资源的基础性作用中，国家宏观调控把人民的当前利益与长远利益、局部利益与整体利益结合起来，更好地发挥计划和市场两手段的长处。

（二）市场经济的资源优化配置的功能和特点

资源配置就是社会如何把资源配置到社会需要的众多组成部门、产品和劳务的生产用途上去，并要求配置得最为有效，产生最佳效益，以最大限度地满足社会需要。社会主义市场经济体制是同社会主义基本制度结合在一起的。建立社会主义市场经济体制，就是要使市场在国家宏观调控下对资源配置起基础性作用。要使经济活动遵循价值规律，适应供求关系的变化，通过价格杠杆和竞争机制的功能，把资源配置到效益较好的环节中去，并给企业以压力和动力，实现优胜劣汰。要运用市场对各种经济信息反应灵敏的优点，促进生产和需求的及时协调，发挥市场在国家宏观调控下对资源配置的基础性作用。为了发挥市场机制在资源配置中的基础性作用，还必须培育和发展市场体系，要着重发展生产要素市场，规范市场行为，创造平等竞争的环境，形成统一、开放、竞争、有序的大市场。

市场配置资源的特点主要有：①资源配置与使用效率是紧密结合的。②资源配置与供求关系紧密联系。③资源配置是通过价格竞争等机制实现。

（三）社会主义市场经济运行机制

1. 经济运行机制的含义

经济运行机制指的是一定经济机体内各构成要素之间相互联系和作用的制约关系及其调节功能。它存在于社会再生产的生产、交换、分配和消费的全过程之中，并对各个环节起着积极的调节作用。经济运行机制是由各种要素构成的庞大系统，各构成要素都自成系统，各自都有特定的运行机制。比如，市场机体内存在着市场机制，计划系统内存在着计划机制，企业机体内存在着企业经营机制，宏观经济系统内存在着宏观调节机制等。进一步分析还有价格变动机制、利率变动机制、工资变动机制等。整个社会经济机体的经济机制便是各构成要素的相应机制之间的耦合。

2. 社会主义市场经济运行的市场机制

市场机制是在商品生产经营主体和消费主体在谋求利益最大化而进行的竞争基础上，依靠价格自动调节社会供求，实现经济发展或增长的经济机制。市场机制的构成要素包括：①价格机制。它是市场机制的关键要素，市场经济的运行过程就表现为价格机制的调节过程。②供求机制。它是市场机制的基本要素，通过供求调节使生产和需要之间的平衡得以实现，使各部门、各企业生产的比例得到合理分配，从而使资源配置实现合理化。③竞争机制。它是市场机制的核心要素，竞争就是优胜劣汰，没有竞争就没有市场经济，价格机制和供求机制的相互作用也是在市场竞争中实现的。所以说，市场机制是通过价格机制、供求机制和竞争机制的相互作用与循环而形成的。应当指出，在坚持市场机制为基础的同时，还要发挥计划调节机制的作用。

二、产权制度与经营机制

（一）产权制度

所谓产权，通常是指财产权，是关于财产关系的概念。从财产的形态上看，它包括土地、工厂等物质形态的产权和技术专利、股票等非物质形态的产权。从财产的权利上看，它包括财产的所有权，即财产的最终归属权，也包括对财产的占有、使用、收益和处置的权利。以上五权，就是生产资料所有制或其所有权的结构。产权分两类：企业资产的产权和个人消费财产产权，前者简称企业产权。因此说，企业产权就是法定主体对构成生产或经营要素的资产所拥有的归属、收益、处分等权益的总称。产权要有法律保障，他人不得侵犯。

（二）企业经营机制

1. 企业经营机制的内涵

企业经营机制是指经济系统中企业这个有机体，在一定的生产关系和外部环境影响下，围绕生产经营所形成的所有内因和外因相互联系、相互作用、相互制约而展示的内在机能、内部结构功能及结转方式的总和。企业经营机制是一种能规范和推动企业行为以求得自身的生存和发展，使其趋向企业目标的内在机理。

2. 企业经营机制的内容

企业经营机制的内容包括运行机制、动力机制、风险机制、发展机制和约束机制。

（1）运行机制。保证企业正常运转的运行机制是经营机制的主体，是企业系统在投入、转换、产出过程中，各生产要素、各环节、各部门之间直接联系的方式。运行机制的载体是企业组织结构，它能保证企业系统顺利地完成其输入输出的转换活动。

（2）动力机制。激发企业活力的动力机制是为企业系统正常运行提供能量的机制，它关系到企业系统运行中各种要素的能量能否释放，其决定的因素是职工积极性的调动。

企业的动力 = 职工积极性 + 职工创造性

激励是动力机制发挥作用的关键，通过激励既要使企业整体利益得到驱动，也要使员工利益得到驱动，从而使企业生产经营活动得以正常进行。

（3）风险机制。促使企业实现自负盈亏的风险机制是决定企业能否生存和发展的根本性机制。作为经济实体的企业，在生产经营活动中独自对其全部经济利益的盈亏负责。企业必须对国家授予其经营管理的财产承担民事责任，如实反映企业经营成果，不得造成利润虚增或虚盈实亏，并确保企业财产的保值、增值。企业在生产经营活动中不可避免地要受制于外部环境而发生风险，同样也会得到一些有益的营销机会。因而，企业必须通过审时度势，精心经营，正确决策，最终在经营成果上独立承担盈亏。

（4）发展机制。增强企业发展后劲的发展机制是企业通过自我积累，增加投资，改进技术和创新，扩大再生产的内在功能。企业必须依靠自身积累求发展，增强自我发展的能力，增强后劲和“造血功能”。

（5）约束机制。约束企业行为的约束机制是保证企业实现经营目标和满足社会需求的自我约束机制。约束机制是企业行为的控制器和调节器，要有较为完善的自我约束机制，克服企业的短期行为，以实现企业行为的合理化。具体讲，在生产行为上，要采用先进技术合理配置各种生产要素，生产适销对路的产品；在分配行为上，使职工收入在发展生产基础上有所增长；在积累行为上，要追求项目投产后的受益能力；在交换行为上，要加强监督和管理。这样，企业的行为在生产上受市场瞬息万变的制约，在分配行为上受国家劳动工资政策的制约，在积累行为上受投资收益率不确定的制约，在交换行为上受国家纪律的制约。这样一种系统而完善的约束机制，能够有力地制约企业的短期行为，从而促进企业行为的合理化。

企业经营机制是一个完整的系统，以上 5 个方面相互联系、相互作用，共同影响着企业系统的运行，从而构成经营机制的整体。

3. 企业经营机制的转换

转换企业经营机制是为了使企业进入市场，增强企业活力，提高经济效益。企业转换经营机制的目标是：使企业适应市场的要求，成为依法自主经营、自负盈亏、自我发展、自我约束的商品生产和经营单位。转换企业经营机制尤其是转换国有大中型企业经营机制具有重要意义。转换企业经营机制是巩固社会主义制度和发挥社会主义优越性的关键，是增强企业活力的根本出路，是建立社会主义市场经济体制的中心环节。

实现国有企业经营机制转换的对策至少应有以下几个方面：

（1）建立现代企业制度，逐步将国有企业改组为股份有限公司，解决国有企业改革的深层次问题。这个问题后面将另行详述。

（2）落实企业经营自主权，规范企业行为。企业经营权是企业对国家授予的经营财产享有的占有、使用和依法处分的权利。它主要包括：生产经营决策权、产品及劳务定价权、产品销售权、物资采购权、进出口权、投资决策权、资金支配权、资产处置权、联营兼并权、劳动用工权、人事管理权、工资奖金分配权、机构设置权和拒绝摊派权等 14 项自主权。宏观方面，要给企业以宽松的环境，使企业经营自主权得以落实。微观方面，企业要转换机制，抓管理、练内功、增效益，并且要自我约束，做到企业行为的规范化、合理化，承担企业自负盈亏的责任，完成企业担负的任务。

（3）深化与转换企业经营机制的配套改革。为此，政府必须转变职能，改善市场环境，必须改革社会保障体系等。

三、现代包装企业制度

（一）现代企业制度的概念和特征

现代企业制度，主要是反映社会化大生产特点的，适应社会主义市场经济体制要求的，产权清晰、权责明确、政企分开、管理科学的企业制度。现代企业制度是现代市场经济发展的结果，是社会主义市场经济体制的基础。它是以公司法人制度为主要形式的一种企业制度。其基本特征是：

（1）产权关系明晰，企业中的国有资产所有权属于国家，企业拥有包括国家在内的出资者投资形成的全部法人财产权，成为享有民事权利、承担民事责任的法人实体。企业中全部资产的所有者是清楚的，不同所有者拥有的产权份额是明确的。

（2）企业作为独立法人以其全部法人财产，依法自主经营、自负盈亏、照章纳税，对出资者承担保值增值的责任。

（3）出资者按投入企业的资本额享有所有者的权益，即资产受益、重大决策和选择管理等权利。企业破产时，出资者只以投入企业的资本额对企业债务负有限责任。

（4）企业按照市场需求组织生产经营，以提高经济效益为目的，政府不直接干预企业的生产经营活动。企业在市场竞争中优胜劣汰，长期亏损、资不抵债的依法破产。

（5）建立科学的企业领导体制和组织管理制度，调节所有者、经营者和职工之间的关系，形成激励和约束相结合的经营机制。

综上所述，现代企业制度的建立，必将打破产权关系模糊、政企不分、权责不明的国有企业工厂制度的传统形式，加快国有企业制度的市场化、规范化、现代化步伐。

（二）包装企业建立现代企业制度的措施

1. 理顺产权关系，完善企业法人制度

建立现代企业制度的关键是政企职责分开，而政企职责分开的首要问题是理顺产权关系。对国家来说，要实现国家的资产所有者职能与社会管理职能分开；政府的国有资产管理职能与运营职能分开。就国家与企业的关系来说，要实现出资者所有权与企业法人财产权分离，确立出资者所有权在企业中的法律地位。在这个前提下，要明确国有资产投资主体，即国有股的持股机构问题。

法人财产权表现为企业依法享有法人财产的占有、使用、收益和处分权，以独立的财产对自己的经营活动负责。企业拥有法人财产权，通过建立资本金制度和资产经营责任制，使自负盈亏的责任落实到企业。促使企业必须根据市场供求关系和价值规律支配、使用、处理、营运自己的资产，盘活资产存量，实现资产有效增值。

2. 实行公司制，完善现代企业组织制度

现代企业制度是以公司法人制度为主要形式的一种新型企业制度。公司是企业的高级组织形式，它是社会化大生产和市场经济的产物。《中华人民共和国公司法》规定：公司是指依照本法在中国境内设立的有限责任公司和股份有限公司。有限责任公司，股东以其出资额为限对公司承担责任，公司以其全部资产对公司的债务承担责任。股份有限公司，其全部资本为等额股份，股东以所持股份为限对公司承担责任，公司以其全部资产对公司债务承担责任。有限责任公司和股份有限公司是企业法人。

公司的组织结构一般分为：①股东大会。它是公司的权力机构，有权决定公司的经营方针和投资计划，选举和罢免董事会和监事会成员，制定和修改公司章程，审议和批准公司的财务预决算、投资以及收益分配等重大事项。②董事会。它是公司的经营决策机构，其职责是执行股东大会的决议，决定公司的生产经营决策和任免公司总经理等。公司的总经理负责公司的日常经营管理活动，对公司的生产经营进行全面领导，依照公司章程和董事会的授权，对董事会负责。③监事会。它是公司的监督机构，由股东代表和适当比例的公司职工代表组成，对股东大会负责。公司的组织形式有一定的灵活性。大多数未实行公司制的企业要继续坚持和不断完善厂长（经理）负责制。

3. 实行科学管理，完善现代企业管理制度

科学的企业管理制度是现代企业制度的重要内容。从克服现有企业管理制度的弊端和提高企业经济效益出发，建立现代企业的管理制度，重点是对企业的机构设置、用工制度、工资制度和财务会计制度进行改革，建立严格的责任体系。

第四节　包装企业的领导体制与组织结构

一、包装企业的领导体制

领导体制属于上层建筑的范畴。包装企业的领导体制既要反映生产力的要求，也要体现一定的生产关系的要求，还要符合国家政治体制、经济管理体制和建立现代企业制度的要求。只有适应这些要求，才能使企业内部各方面有机地协调，更好地完善企业的经营机制和经营责任系统，更好地完成包装企业的各项经营目标。

董事会领导下的总经理负责制。前面已述，现代企业制度是以公司法人制度为主要形式的一种新型企业制度。公司是企业的高级组织形式，它是社会化大生产和市场经济的产物。按照公司制的要求，包装企业的领导体制，实行董事会领导下的总经理负责制。董事会是公司的经营决策机构，它主要对公司股东大会负责。股东大会是公司的权力机构，有权决定公司的经营方针和投资计划，选举和罢免董事会和监事会成员，制定和修改公司章程，审议和批准公司的财务预决算、投资以及收益分配等重大事项。而董事会的职责则是执行股东大会的决议，决定公司的生产经营决策和任免公司总经理等。在董事会的领导下，公司的总经理负责公司的日常经营管理活动，对公司的生产经营进行全面领导，依照公司的章程和董事会的授权，对董事会负责。公司生产经营活动的监督机构和公司监事会由股东代表和适当比例的公司职工代表组成。监事会对股东大会负责，主要行使下列职权：检查公司的财务；对董事经理执行公司职务时，违反法律、法规或者公司章程的行为进行监督，当董事或经理的行为损害公司利益时，要求其予以纠正；提议召开临时股东大会；公司章程规定的其他职权。

董事会领导下的总经理负责制如图 1－2 所示。

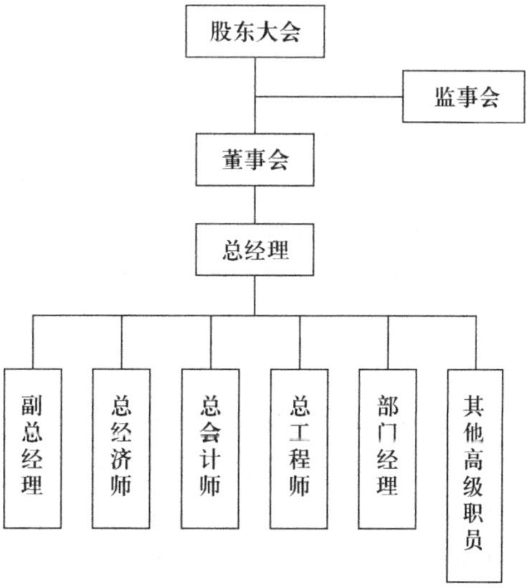

图 1－2　董事会领导下的总经理负责制

有限责任公司的股东大会由全体股东组成。有限责任公司设立董事会的股东会议由董事会召集，董事长主持，董事长因特殊原因不能履行职务时，由董事长指定的副董事长或者其他董事主持。股东大会的首次会议由出资最多的股东召集和主持，依照《公司法》规定行使职权。

股东大会的议事方式和表决程序，除《公司法》有规定的以外，由公司章程规定。

国有独资有限责任公司不设股东大会，由国家授权投资的机构或者国家授权的部门，授权公司董事会行使股东大会的部分职权，决定公司的重大事项，但公司的合并、分立、解散、增减资本和发行公司债券，必须由国家授权投资的机构或者国家授权的部门决定。

有限责任公司设董事会，其成员为 3 ~ 13 人。两个以上的国有企业或者其他由两个以上的国有投资主体投资设立的有限责任公司，其董事会成员中应当有公司职工代表。董事会设董事长 1 人，可以设副董事长 1 ~ 2 人。董事长、副董事长的产生办法由公司章程规定，董事长为公司的法定代表人。

有限责任公司的经理由董事会聘任或者解聘。经理对董事会负责，依照《公司法》第 50 条的规定，行使其职权。有限责任公司依法不设立董事会而设 1 名执行董事。

有限责任公司，经营规模较大的，设立监事会，其成员不得少于 3 人，监事会须在其组成人员中推选 1 名召集人。监事会由股东代表和适当比例的公司职工代表组成，具体比例由公司章程规定，监事会中的职工代表由公司职工民主选举产生，监事列席董事会会议。股东人数较少和规模较小的有限责任公司，可以设 1 ~ 2 名监事。董事、经理及财务负责人不得兼任监事。

股份有限公司由股东组成大会。股东大会由董事会依照《公司法》规定负责召集，由董事长主持。董事长因特殊原因不能履行职务时，由董事长指定的副董事长或者其他董事主持。股东出席股东大会，所持每一股份有一表决权。股东大会作出决议，必须经出席会议的股东所持表决权的半数以上通过。对公司合并、分立或者解散，修改公司章程等决议必须经出席股东大会的股东所持表决权的 2/3 以上通过。

股份有限公司设立董事会，其成员为 5 ~ 19 人。董事会设董事长 1 人，可以设副董事长 1 ~ 2 人。董事长为公司的法定代表人。董事长和副董事长由董事会全体董事的过半数选举产生。董事长主要行使下列职权：主持股东大会和召集主持董事会会议；检查董事会决议的实施情况，签署公司股票、公司债券。股份有限公司设立的总经理由董事会聘任或者解聘。公司董事会可以决定，由董事会成员兼任总经理。总经理对董事会负责，主要行使下列职权：主持公司的生产经营管理工作；组织实施董事会决议；组织实施公司年度经营计划和投资方案；拟定公司内部管理机构设置方案；拟定公司的基本管理制度；制定公司的具体规章；提请聘任或解聘公司副总经理、财务负责人；聘任或解聘除应由董事会聘任或解聘以外的负责管理人员；公司章程和董事会授予的其他职权。总经理列席董事会会议。

股份有限公司设监事会，其成员不得少于 3 人，与有限责任公司监事会一样，监事会须在其组成人员中推选 1 名召集人，监事会由股东代表和适当比例的公司职工代表组成，具体比例由公司章程规定。监事会中的职工代表由公司职工民主选举产生。监事列席董事会会议，董事、经理及财务负责人不得兼任监事。

二、包装企业的组织结构

组织结构是表现组织各部分的排列顺序、空间位置、聚集状态、联系方式以及各要素之间相互关系的一种模式，它是执行管理任务的体制，在整个管理系统中所起到的是“框架”的作用。正是有了稳定的组织结构，管理系统中的人流、物流、信息流才能正常流动，从而使管理目标的实现成为可能。

企业组织结构的形式是多种多样的，每一个具体的组织都是与其他组织不同的，没有一种统一的、适用于任何条件的组织形式。结合包装企业的实际，对各种各样的企业组织结构形式进行研究，可以总结出几种基本的适应包装企业管理的组织结构类型。

1. 直线型

直线型组织是一种比较简单的组织结构形式，但又是最基本的结构形式，它的特点是：组织中各种职务按垂直系统直线排列，不存在管理的职能分工，管理者扮演全能式人物。这种类型的组织所具有的最大优点是：结构比较简单、权力集中、责任分明、命令统一、联系简捷、决策迅速。缺点是：在组织规模较大的情况下，所有的管理职能都集中由一个人承担，往往由于个人的知识及能力有限而感到难于应付，顾此失彼，可能会发生较多失误；同时，由于权力最终高度集中于最高负责人，容易造成掌权者滥用权力的问题，特别是在掌权者个人素质不高和掌权者突然发生变动的情况下，可能会给组织带来严重损失；此外，由于每个部门最关心的是本部门的工作，因而部门间的协调比较差。直线型组织只适用于那些没有必要按职能实行专业化管理的小型包装企业，或者是包装企业现场的作业管理，如图 1 – 3 所示。

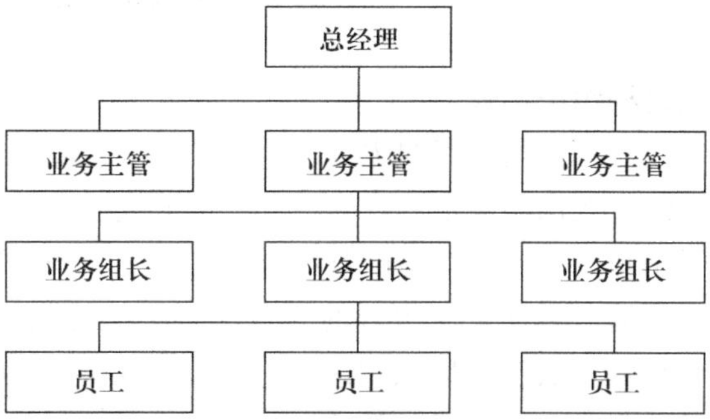

图 1 – 3　直线型组织结构形式

2. 职能型

职能型组织是一种通过对管理职能进行分类，然后根据不同的管理职能来设立一些相应的部门，共同承担管理工作的组织结构形式。

在现代管理体制中，由组织承担的职能是多方面的，为了分担某些职能，人们便设立了不同的部门。在职能型组织中，直线主管还存在，但权力相对较弱，因为大量的权力被分散到不同的职能部门中去了，由不同的职能部门来分担职能管理的业务。

在职能型组织中，职能部门有权在自己的业务范围内，向下级单位下达命令和指示。因此，下级直线主管除了接受上级直线主管的领导外，还必须接受上级各职能机构的领导和指示。它的优点是能够适应现代组织技术比较复杂和管理分工较细的特点，能够发挥职能机构的专业管理作用，减轻上层主管人员的负担，提高了管理专业化程度。但其缺点也比较明显，那就是这种结构形式妨碍了组织必要的集中领导和统一指挥，形成了多头领导，不利于明确划分直线人员和职能部门的职责权限，容易造成管理的混乱。一般职能型组织，是以生产经营职能为基础（如生产、销售、财务、人事等）划分而形成的各个部门的一种组织形态，职能制的组织结构形式如图 1 – 4 所示。

3. 直线—职能型

具体地说，直线—职能型组织一般设置两套系统：一套是按命令统一原则组织的指挥系统，另一套是按专业化原则组织的管理职能系统。直线部门中的主管在自己的职责范围内有决定权，对其所属下级的工作实行指挥和命令，并负全部责任。而职能部门和人员仅是直线主管的参谋，它只能对下级机构提供建议和业务指导，没有指挥和命令的权力。可见，这种组织形式既保证了权力的集中，又实行职能的分类集中。所以，我国包装企业广

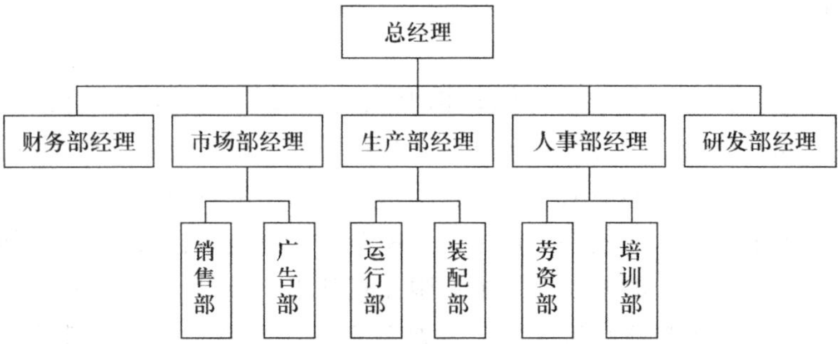

图1－4　职能型组织结构形式

泛采用这种组织形式。

直线—职能型组织的优点是：领导集中、职责清楚、秩序井然、工作效率较高，而且整个组织有较高的稳定性。其缺点是：下级部门的主动性和积极性的发挥受到限制；部门间互通情报少，不能集思广益地做出决策，当职能部门和直线部门之间目标不一致时，容易产生矛盾，致使上层主管的协调工作量增大；难以从组织内部培养熟悉全面情况的管理人才；整个组织系统的适应性较差，因循守旧，对新情况不能及时做出反映。这种组织结构形式对中、小型企业比较适用，但对于规模较大、决策时需要考虑较多因素的企业，则不太适用。直线—职能型的组织结构形式如图1－5所示。

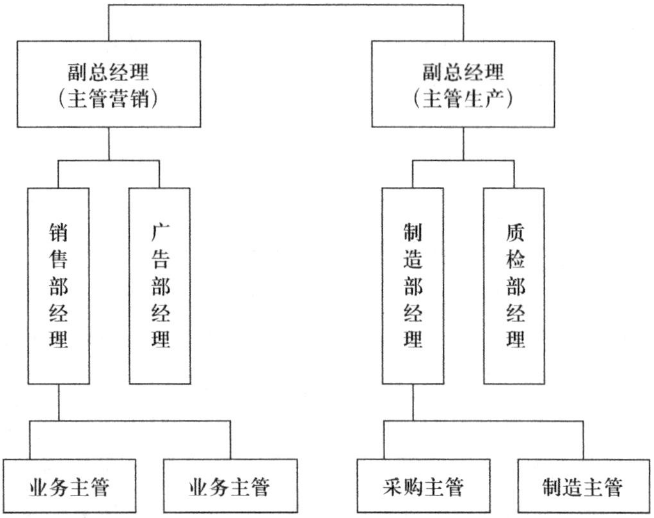

图1－5　直线—职能型的组织结构形式

4. 矩阵型

矩阵型组织也称作“规划—目标”结构，这是一种较新的组织结构形式，它既保留了职能型组织的形式，又成立了按项目划分的横向领导系统。把按职能划分的部门和按项目划分的部门结合起来，组成一个矩阵。

在矩阵型组织中，同一名员工既与原职能部门保持组织与业务的联系，又参加产品或项目小组的工作。为了保证完成一定的管理目标，每个项目小组都设负责人，在组织的最高主管直接领导下进行工作。

矩阵型组织的特点是：打破了组织的命令统一原则，使一个员工属于两个甚至两个以上的部门。这种组织结构具有许多优点，其中最为主要的有：加强了各职能部门的横向联系，具有较大的机动性和适应性；实现了集权与分权较优的结合，有利于发挥专业人员的潜力，有利于各种人才的培养。但也具有一些缺点：由于这种组织形式是实行纵向、横向的双重领导，处理不当，会由于意见分歧而造成工作中的扯皮现象和矛盾；组织关系较复杂，对项目负责人的要求较高；由于这种形式一般还具有临时性的特点，因而也易导致人心不稳。矩阵型的组织结构形式如图 1－6 所示。

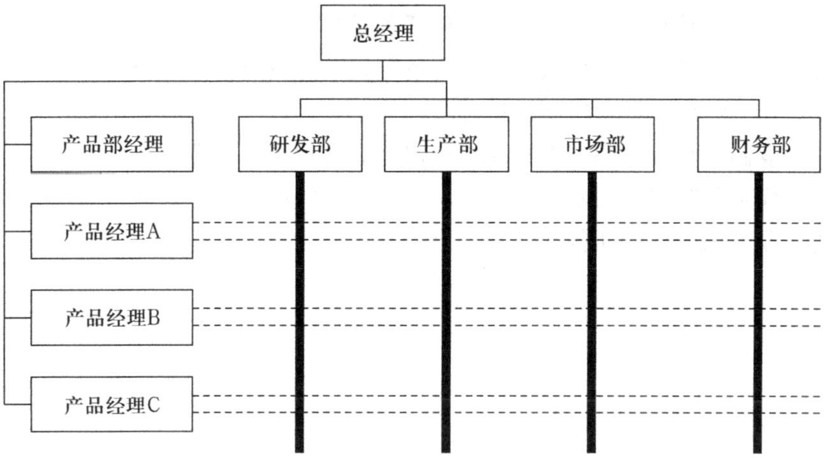

图 1－6 矩阵型的组织结构形式

5. 事业部型

事业部型结构是指企业面对不确定的环境，按照产品或类别、市场用户、地域以及流程等不同的业务单位分别成立若干事业部，并由这些事业部进行独立业务经营和分权管理的一种分权式结构类型。事业部型结构必须具备三个基本的要素：独立的市场、独立的利益、独立的自主权，执行“集中决策，分散经营”的管理原则。事业部型结构适用于产品种类多、技术与经营业务复杂、规模巨大、市场面较广的大型包装企业或包装企业集团。事业部型的组织结构形式如图 1－7 所示。

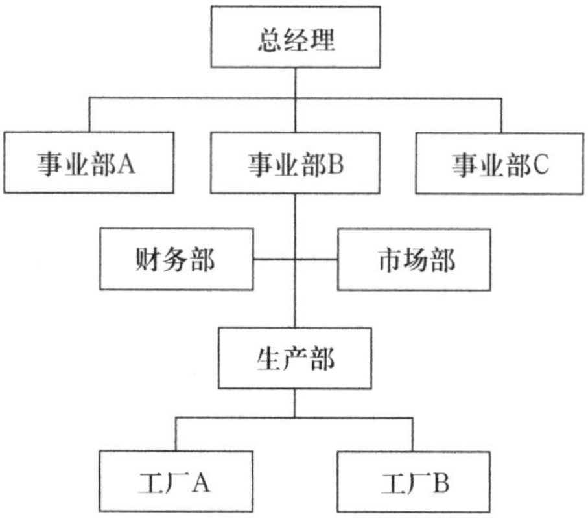

图 1－7 事业部型的组织结构形式

如果说在一些较小规模的组织中，分工简单，尚无完整的严密的组织结构，管理活动主要凭管理者的个人经验，那么，在现代管理中，随着组织规模的扩大和管理内容的多样化，组织结构在管理活动中的作用越来越大。管理者采用什么样的组织，对于管理的绩效有着决定性的影响。所以，管理者需要根据管理的实际情况，对组织结构做出自己的设计，上述组织结构的基本形式，可以成为管理者进行组织结构设计的参考。对于管理者来说，最为主要的是：在实现管理目标的前提下，通过对组织结构的设计，处理好集权与分权、直线权力与参谋权力、分散经营与协调控制等各种关系，使这些关系的协调获得组织结构稳定的保证。

思考题

1. 包装企业管理具有哪些职能？其主要任务是什么？
2. 社会主义市场经济具有什么内涵？市场配置资源具有哪些主要特点？
3. 产权指什么？企业经营机制包括哪些内容？
4. 现代企业制度具有哪些基本特征？如何建立现代包装企业制度？
5. 简述现代企业制度公司制的领导体制和各部分的职能。
6. 简述企业组织结构的几种形式及特点。

第二章　包装经营管理

在社会主义市场经济条件下，企业成为产权明晰、独立经营、自负盈亏的经济组织，企业管理从生产型管理转向生产经营型管理，工作的重心由生产转向经营，因而经营管理是整个企业管理的主线。本章主要论述包装企业经营管理的概念及特征，经营战略的类型和制定步骤，经营思想与目标，经营决策与经营计划的编制、实施，市场营销的策划和类型，企业形象策划等内容。

第一节　包装企业经营管理概述

1. 包装企业经营管理的概念

包装企业经营管理是指包装企业在社会主义市场经济的条件下对企业经济活动具有支配能力的人们，面向市场和用户的需要，平衡企业内外一切条件和可能，自觉地利用价值规律，通过一系列的筹划营谋活动去达成企业的目标。这是一个连续不断的循环过程。

2. 包装企业经营管理的特征

包装企业经营管理的特征主要表现在：它重视企业外部环境、市场和用户的需求，研究确定企业的经营思想和经营方针，制定科学、合理的经营目标，解决的是企业全局性、长远性发展的战略决策问题，使企业外部环境、企业的经营目标和内部条件这三方面能够平衡、协调，最大限度地和谐统一，从而确保企业目标的实现。

3. 包装企业经营管理的任务

搞好包装企业的经营管理，必须处理好外部环境、内部条件与企业目标三者之间的关系。企业的生存和发展受制于企业的外部环境。企业的外部环境包括许多方面，主要的因素有：社会政治经济形势、科技发展水平、资源条件、市场需求、竞争状况、国家政策、法令和税制、社会文化因素等。外部环境时刻都在变化，并且不能为某一个企业所左右。外部环境的变化可能给某些企业带来很好的发展机会，也可能给某些企业造成巨大的威胁。企业的内部条件是指企业所拥有的客观物质条件和主观工作能力，包括：生产条件、技术装备水平、科研开发力量与水平、职工素质、应变能力、竞争能力、管理水平等。企业目标则是企业取得的经营成果和预期达到的发展水平。三者互相促进，互相制约，互为因果，处于不断变化之中。企业必须根据外部环境的变化和企业内部条件，及时抓住环境变化给企业带来的发展机遇，避开环境变化造成的威胁，扬长避短，提高企业素质和竞争能力，不断调整企业的内部条件，企业的经营目标，从而达到三者和谐的统一和平衡，使企业更好地生存，实现可持续发展。

包装企业经营管理的任务，从本质上讲就是指企业如何在正确分析企业外部环境和内部条件的基础上制定合理的经营目标，谋取企业最大利益。具体来讲主要表现在以下几个方面：

（1）搞好外部环境调研，制定正确的企业经营战略。

（2）确立企业的经营思想和经营方针，制定合理的经营目标。

（3）根据企业经营环境的变化，企业内部条件和经营目标，做好经营决策和经营计划。

（4）发现和创造有利于企业生存和发展的市场机会，做好市场营销策划，制定正确的营销组合策略，努力实现企业的经营目标。

（5）协调整个企业的生产经营活动，提高企业全体员工的素质，通过各种有效手段充分调动全体员工的积极性和创造性，树立企业的良好形象。

（6）全面提高企业适应环境变化的生存能力、应变能力和竞争能力，确保企业可持续发展。

第二节　包装企业的经营战略

一、包装企业经营战略的概念与类型

战略是指对事物全局性、长远性的谋划。包装企业经营战略是在社会主义市场经济条件下，根据包装企业外部环境和内部条件及可取得资源的情况，为求得企业生存和长期稳定的发展，对包装企业的发展方向、发展目标和达成目标的途径和手段的总体谋划。它是企业经营思想的集中体现，是一系列战略决策的结果，同时又是制定企业发展规划和经营计划的基础。

企业经营战略的内容丰富，形式多样。为了选择战略的方便，可以将企业经营战略按其态势、规模、空间及企业性质等四方面进行分类。

（一）按企业经营战略态势分类

（1）发展型战略。企业发展型战略强调的是如何充分利用外界环境中的机会，避开威胁，充分发掘和运用企业内部的资源，以求得企业的发展。其特点是：投入大量资源，扩大产销规模，提高竞争地位，提高现有产品的市场占有率或用新产品开辟新市场，这是一种从战略起点向更高水平、更大规模发动进攻的战略态势。企业发展型战略主要包括：企业产品—市场战略、企业联合战略、企业竞争战略以及国际化经营战略四种。

（2）稳定型战略。企业稳定型战略强调的是投入少量或中等程度的资源，保持现有产销规模和市场占有率，稳定和巩固现有的竞争地位，这是一种偏离现有战略起点最小的战略态势。企业稳定型战略主要包括无增长战略和微增长战略两种。

（3）紧缩型战略。企业紧缩型战略是当企业外部环境与内部条件的变化都对企业十分不利时，企业只有采取撤退措施，才能抵住对手的进攻，保住企业的生存，以便转移阵地或积蓄力量，准备东山再起的战略。企业紧缩型战略主要包括调整紧缩战略、转让归并战略及清理战略三种。

（二）按企业规模分类

1. 中小型企业经营战略

中小企业具有适应性强、易管理、资金不足、经营风险大、成本高等特点，因此中小企业经营战略主要包括：

（1）小而专、小而精战略。即根据本地区资源优势，通过细分市场，选择能发挥企业自身优势进行集中经营的战略。

（2）钻空隙战略。即中小企业根据产业结构变动及产业结构某一方面空缺薄弱之处，凭借自己快速灵活的优势，进入空隙市场，努力取得成功。

（3）经营特色的战略。由于中小企业容易接近顾客，能够使自己的产品或服务具有与众不同的特色来吸引消费者，从而取得成功。

（4）技术创新战略。中小企业运用自己技术上的雄厚力量，不断开发高新技术产品，从而在竞争中保持优势地位。

（5）联合战略。即通过与其他中小企业形成松散的或紧密的联合，来克服单个小企业资金少、技术水平低、达不到规模效益等弱点，从而使企业得到生存和发展。

（6）承包战略。即中小企业紧密地依附于一个大企业或企业集团，接受他们的长期订货，成为他们的一个加工承包单位，这种中小企业通常称为“承包企业”或“委托企业”。

2. 大型企业经营战略

大型企业具有资金、技术、设备、人才、管理等多方面优势，大型企业是现代化建设的骨干，是国民经济的命脉。

大型企业大多生产的是国民经济的主导产品，因此易受国民经济波动及世界经济波动的影响。因此大型企业战略主要包括：产品—市场战略、企业联合战略、企业竞争战略、国际化经营战略等。

（三）按战略空间分类

按战略空间分类，可分为企业国内经营战略和国际化经营战略两种。

（四）按企业性质分类

按企业性质分类，可分为四种：国有企业经营战略、集体企业经营战略、私营企业经营战略和中外合资企业经营战略等。

一个大中型企业往往对不同的外部环境及内部条件采用几种不同的企业经营战略，从而形成不同的企业经营战略的组合。这种组合可以是同时组合，例如企业采用发展型战略和稳定型战略；也可以是顺序组合，例如企业先是实施稳定型战略，待企业实力壮大后，再实施发展型战略；也可以实行混合战略，即对企业某些产品采用同时组合，而对另外一些产品又采用顺序组合的战略。

二、制定企业经营战略的步骤

（1）企业外部环境分析。主要把握外部环境的现状及未来发展变化的趋势，掌握足够的信息，为正确确定企业经营方向和思想，提出经营目标、确定经营战略打下良好的基础。

（2）企业内部实力分析。要评价企业在经营中已具备的和可取得的资源的数量和质量，明确企业的优势和劣势，为企业在长远发展中如何扬长避短指出战略方向。

（3）确定企业的经营领域。指确定企业将在哪些产品、市场和技术领域内经营。企业要从外部环境细分和对本企业实力的估量中，找到适合自己从事经营活动的平台。

（4）确定经营思想。即明确企业在整个生产经营活动中的指导思想。正确的企业经营思想能指导企业走上兴旺发达的道路。

（5）制定经营目标。即明确企业在一定时期内，按照企业经营思想，考虑内外条件和可能，在其经营领域所要达到的预期成果和发展水平。

（6）战略设计与选择。即按照经营方向提出几个可能的、符合要求的长期目标和经营战略方案，按照确定的衡量标准，在逐个比较和评价的基础上求得一个能最好地实现企业经营方向的机会—目标—战略的组合。

（7）制定职能部门策略。这是将企业总体战略转化为职能部门具体行动计划的过程。

（8）战略实施。指企业通过一系列行政的和经济的手段，组织职工为达到战略目标所采取的一切行动。

战略实施的成败取决于能否把实施战略所必需的工作任务、组织结构、人员、技术等资源及各项管理功能有效地调动起来加以合理配置。

（9）战略实施的评价与控制。主要确定战略在实施过程中在其达成目标上取得了多大的成效，进一步辨认企业对外界环境的分析是否正确，所确定的经营领域、企业经营思想和经营目标是否恰当，所提出的战略途径和手段是否有效等。从中发现战略差距，分析产生偏差的原因，提出纠正偏差的措施，使企业的战略行动更好地与企业所处的环境及企业要达到的目标相协调，使企业经营目标得以实现。

第三节　包装企业的经营思想与经营目标

一、包装企业的经营思想

企业经营思想是指正确认识企业外部环境和内部条件、指导企业决策、贯彻企业方针、实现企业目标、求得企业生存和发展的思想，即企业从事生产经营活动的基本指导思想。

企业经营思想包括多方面的内容。着眼于世界经济的潮流，结合我国包装企业的实际情况及其外部环境条件，应当经常地赋予企业经营思想以新的内容、新的观念，才能保证在多变、复杂的环境下指导企业正确地开展经营活动，实现企业目标。从这一基点出发，包装企业的经营思想应树立以下 10 个思想观念：

1. 市场观念

市场乃企业驰骋的疆场，企业要大有作为，必须有广阔的天地。在现代科学技术高度发达的今天，现代信息高速公路正在构架，全球经济连为一体，地球经济村的概念正在形成。着眼于国内、国外两大市场区域，根据企业的条件和特点，尽力为企业争得较大的生存、发展空间已成为企业经营的重要内容。

2. 诚信观念

市场经济从另一方面讲是契约经济、法制经济，没有诚信思想根本无法立足于商界。可以骗人一时，不可骗人一世，一旦失信于人，难有抬头之日。故古往今来，做人做事无不以此为本。

3. 竞争观念

市场经济的一个显著特点就是竞争。竞争是社会生产力发展到一定阶段的必然产物，是市场经济的客观规律。在当前经济全球一体化的趋势下，国际间的经济竞争日趋激烈，我国企业面临国际国内同行的激烈竞争。因此，包装企业要强化竞争意识，正视竞争，善于竞争，才能在激烈的市场竞争中更好地生存和发展。

4. 效益观念

企业的一切活动归根到底是为了获得良好的经济效益——以最小的投入获得尽可能多的产出——从而推动企业发展壮大。在经济效益问题上，要把握好以下几方面：①处理好近期效益与长远效益的关系，以长远效益为重，不能为了眼前利益而损害企业的长远利益。②把握好企业的规模效益，提高企业的竞争能力。③处理好提高产品质量与经济效益的关系。企业经济效益与社会效益兼顾，不能以损害顾客利益为企业效益的前提，树立以一流的产品和服务获取顾客的回报这样一种新观念。

5. 战略观念

企业的生产和经营，一方面不能只考虑企业局部的利益，而且要考虑地区、国家发展和社会的整体利益，要有全局性的战略眼光。另一方面，不应局限于眼前，要有长远的战略思想，要从长远的角度来考虑企业的经营方针，这是社会经济发展和企业发展的要求。包装企业要以国家经济发展战略为前提，深刻领会和贯彻党和国家的一系列方针政策，然后根据企业自身条件选择经营战略目标。同时，要处理好眼前利益与长远利益的关系，要重视长远利益，也要兼顾眼前利益，努力做到两者有机的统一。

6. 人才观念

在企业的生产经营活动中，最活跃的因素是人，任何一个成功的企业，成功的背后都聚集着一批优秀的人才。得人者昌，失人者亡，企业成长和发展的原动力是在企业工作的人。当前企业的竞争，实质是人才的竞争。从包装企业的角度来看，包装科技人才匮乏，职工技术素质不高，人力资源开发滞后，是造成企业经济效益低下，发展缺乏活力和后劲的主要原因。因此，包装企业必须加大人力资源开发的力度，善于纳才，精于选才，造就人才，长于用才，勇于护才，诚于惜才，才能更好地提高包装企业的整体素质，增强企业的活力和发展后劲，使包装企业更好地生存和发展。

7. 信息观念

当前的时代是信息时代。信息是企业经营决策的基础。只有掌握准确而及时的信息，才能做出正确的判断和决策，从企业经营管理的角度来讲，信息就是企业的生命。信息是提高企业经济效益和竞争力的手段。信息是企业生产经营活动所需要的宝贵资源。从这个意义上讲，信息就是商机，信息就是金钱。因此，对于一个企业家来讲，他的经营艺术就在于能够最敏捷地掌握信息资源，最有效地利用信息资源，从而创造出伟大的经营业绩。包装企业经营管理者，一定要增强信息观念，增强企业在信息的搜集、传递、加工、处理、利用上的竞争能力。

8. 时机观念

企业经营战略的时机，是指外界环境变化带来的适合本企业特点、便于发挥企业自身优势的恰当的时候。如果企业能正确认识客观存在的时机，而且正确地利用了时机，取得了发展，就意味着企业抓住了时机；反之，如果企业错过了时机，企业的种种努力就会事倍功半，甚至会前功尽弃，出现危机，因此，时机如同资金、技术、劳动力等一样，也是一种资源，因而时机也是有价值的。企业的生存和发展除了取决于资金、技术、劳动力等资源以外，还取决于企业经营者对时机的把握。包装企业的经营管理者必须树立时机观念，正确认识时机，及时掌握利用时机的规律，更好地促进包装企业的发展。

9. 质量观念

在市场经济条件下，产品质量是市场准入的航标，追求卓越的产品质量是企业永恒不变的主题。不管市场环境如何改变，产品质量始终是企业参与市场竞争的一个极其重要的因素，是影响企业竞争能力的关键所在。高质量的产品没有高质量的包装，产品质量就不完整，产品就缺乏国际竞争能力。因此，为工农业产品提供配套包装的包装企业如何提高包装产品（包装材料、包装容器）和产品包装服务（包装作业）的质量是提升包装企业竞争能力的一个极其重要的课题。

10. 创新观念

创新，从企业经营管理的角度来讲，是指企业抓住市场潜在的赢利机会，对生产要素、生产条件和生产组织进行重新组合，以建立效能更强、效率更高的新的生产体系的活动过程。它主要包括技术创新、市场创新和组织创新。创新已成为企业发展的基础和动力源泉，是企业生存和发展的根本要求，是适应市场竞争的必然选择，是提高企业经济效益的有效途径。创新已成为企业的生命力所在，是企业竞争制胜的法宝。包装企业只有增强创新意识，不断增强创新能力，才能使企业充满生机和活力。领先一步，棋高一筹，步步先机，企业才能在竞争中立于不败之地。

二、包装企业的经营目标

（一）包装企业经营目标的概念

包装企业的经营目标是包装企业的生产经营活动在一定时期内按照企业的经营思想，考虑到企业的内外条件和可能，沿其经营方向达到预期的成果和发展水平。它经常以产量、品种、质量、销售收入、资金利润率和市场占有率等指标的未来发展规模和速度来表示。企业的经营目标，应当是多个目标组成的一个目标体系。它不仅仅是经济效益的直接体现，其本身也是一个复杂的，包括多方面、多层次的系统。不同时期、不同类型的企业，确定经营目标的重点也各有不同。每一个包装企业在不同时期要有它的总体经营目标，在企业的生产经营活动中还要有具体的经营目标。企业经营目标分长期经营目标、中期经营目标和短期经营目标三种。本节着重讨论长期经营目标。只有先正确地制定长期经营目标，在长期经营目标指导下，再来协调中、短期目标，才能避免目光短浅，同时使长期目标的实现有可靠的保证。确定企业经营目标是包装企业经营管理的出发点和落脚点，它给企业指明每个时期的经营方向和奋斗目标。所以，确定企业经营目标是企业经营管理的首要任务。

（二）包装企业长期经营目标的内容

1. 企业赢利能力

企业经营的成效在很大程度上表现为具有一定的赢利水平，它通常以利润、资产报酬率、所有者权益报酬率、每股平均收益、销售利润率等指标来表示。

2. 生产效率

企业要不断地提高生产效率，它经常用投入产出比率、年产量、设备自动化水平等指标来表示，有时也会把产品成本降低率、废品率等指标作为企业生产效率指标提出来分析。

3. 市场竞争地位

企业经营成效的表现之一是企业在市场上相对地位的提高，特别是我国的一些大型包装企业应当经常把在国际、国内的市场竞争地位列为一个目标，以测定其在竞争中的相对实力，它通常以市场占有率、总销售收入、准时交货、增加售后服务项目、顾客抱怨或不满程度及比率的降低等指标来表示。

4. 产品结构

所谓产品结构是指企业在特定的发展阶段，各种产品之间技术经济关系和数量比例关系的总和。

反映产品结构的指标，常用的有企业新产品产值占企业总产值比率、新产品销售额占总销售收入的比例、新开发产品数、淘汰产品数等。

5. 财务状况

企业财务状况是企业经营实力的重要表现，尤其是我国的许多国有大中型包装企业财务状况不佳、竞争力低、活力不强，因此应当把企业财务状况作为企业经营的一个重要目标，它通常以资本构成、流动资金、新增普通股、红利偿付、固定资产增值等指标来表示。

6. 企业的建设和发展

企业应适应内外环境变化的需要而不断发展，因此，企业的建设和发展应成为包装企业长期经营目标中的一个重要内容。这方面的指标有：年产量增加速度，经济效益提高速度，企业生产规模的扩大，生产场地面积的扩大，生产能力的扩大，生产自动化、数控化、计算机化水平的提高，企业管理水平的提高等。

7. 企业的技术水平

企业在未来战略期内在技术上应达到什么水平，这往往也是包装企业长期经营目标中的重要内容，企业必须从现在行业中的实际技术水平出发，决定在未来战略期内的技术状态。这方面的指标有：应完成的开发和创新项目，新产品开发费用占销售额的百分比，新产品获得的专利数等。

8. 人力资源的开发

企业的发展不仅依赖于职工技术人员的数量增加，还依赖于包装企业内所有人员素质的提高，目前我国大多数企业内人员过多而人员素质不高，在这种情况下，在企业内实施战略是极为困难的。因此应注意对企业人员的培养，为职工提供良好的发展机会，不仅可以提高职工积极性，而且有利于企业吸引优秀的人才，为此企业人力资源的开发应作为包装企业长期发展目标。这方面的指标有：在未来几年内员工培训人数及培训费用，技术人员在全体职工中比例的增长，各种技术职称比例的增加，职工技术水平的提高，人员流动率、缺勤率及迟到率的降低等。

9. 职工福利

企业职工的福利待遇满足状况对企业生产经营有直接的影响，这是企业经营的内在动力，是衡量企业经营效果的一个尺度，因此改善企业内人群关系和提高职工物质生活、福利待遇是企业长期经营目标的一个组成部分。这方面指标有：在未来几年内包装企业人均工资水平的提高，职工奖金水平的提高，对有贡献的技术人员及其他人员的奖励水平的提高。

10. 社会责任的目标

企业作为社会中的一个子系统，对社会负有一定责任，因此企业只履行自身的经营责任是远远不够的，它还要考虑到社区、消费者、相关企业、社会整体以及国家的利益，如：消除污染、保护环境、提供就业机会、合理利用自然资源、资助当地社会公益事业等。因此企业不仅应有经济观念，还应具有社会观念、公众利益观念及人类生存与发展观念。企业的社会责任包括两个层次：第一个层次是企业生产经营的直接关系，主要是指与企业直接发生的多种社会关系，主要包括企业与职工、企业与供应企业（包括能源、原材料、零部件、设备、技术、资金等供应企业）、企业与销售企业（批发与零售企业）、企业与消费者、企业与竞争企业的关系等。企业要实现自己的经营目标，要使自己的产品得到市场实现，就必须调整好与供应企业、销售企业、消费者、竞争企业的关系，并支持他们的工作；第二个层次是企业生产经营的间接关系，主要是指企业的社会影响或企业的非市场关系，主要包括企业与国家各级政府、企业与各种社会团体组织（如妇联、工会、消费者协会、环境保护组织、宗教团体等）、企业与传播媒介（如报界、广播电台、电视台等）、企业与企业业界赞助支持的组织（如体育界的各种组织、残疾人组织、教育组织等）、企业与所在社区、企业与国际上的各种企业、团体组织的关系等。企业在力所能及的范围内也要支持政府及各种社会团体组织的各项工作。

（三）制定经营目标的原则

为了发挥经营目标在企业生产经营活动中的作用，在制定经营目标时应贯彻以下原则：

（1）目标的关键性原则。这要求企业总体经营目标必须突出有关企业经营兴衰的重大问题，就是要抓住关系到企业全局的关键性问题，避免因小失大，这是首要原则。

（2）目标的可行性原则。这要求企业在确定经营目标时，要全面分析企业外部环境和企业内部条件以及经过努力所能达到的程度。目标要恰当，要有根据，要保证经过努力能如期实现。那种脱离实际可能的过高目标，和那种不求进取保守的过低目标，都不能起到良好的作用。

(3) 目标的一致性原则。这要求企业总体经营目标、中间目标和具体目标要协调一致，要相互衔接，不要相互矛盾，不要相互脱节。要把企业上下左右的力量形成一股劲，朝同一个方向努力。

(4) 目标的激励性原则。这要求经营目标要明确，具有鼓舞作用，能够激发职工干劲，调动职工积极性。

(5) 目标的定量化原则。这要求经营目标是可以进行衡量和可以进行比较的，又便于检查和评价其实现程度，一般以一定数量或质量指标来表示。

第四节 包装企业的经营决策与经营计划

一、包装企业经营决策的概念

包装企业的经营决策是指包装企业为了实现一定的经营目标，对企业内外环境进行分析，在占有一定信息的基础上，借助现代科学手段和方法，通过定性判断和定量计算，制定若干个不同的行动方案，选择一个合理方案并付诸实施的分析判断过程。

经营决策的概念包含以下 5 个基本要点：

(1) 决策必须有一个明确的目标。目标是决策的前提和基础，没有明确的目标，决策正确与否也就没有一个衡量标准。

(2) 决策必须有两个以上可供选择的行动方案。所谓行动方案就是实现决策目标的各种方法和途径。决策的过程就是确定目标和制定行动方案，并对各种行动方案进行分析、评价、选择的过程。

(3) 评价、选择方案的原则是“有限合理性”或“令人满意”的准则。所谓合理和满意就是决策者对评价的指标先确定一个好的最低标准，超过这个标准并在总体上达到预期效果的，即为合理或满意。

(4) 决策的问题是未来的，而未来带有一定的不确定性，要使决策能正确地指导未来行动，就必须通过各种调查和预测方法，掌握事物发展的客观规律性，使未来的不确定性极小化。

(5) 决策的实践性。决策是为了指导行动，决策总是要付诸实施的。如果决策不导致行动和实施，决策就是多余的，是毫无价值的。

二、经营决策的分类

决策的分类，因分类方法不同而不同，一般来说，有如下几种分类方法：

1. 按性质分类

根据决策问题的性质，可以分为战略性决策、管理性决策和业务性决策。

(1) 战略性决策。它是有关企业大政方针方面的决策，如决定企业的经营方针、经营目标、经营组织、企业的联合改组、生产规模、长期投资、产品更新换代等。

（2）管理性决策。它是战略性决策的具体化，是属于执行战略决策过程中的战术性决策，是为了实现企业的经营目标在如何运用企业的人、财、物等方面所做出的决策，如制订生产计划和销售计划，物资与能源的合理选择与使用，资金的合理运用与调剂等。

（3）业务性决策。它是指在日常生产活动中为提高工作效率所做的决策，如生产任务的日常安排、定额的制定与修改、运输路线的决策等。

2. 按层次分类

根据决策者在企业组织中的层次，可以分为高层决策、中层决策和基层决策。

（1）高层决策。它是指企业最高领导人所做的决策。它所解决的问题通常是全局性的以及与外界环境有密切联系的重大问题。越是高层决策，越具有战略性、长期性的特点。

（2）中层决策。它是指企业中层管理人员所做的决策。这类决策所涉及的问题大多是属于安排一定时期的任务，或解决生产中存在的某些矛盾。

（3）基层决策。它是指企业基层管理人员（如工段、班组）所做的决策。这类决策主要是解决日常作业任务中的问题。

3. 按程序分类

按决策问题是否重复出现，可以分为程序性决策和非程序性决策。

（1）程序性决策。这类决策多是经常重复发生的问题，决策过程中的各个步骤都有一定的程序，它包括决策的模型、选择方案的标准等。只要环境基本不变，这些程序可以重复使用和解决同类问题。

（2）非程序性决策。这类决策问题不常出现，属于无法用常规办法来处理的一次性非例行的新决策。这类决策活动常属于经营战略性决策，它需要企业高层决策人员发挥自己的经验、才智来进行。

4. 按条件分类

按决策问题所处的条件不同，可以分为确定型决策、风险型决策和非确定型决策。

（1）确定型决策。它就是各种可行方案所需要的条件都是已知的，并且一个方案只有一种确定结果的决策。这种决策比较容易做，只要比较各个方案的结果谁优谁劣，即可做出决策。

（2）风险型决策。它具有以下 4 个特点：①有明确的决策目标；②有两个以上可供选择的方案；③每个方案的实施存在着非决策人所能控制的两个以上的自然状态；④可测算各种自然状态出现的概率。由于这种决策是在一定概率条件下做出的，要冒一定的风险，故称为风险型决策。

（3）非确定型决策。与风险型决策的特点基本相同，只是无法测算各种自然状态出现的概率，或者只能依靠主观概率判断。因此，这种决策主要取决于决策者的态度和经验。

三、包装企业经营决策的内容

经营决策是企业决策中最重要的一部分，是由企业最高阶层负责实行的决策。企业经营决策的内容，涉及企业发展方向、目标、规模和大政方针等重要问题。企业经营决策内容大致包括下列各方面：

（1）经营战略方面的决策。这方面的决策包括经营方向、经营目标、经营方针、多样化经营、一体化经营及联合与兼并决策等。

（2）市场营销方面的决策。这方面的决策包括市场调查预测，产品定位定时决策，市场营销组合决策，售后服务和其他销售业务决策等。

（3）研究与开发方面的决策。这方面的决策包括新技术、新工艺、新材料、新产品开发决策、市场开发决策等。

（4）生产系统方面的决策。这方面的决策包括产品选择，厂址选择和工厂布置，生产数量和生产规模，品种结构，技术改造，生产组织、指挥、调度和控制等决策内容。

（5）物资采购方面的决策。这方面的决策包括物料选择决策，采购对象、地点和采购方式决策，物料库存控制决策等内容。

（6）财务方面的决策。这方面的决策包括资金筹措、资金结构和资金调度、固定资产投资、目标成本、财务计划、财务收支平衡、利润及其分配等决策问题。

（7）组织方面的决策。这方面的决策包括组织设计和重大改进、确立领导体制和重要的组织管理制度、设置组织管理目标体系、重要人事安排等。

（8）企业其他重要问题决策。

四、经营决策的方法

根据决策问题所处的条件，企业的决策方法可以分确定型、风险型和非确定型三类。

（一）确定型决策方法

确定型决策所处理的未来事件的各种自然状态是肯定的、明确的，可以做数量描述。这类决策大都属程序化决策，可对不同的经营决策目标，根据不同的约束条件，采用不同的数学模型，求得最优或较优解。例如，企业产品生产计划可以用线性规划，量、本、利分析等模型和现有程序；生产作业分配可以用分配问题模型；采购或批量制造，可以用存储模型等。约束条件较多，运算较复杂的决策问题，可以采用计算机和现有计算程序求解。

1. 线性规划

线性规划是在一些线性等式或不等式的约束条件下，求解线性目标函数的最大值或最小值的方法。

例如：某企业计划生产甲、乙两种产品，每种产品均需使用A、B、C、D四种设备，其加工时间及单位利润数据如表2－1所示，现要求确定产品甲、乙的产量，使得企业利润最大。

表2－1　加工时间及单位利润数据

单位产品所需台时 / 产品 / 设备	甲	乙	计划期的设备能力（台时）
A	2	2	12
B	1	2	8
C	4	0	16
D	0	4	12
单位产品的利润（万元）	2	3	—

用线性规划求解：

（1）设决策变量。设 x_1、x_2 依次为产品甲、乙的产量，S 为预期利润。

（2）列约束方程。

$$\begin{cases} 2x_1+2x_2\leqslant 12 \\ x_1+2x_2\leqslant 8 \\ 4x_1\leqslant 16 \\ 4x_2\leqslant 12 \\ x_1、x_2\geqslant 0 \end{cases}$$

（3）建立目标函数。

$$S_{max}=2x_1+3x_2$$

（4）求解。求解过程略。解得：

$$x_1=4,\ x_2=2$$

$$S_{max}=2\times 4+3\times 2=14$$

2. 盈亏平衡分析法

这种方法也称量本利分析法，它是研究产量、成本、利润三者关系的一种简便方法。该方法的基本思想是将企业费用分为固定费用与变动费用，前者不随产量增减而变化，后者与产量呈比例变化，如图 2－1 所示。

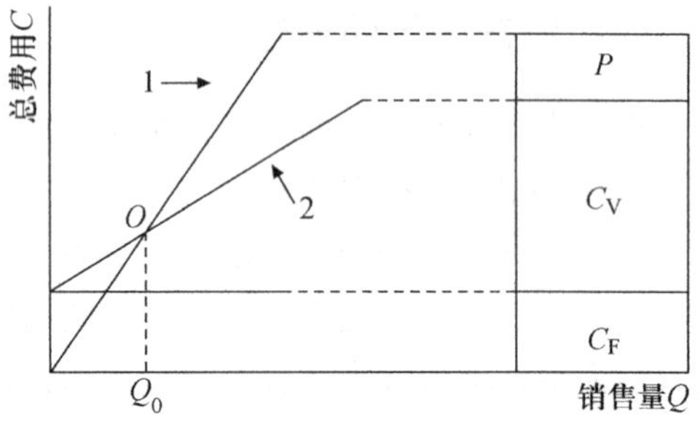

图 2－1　盈亏平衡分析图

1—销售收入线；2—总成本线；O—收支平衡点；Q_0—盈亏平衡点；P—利润（包括税金）；C_V—变动成本；C_F—固定成本

图 2－1 中总成本线与销售收入的交点 O 称为收支平衡点，对应的销量 Q_0 为盈亏平衡点，销量大于 Q_0 将赢利，小于 Q_0 则会亏损。盈亏平衡点计算公式如下：

$$Q_0=C_F/(W-C_V)$$

式中　C_F——固定成本；

C_V——单位产品变动成本；

W——单位产品售价。

运用盈亏平衡分析法可以进行定价决策、经营方案的比较、企业经营状况的评价。

（二）风险型决策

这种方法也称随机型决策，同任何决策一样，风险型决策必须具备以下条件：一是要有一个明确的决策目标，如最大利润、最低成本。二是存在着决策者可以选取的两个以上的可行方案。三是存在着不以决策人主观意志为转移的两种以上的客观状况。如市场销售情况好、不好或中等。四是不同方案在各种客观状态下的后果，如损益值。

但风险型决策下的客观状况出现的可能程度不能肯定，只能估计出一个概率，即决策矩阵中的 Y_j 出现的确定值不能肯定，仅知其出现的概率。概率只是估计的可能机会，决策人要承担某种因估计失误而带来的风险，这就是风险型决策的特点。

1. 期望值与收益表

风险型决策是以决策收益表为基础，寻求最佳期望值的方案作为决策方案。方案的期望值，就是方案不可控制因素（Y_j）的概率与其出现时的后果（以数量）表现的乘积的总和（即以概率为权数的加权平均值的总和）。在方案比较中，选取收益最大值或损失最小值的方案。

例：某厂拟自产自销一种产品，每箱售价 180 元，成本 130 元，利润 50 元，如销量不佳，每滞销一箱，损失 30 元，上年第一季度销售量资料如表 2－2 所示。

表 2－2　销售量资料

日销量	完成该销量日数	概率
100	18	0.2
110	36	0.4
120	27	0.3
130	9	0.1
Σ	90	1.0

根据预测，今年第一季度市场需求量与去年同期无大变化。应怎样决定日产计划，使期望利润最大。

根据上述条件编制收益表并计算期望利润，如表 2－3 所示。

表 2－3　收益表的编制及计算期望利润

客观状态 Y_j / 概率 $P(Y_j)$ / 方案（日产量）X_i	日销售量			
	100	110	120	130
	0.2	0.4	0.3	0.1
100	5000	5000	5000	5000
110	4700	5500	5500	5500
120	4400	5200	6000	6000
130	4100	4900	5700	6500

收益值的计算方法，以日产 120 箱为例：

①当日销量为 100 箱时，收益值＝（100×50）－（20×30）＝4400

②当日销量为 110 箱时，收益值＝（110×50）－（10×30）＝5200

③当日销量为 120 箱时，收益值＝120×50＝6000

④当日销量为 130 箱时，收益值＝120×50＝6000

期望利润的计算，也以日产 120 箱为例：

期望利润＝（4400×0.2）＋（5200×0.4）＋（6000×0.3）＋（6000×0.1）＝5360

依次按下列公式计算 V_i 的期望值为：

$$V_i = \sum_{j=1}^{n} Y_j \times P(Y_j)$$

计算结果表明，日产 120 箱时期望利润值最大，以此作为决策方案。

由于决策存在风险，决策者对待风险所持态度不同，因此有可能选择不同的方案。

（1）选择损失最小的方案。从上例中期望利润的计算过程可以看出，无论采取哪一方案都可能会发生收益损失，原因是可能产过于需；也可能是需过于产；也可能两者兼而有之。

要怎样才能不发生损失呢？只有按照去年同期的日销量和应该生产的日数来生产，即用 18 天生产 100 箱，用 36 天生产 110 箱，用 27 天生产 120 箱，用 9 天生产 130 箱，此时每天的平均利润期望值是 5650 元。

$$平均期望利润 = \frac{(18 \times 100 + 36 \times 110 + 27 \times 120 + 9 \times 130) \times 50}{90}$$

$$= 5650 元$$

要使损失最小，风险最小，当然也以日产 120 箱的方案最好，这可从比较下面的数字看出。

生产 100 箱的收益损失 = 5650 元 − 5000 元 = 650 元

生产 110 箱的收益损失 = 5650 元 − 5340 元 = 310 元

生产 120 箱的收益损失 = 5650 元 − 5360 元 = 290 元

生产 130 箱的收益损失 = 5650 元 − 5140 元 = 510 元

（2）最大可能获得收益的方案。因为日销量 110 箱出现的机会最大为 0.4，决策人很可能选取日产 110 箱的方案。此时，最大可能获得的收益为 5500 元。

（3）机会均等时获得最大收益的方案。决策人宁愿以机会均等概率作为计算期望利润的依据，并从中选取利润最大的方案。

上例存在四种客观状态，平均概率为 1/4（0.25），根据平均概率计算期望利润，如表 2－4 所示。

表 2－4　计算期望利润

客观状态 / 概率 / 方案（日产量）X_i	日销售量				期望利润
	100	110	120	130	
	0.25	0.25	0.25	0.25	
100	5000	5000	5000	5000	5000
110	4700	5500	5500	5500	5300
120	4400	5200	6000	6000	5400
130	4100	4900	5700	6500	5300

比较各方案的期望利润可以看出，日产 120 箱时利润最大，仍可选为最优方案。

2. 决策树

上述收益表是一种计算期望值的表格形式，决策树则是一种图解形式。决策树形式的优点是：第一，可明确地比较各种可行方案的优劣。第二，对某一方案的有关因素能直观地描述，它特别适用于复杂问题的多层次决策。决策树的结构如图 2－2 所示。

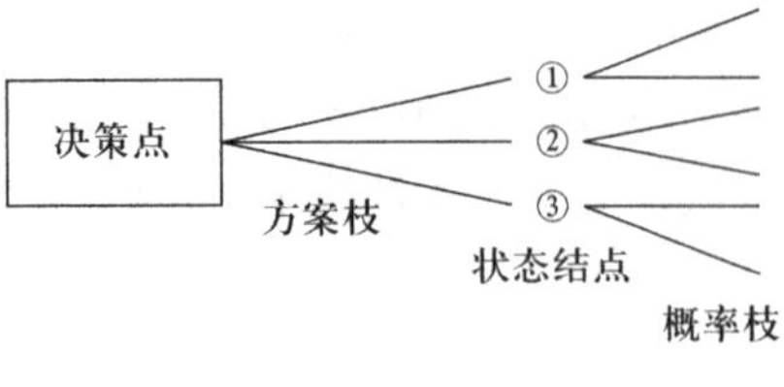

图 2－2　决策树结构

决策树的绘制，一般分 3 个步骤：

（1）绘制树形图。

（2）计算期望值。由左向右计算，先根据各客观状态的发生概率分别计算期望值。遇到状态结点时，计算各分枝期望值的和，标于状态结点上，遇到决策点时，则将状态结点上的数值与前面方案上的数值相加，哪一方案的汇总数值大，就把它写在决策点上。

（3）剪枝。剪枝就是方案选优过程，从右向左，逐一比较。凡状态结点值与方案上数值汇总后小于决策点上数值的方案一律剪除，所剩方案即为最优方案。

例：某厂拟生产某新产品，对未来销售状态的预测结果是：出现高需求的概率为 0.3；中需求的概率为 0.5；低需求的概率为 0.2。该厂为生产该产品，或者新建专门车间，需投资 110 万元；或者改建一旧车间，需投资 50 万元。各种客观销售状态下年销售利润预测如表 2 – 5 所示。该厂如何决策？

按上述步骤，绘制决策树并计算期望值：

新建方案净效益：220 万元 – 110 万元 = 110 万元

改建方案净效益：180 万元 – 50 万元 = 130 万元

由此可知，改建方案为最优方案。

3. 非肯定型决策

当上述决策所具备的四个条件中，各种客观状态出现的概率，事先无法预估时，决策就是不肯定型的。不肯定情况下的决策，主要取决于决策人的经验和所持的态度与信心。

例：某厂拟生产某新产品，对未来市场需求的预测，可能出现高需求、中需求和低需求 3 种。该厂有 3 种策略可供选择：①新建一条生产线；②增添设备；③改建原生产线。采取上述三项策略，预计在五年内的收益和损失如表 2 – 6 所示。

表 2 – 5　各种客观销售状态的预测

客观状态 客　观	高需求	中需求	低需求
新　建	60	40	0
改　建	60	30	15

表 2 – 6　某厂生产某新产品对市场需求的预测

客观状态 客　观	高需求	中需求	低需求
Ⅰ	60	20	– 25
Ⅱ	40	25	0
Ⅲ	20	15	10

针对上例情况，决策人可能持不同态度，从不同的原则来选取最优方案。

（1）悲观原则。先从每一方案中选择一个最小的收益值，然后再从这些最小收益值中选择一个最大值，该值对应的方案即最优方案。上例三种方案中的最小收益值分别为 – 25、0、10。其中最大值为 10。它对应的方案为第三方案，即改建生产线方案。

显然，按这一原则做出的决策是比较保守的，决策人所持态度是稳妥的，避免招致大损失。由于是从小收益值中取最大值。这一原则又称小中取大原则。

（2）乐观原则。决策人对未来出现的客观状态持乐观态度，但又不盲目乐观，而是根据资料分析和决策人的经验，确定一个乐观系数 α。把每一方案的最大收益值乘以 α，再加上该方案的最小收益值乘以 $1-\alpha$，得到一个乐观期望值。最后比较各方案的乐观期望值，选其中数最大者为最优方案。

根据上例，设 $\alpha=0.7$，计算结果如下：

第一方案：$60\times0.7+(1-0.7)\times(-25)=34.5$ 万元

第二方案：$40\times0.7+(1-0.7)\times0=28$ 万元

第三方案：$20\times0.7+(1-0.7)\times10=17$ 万元

因此，选取第一方案即新建生产线为最优方案。

（3）最小后悔原则。这种决策是以各方案的机会损失的大小来判别方案的优劣。所谓机会损失，是由于决策人对客观状况误判而做出的对策失误所造成的损失。

上例中，如果出现高需求，采用新建生产线方案可获得 60 万元。但决策人采用增添设备方案，只获得 40 万元，由于判断失误而造成 20 万元的机会损失，这一机会损失称为后悔值。每一方案都有一个最大后悔值，比较每一方案的最大后悔值，选其中数值小的方案为最优方案，如表 2－7 所示。

表 2－7　最优方案的选择

客观状态 / 后悔值 / 方案	高需求	中需求	低需求	最大后悔值
Ⅰ	0	5	35	35
Ⅱ	20	0	10	20
Ⅲ	40	10	0	40

第二方案后悔值最小，宜选取增添设备方案作为最优方案。

五、经营计划的概念及分类

企业经营计划是企业经营决策的具体化，是企业在一定时期内为实现企业决策目标从市场营销到企业内部各种资源配置运用的总的统筹安排。

经营计划可按时间分为中长期计划（以五年计划为主）和短期计划（以年度计划为主）。前者是企业的战略计划，它的重点在于企业的发展，后者是企业的执行计划，它的内容偏重于实现当前的具体目标。

经营计划按内容可分为综合计划和单项计划。综合计划反映企业发展和当前经营活动的全貌，单项计划则反映它们的一个侧面。下面主要介绍单项计划和综合计划的内容。

1. 单项计划

按照经营目标分类，单项计划也可分为以下四类。

（1）实现贡献目标的计划。包括生产计划、降低产品成本计划、利润计划、资源综合利用计划、环境保护计划。

（2）实现利益目标的计划。包括企业留利计划、职工收入计划。

（3）实现企业发展目标的计划。包括资金筹措计划、科研和新产品开发计划、基本建设计划、技术改造计划、职工招收和培训计划。

（4）实现市场目标的计划。包括产品销售计划、技术服务计划、广告宣传计划、物资采购计划。

2. 综合计划

综合计划由一系列反映企业经营全貌的指标组成。这些指标可以分为以下五类：

(1) 综合经济指标。包括资产负债率、流动比率、速动比率、应收账款周转率、存货周转率、资本金利润率、销售利税率、成本利润率等。

(2) 产品品种及产量指标。包括品种个数、各个品种的产量等。

(3) 产品质量与消耗指标。包括产品的一等品率、合格率、废品率、万元产值能耗、万元产值原材料消耗等。

(4) 劳动工资指标。包括计划期职工人数、全员劳动生产率、工资总额等。

(5) 设备指标。包括设备完好率、设备大修率等。

六、经营计划的编制

1. 做好编制经营计划的准备工作

(1) 做好经济发展的预测。对经济发展进行预测，是编制企业经营计划的重要前提。通过预测可以提示和预见经济发展的大致趋势，为制订经营计划提供科学的依据。尤其是对于制订中长期计划，预测工作更具有十分重要的作用。可以说，没有科学的预测，就无法做出正确的决策；没有正确的决策，就不会有科学的计划。经济发展预测的内容很多，主要有国民经济发展预测、市场预测、资源利用的预测、科学技术进步的预测等。

(2) 对上一个计划期的完成情况进行预计和分析。在制订计划之前，必须对上一个计划期各种计划的完成情况进行必要的预计和分析，以便做出比较正确的估计，并找出计划执行过程中存在的问题和出现这些问题的原因，以便在确定下一个计划期的发展规模和发展重点时参考。

(3) 对各种技术经济定额进行审订。技术经济定额是在一定时期内，根据一定的生产技术组织条件下所规定的人力、物力、财力的利用和消耗方面应遵守和达到的标准，它是编制各种计划的基础。定额是否合理，它的正确程度如何，关系到计划的科学性，影响到计划能否正确指导生产经营活动和调动企业职工的积极性。定额水平既要先进又要合理，即在一定的生产技术水平和组织措施的条件下，大部分职工经过努力都可以达到，少数先进者能够超过。

2. 确定经营方针和经营目标

经营方针是经营思想的具体化，它主要表现为企业处理一些重大生产经营问题时的态度，包括确定企业的经营方向，发展速度的方针，品种发展方针，技术发展方针，开拓市场方针，市场销售方针，处理企业与国家、企业与企业、企业与用户关系的方针等。企业的经营方针要体现企业的经营目的，要注意发挥自己的优势。

经营目标是企业在计划期内生产经营活动预期要达到的主要目标。它大致可以分为四种：一是贡献目标，它反映企业对国家和社会所要做的贡献。二是企业的利益目标，它反映企业为自己和职工所要创造的利益。三是企业的发展目标，它反映企业自身的发展方向和发展状况。四是市场目标，它反映企业市场活动所要达到的目的。

制订经营目标是企业的一项重大决策，一定要坚持实事求是、量力而行、留有余地的原则。目标定得太低，会束缚企业的发展；目标定得太高，实现不了，不仅会造成人力、物力的浪费，而且会挫伤职工的积极性。因此，制订目标时，既要体现积极进取的奋斗精神，又不能脱离实际，好高骛远。

3. 编制计划草案

（1）试算平衡，提出计划设想。为了供企业领导参考和各方面讨论，企业计划部门要根据经营目标和在计划准备阶段收集整理的资料，提出计划设想，并根据初步试算平衡的情况，把各个设想方案的优缺点、利弊得失、主要矛盾找出来，以便讨论时参考。

（2）广泛征求各方面的意见。为了提高计划的科学性和民主性，计划设想提出之后，要组织讨论，广泛征求各方面的意见，以便互通情报，沟通思想，统一认识。

（3）进行综合平衡，制订计划草案。在广泛征求各方面意见的基础上，经过对各种方案的比较，权衡利弊，从中选择一个切实可行的方案。

方案确定以后，就要着手编制计划草案。计划草案的编制过程，也就是综合平衡的过程。综合平衡的内容主要包括四个方面：①人、财、物、产、供、销等企业的生产经营活动的各种要素、各个环节的平衡；②生产、销售、技术、质量、资金、劳动、设备、物资、基建、技术改造等专业计划及其指标的综合平衡；③企业的技术准备过程、基本生产过程、辅助生产过程和生产服务过程等的综合平衡；④年度计划与中长期计划的平衡。这些平衡中的重点是要达到以销售为中心的产销平衡，以利润为中心的成本利润平衡和以资金为中心的财务收支平衡。

4. 经营计划的落实

落实经营计划，主要应做好以下两方面的工作：

（1）制订保证计划实现的各种具体措施和防止风险出现的对策。经营计划的实现，需要许多具体措施作保证。但制订措施时，重点一定要放在实现企业的总目标和解决企业的薄弱环节上，决不能不分主次，眉毛胡子一把抓，使主要矛盾得不到解决。同时，还要制订防止风险出现的对策。

（2）对经营计划进行分解，层层落实。经营计划的总目标和具体目标都需要一一进行分解，落实到部门、车间、班组、岗位，直到个人，并把完成计划的好坏与其经济利益挂起钩来，使每个部门、生产单位和职工都各司其职、各尽其责，既严格分工，又紧密协作，为实现计划努力奋斗。

许多包装企业近几年来采取“方针目标展开图”的管理方式对经营计划进行层层落实、层层分解，规定具体项目、目标值、对策、负责单位、完成时间及其检查等内容，取得良好的效果。

七、经营计划的实施控制

要实现经营计划，必须对它的执行过程进行控制。也就是说，要根据各种计划指标、计划进度、各种定额对计划的执行进行调度、检查，并及时对某些不完善的计划进行修订，以保证实现主要的计划目标。

计划控制的方法有以下几种：

（1）对计划的执行过程进行强有力的调度。经营计划的实现，需要人、财、物、产、供、销的平衡衔接。因此，必须进行统一的指挥和调度，以发现问题，分析原因，采取有效措施，解决计划执行过程中出现的问题，协调各部门、各生产单位之间的关系，使各项工作有条不紊进行。

（2）对计划完成情况进行检查。计划执行过程中，要通过统计报表、现场调查、召开汇报会等多种形式进行检查分析。通过检查和分析，发现计划执行过程中的经验和存在的问题，并及时推广好的经验，解决存在的问题。

（3）对计划进行调整。在计划执行过程中，如果主客观条件发生大的变化，或者计划确实不符合实际，就要及时修改计划，真正起到指导实际的作用。

第五节　包装企业的市场营销策划

在市场经济条件下，任何企业的生存和发展都离不开市场。作为市场经济的主体——企业，如果自己的产品有市场，企业就能生存；如果产品的市场占有率高，收益就高，企业就生存得好；企业产品的市场越广阔，企业就能越快发展。

市场营销是指在变化的市场环境中，为满足消费需要、实现企业目标的商务活动过程，包括市场调研、选择目标市场、产品开发、产品订价、渠道选择、产品促销、产品储存和运输、产品销售、提供服务等一系列与市场有关的企业业务经营活动。

市场经济的一个显著特点就是竞争，企业与企业之间的竞争实质就是对市场的争夺，也就是我们通常所说的市场竞争，因此，在今天这种不断变化的市场环境中，包装企业要发展，就必须树立市场营销观念，用创新的思维方式去开拓市场，并且不断进行市场创新，这样才能在激烈的市场竞争中赢得发展。

市场营销观念是企业经营思想的一个重要组成部分，是从事市场营销活动的基本指导思想。

一、市场营销策划概述

市场营销策划在企业的市场营销活动和市场营销管理中占有极为重要的地位。市场营销策划实质上就是指针对如何进行企业市场营销活动的一种谋划。它主要包括对企业整体营销活动的战略设计和一些具体营销活动的行动方案和营销策略的制定。

市场营销策划的领域涉及到企业的整个营销管理过程。市场营销管理过程，是指企业通过市场营销管理系统发现、分析、选择和利用市场营销机会，以实现企业任务和预期目标的过程。具体包括分析市场机会、选择目标市场、进行市场定位、设计并执行市场营销组合方案、管理（调控）市场营销活动这几个主要阶段。这一过程，也就是企业营销战略的制定与实施过程。

企业通过寻找、分析、评价新的市场机会，发现有利于自身发展的营销机会，进而从中确立目标市场。目标市场上的目标顾客，是企业服务的对象，处于企业营销的中心地位。目标顾客不同的、变化着的需求，必定要求企业以不同的服务方式提供不同的产品（包括劳务），从而制约着企业营销决策的制订和服务能力的形成。因此，企业应集中力量为他们服务，满足他们的需求。

企业为了有效地满足目标顾客的需求，并在这种满足中更好地实现自己的营销目标，必须设计一套相适应的市场营销组合方案。市场营销组合是指企业对可以控制的各种营销因素的综合运用。这些可控制的营销因素可以归纳为产品、销售渠道、价格、促销这四个主要方面，因而市场营销组合也就是指组合配套地运用上述四个主要可控因素的相关策略，以利于更充分地满足目标顾客的需要和实现企业的经营目标。

为了正确地制订和有效地实施市场营销组合方案，必须建立一个完整的市场营销管理系统。市场营销管理系统包括四个子系统：即营销信息系统、营销计划系统、营销组织系统和营销控制系统。建立这四个相互关联的系统，既对企业成功地实现营销计划具有重要意义，又对企业利用这些系统监视和适应营销环境的变化发挥十分重要的作用。

二、市场营销战略与企业经营战略

市场营销战略是指企业在经营思想的指导下，通过对企业外部环境、内部条件的分析，确定市场营销目标，对企业市场营销诸要素进行最佳组合，并制定出实现此目标的长期方针和策略。它涉及到企业发展中的具有全局性、长远性和根本性的问题。

市场营销战略是企业经营战略的一个重要组成部分，也是实现企业经营战略的重要保证。市场营销战略的制定与实施，其实质就是市场营销管理过程，它在保证企业适应外部不断变化的环境方面起着主要作用。

在实际工作中，企业战略性管理与市场营销管理是紧密不可分的，但两者的任务不相同。

企业的战略性管理，是为了完成整个企业的市场定向，明确企业总的业务经营范围，确定企业总的发展方向、发展途径、预期目标和资源调配。为此，企业战略计划人员一方面要着重于分析、评价和比较宏观的经济环境和市场环境，科学地预测其未来的发展变化趋势，从中发现适合企业发展总目标的各种市场机会；另一方面还要客观地、全面地分析企业的状况，包括企业内部条件所具备的相对优势和劣势，从而制定出企业总的营销战略。而企业的市场营销管理，则是在已经确定的业务经营范围之内，由企业的市场营销部门按照企业战略中已经规定的任务目标、增长策略和产品投资组合的特点，从外部营销环境中去分析、评价各种产品业务增长的市场机会，结合企业的资源条件，综合考虑营销活动的各项影响因素，制定出各种产品的市场营销战略。

必须指出，市场需求是不断变化的，哪里有消费者的需求，哪里就有企业发展的市场机会。未满足的消费需求会经常出现，新市场机会也就会随之而产生。经营成功的企业不仅要善于根据自身的资源条件充分利用现有的市场机会，更重要的是还要善于发现新的市场机会，在国内外开辟新市场，创造新市场。为此，企业必须建立和开拓信息系统，加强市场的调查和研究，预测和把握市场发展变化趋势，适时地调整自己的市场营销战略，以适应不断变化的市场营销环境。

三、市场营销战略的类型

（一）市场进入战略

企业确定自己的目标市场以后，接着就要考虑什么时候和怎样进入目标市场的问题，也就是市场进入战略的制定问题。市场进入战略的制定，主要包括以下两个方面。

1. 市场进入时机的选择

企业只有抓住最有利的进入时机，才能顺利进入目标市场，才能最大限度地满足目标市场的需求和实现自己的营销目标。进入时间过迟或过早，都会造成企业营销手段与市场营销环境对接的时间障碍，错失机会或使营销活动陷入困境。

市场进入时机的选择，主要考虑产品与目标市场需求的对接情况，一般有以下几种选择。

（1）全新产品进入市场的时间要早，动作要快。这样，有利于企业迅速地将潜在的市场需求转变为现实需求，同时便于在竞争对手出现之前，尽可能地在较长时期内避免竞争给企业带来的损耗，迅速提高产品的市场占有率并获得更多的利润。

（2）同类新产品进入市场的时间，应选择在竞争产品的成长期。当市场上的竞争产品进入成长期的时候，同类新产品迅速跟进，既可以利用竞争产品已经开拓的市场成果，又能使自己拥有较为充分的市场空间，增强自己的市场占有份额。如果在此之后过迟地进入市场，则竞争对手已经占有相当优势，市场需求接近饱和，进入障碍增大。

（3）换代新产品进入市场的时间，应选择在老产品成熟期的早期或中期。因为换代新产品在此时投放市场，不会对老产品的销售量有较大的冲击；同时还可能有较多的收益来补偿新产品投入期发生的亏损；当老产品进入衰退期时，新产品进入成长期或成熟期，又可能有较多的收益来补偿老产品的损失，从而使企业保持稳定的赢利水平。反之，如果换代新产品过早或过迟地进入市场，都会使得企业的销售量和赢利水平下降。

（4）改进新产品或系列新产品进入市场的时间，应选择在基础产品的成熟期。当基础产品在市场上进入成熟期时，顾客最多，需求差异趋向明显。企业及时导入改进新产品或系列新产品，可以增强企业产品对市场需求的适应性，延续产品的市场生命周期。

2. 市场进入途径的选择

市场进入途径一般有直接进入和间接进入两种。

（1）直接进入。即生产者把产品供应给消费者或用户，而不经过中间商销售。直接进入途径主要适合于鲜活产品、时尚产品、技术性较强的产品和目标市场相对集中、顾客购买量大的产品。

直接进入有利于企业产品及时上市，减少由于产品损耗、变质等造成的损失；有利于减少产品中转费用和利润分流；有利于企业直接同顾客接触，更好地向顾客提供售前、售中和售后服务并扩大产品的销售。但是，直接进入总的来说会使企业花费较多的人力、物力和财力，从而使费用增加。企业在进行这种选择时，必须权衡利弊，确定取舍。

（2）间接进入。即生产者通过中间商把产品转卖给消费者或用户。在大多数情况下，间接进入对生产者来说都是必要的和有利的。因为大多数生产者都不具有销售优势，而且目标市场通常都比较大，并且比较分散。通过中间商把产品推向市场，可以简化交易过程，降低销售费用，扩大市场营销空间，增强企业进入目标市场的能力。

但是，采用间接进入的方式，生产者与中间商之间、中间商与中间商之间会因许多问题产生矛盾。企业必须在多方权衡、综合考虑的前提下，谨慎选择间接进入的具体方式、具体对象，加强管理和协调，以保证市场进入途径的畅通。

（二）市场发展战略

市场发展有两种情况，一种是提高产品的市场占有率，另一种是开拓新市场。所谓市场发展战略，即指企业考虑以怎样的产品组合去满足目标客户的需求，从中求得企业在产品开发和市场开拓两方面的发展。因此，市场发展战略的两个主要因素是产品和市场。产品可分为现有产品和新产品，市场可分为现有市场和新市场。按照产品与市场两因素的不同组合，有着不同的市场发展战略方案，如表2－8所示。

表2－8　产品/市场开拓矩阵表

市场分类	现有产品	新产品
现有市场	市场渗透战略	新产品开发战略
新市场	市场开发战略	多角化经营战略

表2－8中四种战略可分为两类：一类是市场开拓战略，包括市场渗透战略、市场开发战略和新产品开发战略3种；另一类是多角化经营战略。

1. 市场开拓战略

市场开拓战略指企业通过开发新产品，加强促销等措施去开拓市场和扩大销售，以求得企业的发展。根据出发点的不同，市场开拓战略具体可分为市场渗透战略、市场开发战略和新产品开发战略3种类型。

（1）市场渗透战略指企业以现有产品在现有市场上，采取种种措施，如加强广告宣传、促销等，以维持和提高市场占有率的战略。主要途径有3种：降价；提供优质服务等方式使顾客多购买现有产品；提供各种优惠条件去吸引竞争者的顾客，使之购买本企业的产品。

（2）市场开发战略指以现有产品开发新市场的战略。主要有两种途径：一是开发新的地区和国际市场，增加产品的销售量。例如，原来只在城市销售的产品，也可以销往农村；原来只在国内销售的产品，也可以销往国外；二是开发产品的新用途，以满足新的市场要求。例如，某洗涤剂原用于洗发，后来发现它还能用于清洗半导体器件，于是又开辟了新市场，大大增加了销售量。

（3）新产品开发战略指企业向现有市场提供新产品，如增加花色品种、规格、型号等，以满足顾客需要，增加销售，提高和扩大市场占有率。由于每一个产品都有自己的市场生命周期，都会或迟或早变成老产品而最终被市场所淘汰，因此企业要保持和提高市场占有率，就一定要把新产品开发列入自己的长期发展战略之中。企业可以根据市场环境的变化以及内部自身的条件，或者开发全新产品，或者开发换代新产品、改进新产品、系列新产品等，以适应市场需求的变化，求得企业的生存和发展。

2. 多角化经营战略

多角化经营战略指企业将多向发展的新产品与多个目标市场结合起来，通过调整产品结构，发展产品品种，增加产品销售，扩大市场营销范围，从而提高经济效益，保证企业长期生存和发展的战略。多角化经营战略具体有以下几种类型。

（1）纵向多角化经营战略指企业把自己的营销活动伸展到供、产、销不同环节，将一体化发展的新产品投入市场，满足市场不同需要的战略。它有后向一体化和前向一体化两种形式。所谓后向一体化，即一种按销、产、供为序实现一体化经营而获得增长的战略。具体表现为：企业通过自办、契约、联营或兼并等形式，对它的供给来源取得了控制权或拥有其所有权。例如，一家钢铁公司过去一直购买铁矿石，现在决定自办矿山，自行开采，实现用户供应商一体化；又如一家服装店过去一直从服装厂进货，现在决定兼并一个濒临破产的服装加工厂，实现产销一体化，如此等等，利用的都是后向一体化的市场机会，实现了后向一体化的增长。所谓前向一体化，则与上述情况正好相反，它是一种按供、产、销为序实现一体化经营使企业得到发展的战略。具体表现为：企业通过一定形式对其产品的加工或销售单位取得控制权或拥有其所有权。例如，一个过去只生产原油的油田现在决定开办炼油厂；一家汽车制造企业新建汽车销售公司，开始在市场上销售自己生产的汽车，如此等等，都是在实施前向一体化发展战略。

(2) 横向多角化经营战略指企业开发不同大类的新产品，投放原有市场，或是将一体化的新产品，投放同行业其他市场的战略。这种战略亦可通过与其他企业联营的途径来实现。例如，生产大客车的汽车制造厂，通过扩建、改造或联合、兼并其他企业，也开始生产大卡车、小汽车、摩托车。实施这种战略，可以利用企业的专业优势和原有市场发展新产品，开拓新市场。

(3) 同心多角化经营战略指企业利用现有物质技术力量开发新产品，增加产品的门类和品种，犹如从同一圆心向外扩大业务经营范围，以寻求新的增长的战略。例如，一家生产收音机的无线电厂，决定利用现有的设备和技术增加录音机、电视机的生产，就是采用这种经营战略。这种多角化经营有利于发挥企业原有设备技术优势，风险较小，易于成功。

(4) 综合多角化经营战略指企业把经营业务范围扩展到与原有产品、技术和市场无关的行业中去，以求企业更大发展的战略。这种战略可通过投资或兼并等形式，把经营范围扩展到多个新兴部门或其他部门，组成混合型企业集团，开展与现有技术、现有产品、现有市场无联系的多样化经营活动的途径来实现。发达国家的许多大公司，如美国的通用汽车公司、通用电器公司、杜邦公司、国际电话电报公司、柯达公司等，早就实行了多角化经营。例如，柯达公司除了生产经营摄影器材外，还经营食品、石油、化工和保险业务。实施这种战略，主要是为了合理调配资金，使企业的人力、物力、财力资源得到充分利用，同时避免能源危机、行业退化、政局变动给企业造成的威胁等，以增强企业的应变能力，从而提高经营效益，保证企业的长期稳定发展。实施这种战略的企业，一般都是财力雄厚、拥有各种专家、具有相当声望的大公司，而对大多数企业，尤其是中小企业来说，一般都不宜采用。

（三）市场竞争战略

任何企业都是在一定的竞争环境中求得生存和发展的。进入市场和谋求市场发展，都必然或早或迟、或多或少地面临市场竞争。市场竞争战略就是指企业如何参与市场竞争并在竞争中取胜的战略。一般来说，企业的竞争能力由 5 个方面的因素组成，即品种、质量、价格、时间和服务。与此相适应的市场竞争战略，也就有如下 5 种。

1. 以创新取胜战略

以创新取胜战略指企业要不断开发新产品，以丰富多彩的新产品来满足市场不断变化的需求，从而取得市场竞争的胜利。

创新是企业的生命，没有创新，企业就没有参与市场竞争的资格。就产品品种来说，市场竞争总是在不断地淘汰陈旧的、已不适合市场需求的老产品，不断推出新产品。随着社会生产的发展和社会消费水平的不断提高，以及消费结构的不断演进和市场需求的不断变化，今天这种表现更加突出。无论衣食住行，人们总希望社会提供给他们丰富的全新的选择。事实上这成为企业无法躲避的课题，当然也是他们的机会，而创新，是企业竞争致胜的法宝。每一个企业，要在市场竞争中取胜，就必须瞄准市场需求，研究自己的竞争对手，研究消费者的喜好，不断对自己的产品进行创新，开发各种新功能、新结构、新型号、新规格、新花样、新款式、新包装的产品。当中国举国上下刚刚沉醉于卡拉 OK 热潮之中的时候，当日本人还在以大屏幕电视机推进中国市场的时候，韩国人却悄悄地在每一台电视机里储存进数百首中国民歌和流行歌曲，然后提供给中国的消费者选择。

2. 以优质取胜战略

以优质取胜战略指依靠产品的优良质量来取得消费者的信任与偏爱，从而取得市场竞争胜利的战略。

产品的质量表现为它的适用与耐用程度。产品质量的好坏直接影响消费者的利益。如果消费者在市场上买到的商品质量不好，即不适用或不耐用，就会在经济上蒙受损失，从而对生产或销售这种商品的企业产生不良的印象。这种不良印象将导致企业失去顾客的信任，最终使企业失去市场。因此，市场竞争在很大程度上取决于产品质量的竞争。实施以优质取胜竞争战略，就要使企业的产品或服务质量具有超出一般水平的与众不同的特色。它可以表现在产品的设计、技术性能、用户服务、销售方式等各个方面，也可以在几个方面同时具有特色。这样就能使企业在竞争中处于有利地位。由于博得了顾客的信任，同行业的现有企业和新企业就很难与之相竞争。

3. 以廉价取胜战略

以廉价取胜战略指依靠产品的低廉价格来扩大销售，通过“薄利多销”来取得市场竞争的成功。

一般情况下，市场需求的特征都表现为希望企业能向市场提供物美价廉的产品。因为有效的市场需求是指消费者有购买能力的需求，消费者在购买能力既定的情况下，能取得多少他所需要的使用价值，就取决于商品的价格。因此，如果商品的质量以及其他使用条件相同，那么价格低的商品竞争能力就强。企业能否保持成本水平的领先地位，决定了企业能否以较低的价格在竞争中处于有利的地位，从而决定了在与购买者和供应者进行交易时能否握有更大的主动权。实施这种战略往往要求企业有一个较高的市场占有率，因为只有产量达到一定规模才会有较低的成本，有时还要求发展多品种生产使成本便于分摊，同时还要求产品设计和工艺的不断改进以降低生产成本等。

4. 以快速取胜战略

以快速取胜战略指重视时间因素，以快速的市场反应取得市场竞争的胜利。

所谓快速的市场反应，包括适应市场快、产品开发快、投产快、转产快、上市快、销售快等。市场竞争不仅是实力的竞争、产品质量和价格的竞争，而且是时间、速度的竞争。错过时机，往往失去机会，导致市场营销失利。然而，只有信息灵，才能反应快。为此，企业应建立快速反应的市场信息系统，及时掌握市场动态，才能有效地抓住市场营销的最好机会，果断决策，迅速行动，才能在竞争中处于有利的地位。

5. 以服务取胜战略

以服务取胜战略指向消费者或用户提供优良的售前、售中、售后服务，全面满足消费者或用户的需要，以争取顾客并赢得市场竞争胜利的战略。

随着市场经济的发展和社会生产力水平的不断提高，商品的整体质量水平不断提高，同种商品的质量差异越来越小。因此，当今市场竞争的焦点越来越集中到服务上。服务成为整体产品概念的一个重要组成部分。在激烈的市场竞争中，服务已成为决定产品销路的关键因素和企业求得生存与发展的重要手段。在欧洲市场，德国的“奔驰”，法国的“雷诺”和“雪铁龙”等公司的汽车，之所以能在竞争中牢牢保持优势地位，其重要原因之一，就是这些公司在各个小城市都设有覆盖面广、技术优良的服务网点，能随时向顾客提供完善的优质服务。

（四）收割战略

收割战略指企业在产品处于衰退期时，在开发新产品的同时，保留生产少数老产品（或零部件）供应消费者或用户的一种战略。即利用剩余的生产能力，在保证获得边际利润的条件下，生产少量产品，保证市场老顾客的需要，或者仅生产某些零部件满足顾客维修的需要。

（五）市场撤退战略

市场撤退战略指企业在产品销路不好时所采用的退出市场的战略。通常有3种类型：

(1) 临时性撤退战略即指产品销路不佳时，企业暂时停止生产经营，待查明原因对产品进行改进和改变营销策略后，再重新生产投放市场，争取赢得顾客的欢迎。

(2) 转移性撤退战略指企业从原有市场退出，去开发其他吸引力较强的新市场。在市场上，往往有这样一种情形，在甲地滞销的产品，而在乙地却十分畅销。

(3) 彻底性撤退战略指企业针对处于衰退期的老产品，或是刚上市但已表明“不对路”而过早夭折的新产品，采取断然退出市场的战略。

四、市场营销组合

市场营销战略的延伸必然是这一战略在特定时期和特定经营环境下的实施与控制，即企业市场营销战略与战术相结合的问题。营销学家们在理论上对市场营销组合是战略性质或战术性质认识不一。但是，在市场营销组合的执行过程中，两者兼备并有机结合的关系则表现得十分明显。市场营销战略不同，市场营销组合就会有所区别。

市场营销组合的原理与方法，对于企业有效地选择开发目标市场和满足目标顾客需求的可行方案，形成企业的经营特色和增强企业营销竞争能力有着极为重要的意义。

（一）市场营销组合的内容

市场营销组合是市场营销理论体系中一个很重要的概念，是指企业为满足实施市场营销战略的需要，针对选定的目标市场，综合运用各种可能的营销策略和手段，组合成一个系统化的整体策略，以达到企业市场营销的战略目标，从而使企业获得最佳的经济效益。

市场营销组合与市场营销观念、市场化细分和目标市场等概念相辅相成。企业在实施营销战略时，最重要的任务是开发或满足所选定的目标市场，而达成交易则是企业营销活动的基本目标。因此，企业在市场营销观念的指导下，必须首先了解影响销售的各种因素，然后才能采取相应的策略，利用企业可以控制的市场因素促成营销目标的实现。

产品销售受很多因素的影响。这些因素可分为两类：一类是企业不能控制的因素，即宏观环境因素，如人口因素、经济因素、技术因素、自然物质因素、政治法律因素、社会文化因素。这类因素决定了市场需要的性质和容量。另一类是企业可以控制的因素，可以归结为4个主要的方面：即产品、价格、销售渠道和促销，简称“4P”。这4个因素是企业营销活动的主要手段，一般称为营销因素。营销因素虽然是企业可以控制的因素，但是如何作出选择或制定相应的基本策略，则要以难以控制的环境条件为根据，才能针对目标市场上的目标顾客需求实现既定的营销目标。

营销因素的选用不仅要和企业的内外环境条件相适应，并且这4个因素之间必须相互协调和配合，才能取得应有的效果。营销因素的相互配合和综合运用，称为营销因素组合，简称营销组合。

关于市场营销组合的4项基本策略，这里只做扼要说明，以便对整体事物中各组成部分的相互关系做一透视。

1. 产品策略

产品策略是指企业根据目标市场需要作出与产品开发有关的计划和决策。其主要内容有：为满足用户需要所设计的产品的功能、产品的品质标准、产品特性、包装设计、产品品牌与商标、销售服务、质量保证，还包括产品生命周期中各阶段的策略等。企业在开发产品实体的同时，尤其要注意连带服务的开发。因为，现代经济生活中各种服务的比重正在显著地增长，服务越来越成为市场竞争的关键因素。

2. 营销渠道策略

营销渠道策略是指如何选择产品从制造商转移到消费者的途径。大量的市场营销职能是在市场营销渠道中完成的。渠道的计划与决策，是指通过渠道的选择、调整、新建和对中间商的协调安排，来控制相互关联的市场营销机构，以利于更顺畅地达成交易。简言之，就是要考虑产品在什么地点、什么时候和由谁来提供销售。

3. 定价策略

价格因素是企业营销可控因素中相对最难控制的因素，合适的价格策略对企业的营销作用甚大，因而定价决策必须审慎从事。定价必须考虑目标市场上的竞争性质和竞争状况，国家的物价政策，顾客的收入水平，顾客对价格的反应和购买企业产品愿意支付的价格，市场供求状况及产品的价格需求弹性，产品的生产与销售成本。同时还要考虑折扣、折让、支付期限、信用条件等相关问题。企业选择价格策略的基本原则是，价格既能为目标市场的消费者所接受（但要符合国家政策规定），又能给企业带来尽可能多的赢利。

4. 促销策略

促销策略是指企业为了实现产品从生产者向消费者的转移，扩大产品销量，提高市场占有率所采取的各种促进销售活动的计划与决策。它包括：人员推销、广告、营业推广和公共关系等。强而有效的促销措施对企业营销的作用很大。各种促销手段各有利弊，起着相互补充的作用，其中公共关系是近十几年来发展的新领域，受到企业的普遍重视。

在叙述以上策略时，可以有不同的先后顺序。这里的排列顺序主要体现这样一种思维逻辑，即先开发出一种能够满足目标市场需求的“产品”，随后寻找一条途径（“地点”），以适当的“价格”，使产品顺畅地到达目标顾客的手中，接着去促销，告诉目标顾客有关的信息，并劝说他们购买。

以上 4 项策略是市场营销组合的 4 个可变的基本项目，在动态的市场营销环境中，它们互相依存，处于同等地位。虽然它们单独说来都是重要的，但真正重要的意义在于它们因势而异的配套组合，也就是它们结合起来的独特方式。

（二）市场营销组合的特点

市场营销组合具有以下 4 个特点：

1. 营销组合是动态的组合

营销组合是根据企业的内外环境条件而确定的。这些条件主要表现在两个方面：首先是目标市场的需要。它的具体内容包括购买对象、购买目的、购买者的组织（指购买者是什么人）和购买方式，简称“4O”。其次是竞争者的动向和生产成本，简称“2C”。成本可以认为是企业自身条件的综合反应。选择营销组合的这两方面的根据都是在变化的，因此营销组合不是固定不变的静态组合，而是随着环境条件变化而变化的动态组合。

2. 营销组合是有机的组合

营销组合的 4 个构成因素，是相互联系、相互作用、相互影响的，为达成共同的营销目标，必须相互配合成为一个有机的整体。例如，销售渠道的选择，需要考虑产品因素，不同的产品又决定适合不同的促销方式，而价格的制定与产品、渠道和促销又都有密不可分的关系。如果向选定的目标市场提供高质量的产品，则销售价格、销售渠道和促进销售措施，就是根据环境情况加以配合，才能实现既定的营销目标。

3. 营销组合是双层的组合

营销组合由 4 个因素构成，这是第一层组合；每一个营销因素的本身又包含有许多可供选用的因素，这是营销因素的第二层组合。例如，产品这个营销因素又因规格品种、质量、包装、商标、服务等因素的不同而形成不同的组合。营销因素的第一层组合表现出营销组合的共性，即任何营销组合都是由 4 个基本因素构成的；第二层组合则表现出营销组合的个性，营销组合的变化应有机配合并体现在第二层组合上。营销组合的这一特点如图 2－3 所示。

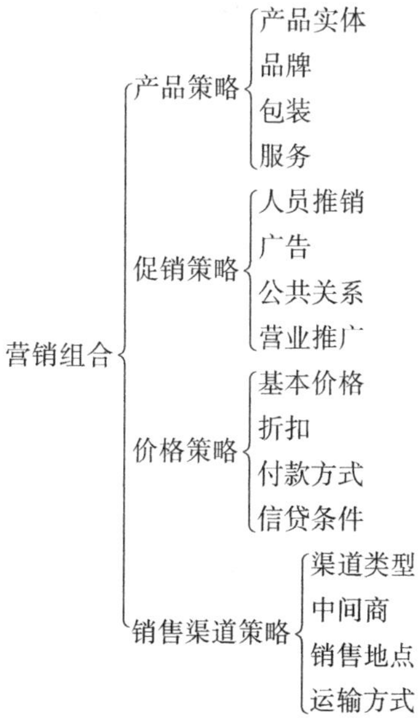

图 2－3　营销组合的几种策略

4. 营销组合具有系统整体功能的特征

图 2－3 表明，营销组合的 4 个基本策略，本身又都是由很多要素组成的。企业的市场营销活动只有通过对“4P”诸因素加以科学合理地组合

运用才能取得成功。企业的营销优势，在较大程度上取决于整体营销策略配套组合的优势而不是单个策略的优势；企业在目标市场上的竞争地位和经营特色，则通过营销组合的特点充分体现出来。市场营销组合的这一特点可以用这样一个式子来说明，即：$1+1+1+1\neq4$。这就是说，在企业的营销活动中，营销组合的四大策略综合运用得好，所形成的整体营销能力和效果不是四大策略单个运用的效能之和，而是大于四者分散的效能之和，即：$1+1+1+1>4$；而四大策略如果舍弃某一策略或运用不当，所形成的营销能力和效果不是"$4-1=3$"，而是"$4-1<3$"，或者"$4-1\leq0$"，也就是说，有可能等于零，甚至有可能是一负值，即可能导致营销的失败。这就是市场营销组合所具有的系统整体功能的特征。

思考题

1. 企业经营管理具有什么特征？包装企业经营管理的主要任务有哪几方面？

2. 什么是企业经营战略？分为哪些类型？制定企业经营战略的步骤是什么？

3. 包装企业经营应树立哪些思想观念？企业长期经营目标包含哪些内容？

4. 什么是企业经营决策？包含哪些内容？决策方法有哪几种类型？简述线性规划法、盈亏平衡法和决策树法。

5. 某车间在生产不景气的情况下，来了一批加工业务，需加工 2000 件产品，每件加工价格为 60 元。经估计加工这批产品所需发生的变动总成本为 10 万元，固定成本为 3 万元。试用盈亏平衡法确定是否接这批加工业务。

6. 什么是市场营销策划和市场营销战略？市场营销战略可分为几种主要类型，各有什么特点？

7. 什么是市场营销组合？组合的基本策略是什么？具有什么特点？

第三章　包装计划管理及实施

包装计划的管理及实施是包装企业管理的重要组织部分。包装计划是指用文字和指标等形式所表述的组织以及组织内不同部门和不同成员，在未来一定时期内关于行动方向、内容和方式安排的管理文件。本章介绍的是包装生产过程组织、包装生产计划和以生产控制管理为主、对整个供应链管理的企业资源计划；介绍的计划实施方法是企业实践证明行之有效的目标管理法、滚动计划法和网络计划技术法。

第一节　生产过程组织

一、生产过程及其组成

任何一种包装产品的生产都需要一定的生产过程。所谓生产过程，是指从准备生产开始直到产品制造出来为止的全部过程。它的基本内容是人的劳动过程，即在劳动分工和协作的条件下，劳动者利用一定的劳动工具，按照一定的方法和步骤，直接地或间接地作用于劳动对象，使之成为具有使用价值的产品的过程。在某些生产技术条件下，生产过程的进行还需要借助自然力的作用，使劳动对象发生物理的或化学的变化，如铸件的自然冷却、时效处理，油漆的自然干燥等，这时生产过程就表现为劳动过程与自然过程的结合。

不同生产性质的企业，其生产过程的特点也不一样，如包装机械制造工业与包装材料加工工业就各有自己的特点。但企业生产过程的结构按照它的组成部分的地位和作用来划分却是基本相同的，主要包括生产技术准备过程、基本生产过程、辅助生产过程与生产服务过程。生产技术准备过程是指产品在投入生产前所进行的各种生产技术准备工作，包括产品的设计、工艺设计、工艺装备的设计与制造、材料与工时定额的制订、设备布置与劳动组织的调整等。基本生产过程是指直接对劳动对象进行加工，逐步形成产品的过程。辅助生产过程是指为保证基本生产过程的正常进行所必需的各种辅助性生产活动，如包装机械制造企业中的动力生产、工具制造与维修等。生产服务过程是指为基本生产过程和辅助生产过程提供的各种生产服务活动，包括原材料、工具、半成品的供应，保管与运输，试验和理化检验等。上述四部分既有区别，又有联系，核心是基本生产过程，它是企业生产过程中的关键部分。

基本生产过程按照加工工艺的性质，可分为若干相互联系的生产工艺阶段，每个生产工艺阶段又可按劳动分工和使用的设备、工具划分为不同的工种和工序。工序是组成生产过程的基本环节。科学合理地组织生产的过程，就是合理地安排工序，组织好各工序之间的衔接和协作的过程。工序是指一个或几个工人，在一个工作地上对一个（或几个）劳动对象连续进行的生产活动。工作地是工人使用劳动工具对劳动对象进行生产活动的地点。它是由一定的场地面积、机器设备和辅助工具组成的。在生产过程中，一件或一批相同的劳动对象，依次经过许多工作地，这时在每一个工作地内连续进行的生产活动就是一道工序。超出了一个工作地的范围，那就是另一道工序了。工序的划分对于组织生产过程、制订劳动定额、配备工人、检验质量和编制生产作业计划等工作有着重要的影响。工序应按照采用的工艺方法和机器设备来划分，相同的工艺方法和机器设备的生产活动划为同一道工序，同时，还要考虑劳动分工和提高劳动生产率的要求。

二、生产过程组织的要求

包装企业进行生产过程的组织工作，是为了使整个生产的各个环节相互衔接，紧密配合，构成一个协调的系统，以保证人力、物力、财力都得到最充分的合理利用，达到各种包装制品在生产过程中行程最短，生产周期最短，以最小的劳动耗费，取得最好的生产成果，提高生产的经济效果。为了达到这个目的，包装企业在组织生产过程时要求做到：

（1）生产过程的连续性。连续性是指包装产品在生产过程各阶段、各工序之间的流动，在时间上是紧密衔接的，连续不断的，产品在生产过程中始终是处于运动状态，没有或很少有不必要的停顿和等待时间。保持和提高生产过程的连续性，可以缩短产品生产周期，减少在制品的数量，加速流动资金的周转；可以更好地利用物资、设备和生产面积，减少产品在停放等待时可能发生的损失；有利于改善产品的质量。

（2）生产过程的比例性。比例性是指生产过程各阶段、各工序之间在生产能力上要保持一定的比例关系，以适应产品生产的要求。这种比例关系主要是指各个生产环节的工人人数、设备数量、生产速率、开动班次等都必须互相协调。比例性是保证生产顺利进行的前提，有利于充分利用企业设备、生产面积、人力和资金，减少产品在生产过程中的停顿、等待时间，缩短生产周期。

（3）生产过程的平行性。平行性是指生产过程的各项活动、各工序在时间上实行平行作业。平行性是生产过程连续性的必然要求。

（4）生产过程的均衡性。就是要求企业及其各个生产环节的工作都能按计划有节奏地进行，使各工作地能有均匀的负荷，不出现前松后紧或时松时紧的不均衡生产状况。

（5）生产过程的经济性。影响生产过程的因素很多，但组织生产过程必须讲求经济效果，即以尽量少的劳动耗费取得尽可能多的生产成果。

生产过程的连续性、比例性、平行性、均衡性，都是为了达到生产过程的经济性。科学组织生产过程的成果，最终都表现在产品生产周期的缩短与产品成本的降低上。

三、生产类型

包装企业的生产类型也就是它的生产过程的类型。生产类型是影响包装企业组织生产过程的主要因素，也是设计包装企业生产系统首先要确定的问题。由于各个工业企业在产品结构、生产方法、设备条件、生产规模、专业化程度等方面，都具有各自不同的特点，而这些特点又都直接影响企业生产过程的组织。为了从实际情况出发，更好地研究和组织企业的生产过程，将企业按照一定的特征划分为不同的生产类型，以便根据不同的生产类型确定相应的生产组织形式和计划管理方法。

划分生产类型的根据是工作地的专业化程度和生产任务的重复程度。按这些特征可将包装企业的生产类型划分为以下几类。

1. 大量生产

大量生产的特点是生产的产品产量大而品种少，经常重复生产一种或少数几种相类似的产品，生产条件稳定，大多数工作地固定完成一两道工序，专业化程度较高。大量生产类型可以采用高效率的专用设备和专用工艺装备，生产过程的机械化、自动化水平比较高；工人易于掌握操作技术，能迅速提高熟练程度；可以按生产对象组织专业化生产，采用流水生产或生产线等生产组织形式；计划编制比较细致和精确，计划的执行情况也易于检查和控制。

2. 成批生产

成批生产的特点是生产的产品产量比大量生产少，而产品的品种较多，各种产品在计划期内是成批轮番生产，大多数工作地要负担较多的工序。由一批产品的制造改变为另一批产品的制造时，工作地上的设备和工具就要作相应的调整，即要花一次调整时间。每批产品的数量越大，则工作地上调整的次数越少，反之则越多。所以，合理地确定批量，组织好多品种的轮番生产，是成批生产类型生产管理的重要问题。根据生产的稳定性、重复性和工作地的专业化程度，成批生产又分为大批生产、中批生产和小批生产。大批生产的特点接近于大量生产，一般称大量大批生产。小批生产的特点接近于单件生产，一般称单件小批生产。每隔一定时间组织产品轮番生产时，有固定重复期的称为定期成批生产，没有固定重复期的称为不定期成批生产。

3. 单件生产

单件生产的特点是生产的产品品种繁多，而每一种产品仅生产一件（台）或少数几件（台）。有的产品一次生产后不再重复生产，有的产品虽要重复生产，但是不定期的，生产的稳定性和专业化程度很低，大多数工作地要担负很多道工序。单件生产类型的产品生产一般都采用通用的设备和工艺装备，只在产品有特殊要求时才采用专用设备。这种类型的生产要求工人具有较高的技术水平和较广的生产知识，以适应多品种生产的要求。

从以上生产类型的划分中，我们可以看出，不同的生产类型对企业的生产经营管理工作和各项技术经济指标有着显著的影响，工作地的专业化程度越高，产品生产的批量越大，企业的经济效益越高。企业扩大生产批量，提高工作地专业化程度的途径有：

（1）在全面规划、统筹安排的原则下，积极发展工业生产的专业化协作，包括产品专业化、零部件专业化、工艺专业化和辅助生产专业化，以及相应的各种形式的生产协作，为减少重复生产，增加同类产品的产量，简化企业的生产结构和提高其专业化水平创造条件。

（2）进行产品结构分析，改进产品设计，加强产品的系列化、标准化和通用化工作，广泛采用标准件和通用件。

（3）采用成组技术，组织同类型零件的集中生产和成组工艺。

（4）加强计划工作，合理搭配产品品种，减少在同一时期内生产的产品品种数。

（5）改进劳动组织，增加必要的设备和工人，以相对减少每个工作地平均担负的工序数目。

四、生产过程的空间组织

在生产过程中，如何划分生产场所，并对其内部进行合理布置，这是生产过程的空间组织所要研究的问题。生产场所的布置是组织生产过程的一项先行工作。这项工作的好坏，对企业的生产效率、经济效益影响很大。

生产场所的布置，包括工厂总平面布置、车间布置以及车间内部机器设备的布置。目的是使企业的厂房、机床、工作场地、生产方法、搬运设备、辅助设施、生产流程、劳动操作、环境等能做到有机的结合。

1. 工厂总平面布置

工厂总平面布置即工厂的总体安排，也就是根据选定的厂址地形，对组成工厂的各个部分，包括基本生产车间、辅助生产车间、仓库、公用设施、服务部门、绿化设施等进行合理布置，确定其平面和立面的位置，并相应地确定物料流程、运输方式和运输线路。

（1）工厂总平面布置的原则。工厂总平面布置是一个大系统。它是由生产作业系统、技术开发系统、劳务供应系统、后勤系统、运输系统、动力系统、照明系统、给排水系统、安全系统等子系统组成的。这个大系统对外又属于一个更大规模的系统，即属于城市或地区规划的一个组成部分。各系统之间、一个系统内部各要素之间存在着相互制约、相互依存的关系，并处于变动状态，不断地有各种资源、信息的输入和输出。因此，工厂总平面布置必须从系统的观点出发，统筹兼顾、全面规划、合理布置，讲求整体的最优效果。进行工厂总平面布置应遵循下列原则：

①必须满足生产工艺过程的要求，使原材料、半成品和成品的运输路线尽可能短，避免迂回和往返运输。生产联系和协作关系密切的车间和部门要尽量布置在一起，以便于联系和缩短运输距离。不仅要满足近期生产的需要还要考虑生产长远发展的需要，留有必要的扩展余地。

②有利于提高经济效益。工厂总平面布置要注重实用，讲求经济效益。要尽量减少人的活动量和物的运输量，提高系统的生产（或处理）能力，要充分地利用地面和空间；要使布置具有最大的灵活性和适用性；要使投资费用和投产后的运行费用最小。

③有利于保证安全和增进职工的健康。在布置时要采取安全措施，预防火灾、潮湿、偷盗等事故的发生。厂房、建筑物之间的距离要符合防火、卫生的要求，特别是有易燃、易爆物品的部门应布置在厂区边远地带，精密加工车间不应同有强烈震动的车间布置在一起。所有厂房，需要照管和维护保养的生产设施、设备等所在的场所，都要有足够的通道，便于人员进出，有必要的安全保护装置。还要认真考虑“三废”的处理问题，严格遵守国家环境保护法。为了给职工创造良好的工作环境，工厂布置应注意整洁美观，在厂区内多种树木花草，绿化、美化厂容。

（2）工厂总平面布置的程序。进行工厂总平面布置首先要调查研究，了解企业与外界的联系，企业内部各组成部分之间的相互关系，以及各个系统的目标任务，协调好各方面的关系。工厂总平面布置要经过反复试验、比较和验证，是一个布置、修改、再布置的过程。开始可以在纸面上利用模型进行设计。布置时一般先安排主要生产车间和某些由特殊需要决定其位置的作业，在仓库区域内应设置消防车通道。其次，确定主要过道的位置。厂区内的人行道、车行道应平坦、畅通、有足够的宽度和照明设备。主要过道的两端尽可能与厂外公路相连接，中间与各车间的大门相连接。最后，根据各组成部分的相关程度，确定其他辅助部门和次要过道的位置。利用模型在纸上进行布置，可以形成几个不同的布置方案，对不同的布置方案进行技术经济评价，从中选择出一个最适合企业目标和需要的方案。评价的方法有优缺点列举法、经济效益比较法、要素比较法等。

2. 车间、办公室布置

工厂总平面布置只是对工厂的各个组成部分进行了总体安排，确定了相互位置，至于各个组成部分内部如何布置，就是车间布置和办公室布置的问题了。车间及办公室布置的基本形式有：

（1）按工艺原则布置。根据生产过程的不同工艺阶段进行布置，把同类型的机器设备集中在某一区域内，完成相同的工艺加工。这种布置方法也称机群式布置，其特点是：制品的加工要经过许多工段才能完成，运输路线长，运送量多，管理较复杂，停留在各生产阶段的在制品多，生产面积和资金的占用相对增加，但能较好地适应多品种生产的需要，一般适应于单件小批生产。

（2）按对象原则布置。是以制品为对象，集中生产该产品所需要的各种设备，并按照其加工顺序进行布置，实行封闭式生产。因为产品生产集中在一个单位内部就可以完成，这样就大大缩短了运输路线，减少了运输量，并可节省生产面积，节约流动资金，可以集中和减少管理。但如果产品产量不大，品种规格经常变化，这种布置适应性就差，设备利用也不足，所以它适用于产量品种稳定的大量或大批量生产。

（3）按混合原则布置。即把按工艺原则布置和按对象原则布置两种方式结合起来，吸取两者的优点而组成混合结构。

（4）按成组加工布置。这种布置是按应用对象原则布置的原理，采用成组技术调整布置车间的生产组织形式。

五、生产过程的时间组织

合理组织生产过程，不仅要求各生产单位在空间上密切配合，而且要求它们在时间上紧密衔接。生产过程的时间组织就是研究劳动对象在工序间的移动方式，即零件从一个工作地转到另一个工作地之间的运动形式。一批制品在工序间的移动，有 3 种方式。

（1）顺序移动方式。即每批零件在前一道工序全部加工完以后，才整批送到后道工序去加工。其加工的工艺周期计算公式为：

$$T_{顺} = N \cdot \sum_{i=1}^{m} t_i (i = 1, 2, \cdots, m)$$

式中　T——工艺周期；

N——每批劳动对象的批量；

t_i——各工序每件劳动对象的加工工时；

m——工序数。

（2）平行移动方式。每个零件在前道工序加工完毕，就立即转到后一道工序去加工，这样就形成该批零件在各道工序上平行地进行加工。其加工工艺周期的计算公式为：

$$T_{平} = \sum_{i=1}^{m} t_i + (N-1)t_L$$

式中　t_L——工艺流程中单件加工时间最长工序的加工时间。

（3）平行顺序移动。平行顺序移动方式是上述两种方式的结合。它既考虑了相邻工序上有平行交叉的加工时间，又保持了该批零件顺序地在工序上连续加工。其特点是：零件在各道工序间的移动，有单件的运送，也有部分的运送。平行顺序移动方式下，其加工工艺周期的计算公式为：

$$T_{平顺} = \sum_{i=1}^{m} t_i + (N-1)(\sum t_L - \sum t_s)$$

式中　t_{l}——在前后相邻的工序中，单件加工时间较长工序的加工时间；

t_{s}——在前后相邻的工序中，单件加工时间较短工序的加工时间。

六、流水生产及自动线的组织形式

1. 流水生产线

流水生产线是生产效率较高的一种先进的生产组织形式，能有效地提高企业生产的经济效益。

流水生产，又称流水作业、流水线，是对象专业化形式的进一步发展。流水生产是指劳动对象按一定的工艺路线和统一的生产速度一件接一件地、流水般地通过所有工序，顺序地进行加工并出产产品的一种生产组织形式。

（1）流水生产线的特征。典型的流水生产方式具有以下特征：①流水线上固定生产一种或少数几种产品（零件），其生产过程是连续的。②流水线上各个工作地是按照产品生产工艺过程的顺序排列的，产品按单向运输路线移动。每个工作地只固定完成一道或少数几道工序，工作地专业化程度很高。③流水线按照规定的节拍进行生产，各道工序的单件作业时间等于节拍或节拍的倍数。④流水线上各道工序的工作地（设备）数同各道工序单件作业时间的比例相一致。

组织流水线生产的条件是：产品产量要大；产品结构和工艺要先进稳定；各个工序要便于分解与合并；各道工序的劳动量要近似相等；工作地的专业化程度要高。

（2）流水生产线的形式及组织步骤。流水线的形式有很多种。按生产对象的移动方式不同可分为固定流水线和移动流水线。按流水线上生产对象的数目，可分为单一对象和多对象流水线。按对象轮换方式不同，可分为不变流水线、可变流水线、成组流水线。按连续程度的不同，可分为连续流水线、间断流水线。按节奏性不同，可分为强制节拍流水线、自由节拍流水线、粗略节拍流水线等。

单一品种流水线的组织设计一般有以下几个步骤：

①确定流水线的节拍。所谓节拍，是指流水线上前后两件制品出产的时间间隔。确定

节拍的依据是计划期的产量和有效工作时间，计算公式为：

$$节拍=\frac{计划期有效工作时间}{计划期产品产量}$$

当流水线上加工的制品，体积很小，节拍很短，不适于单件运输时，可以规定一个运输批量，按运输批量运输。这时，流水线上出现两个运输批量之间的时间间隔，称为节奏。其计算公式如下：

$$节奏=节拍\times运输批量$$

正确制定节奏，对于合理使用运输工具和工位器具，减少运输时间，合理使用生产面积有重要意义。

②组织工序同期化。工序同期化，就是采取措施使流水线上各工序的单件加工时间等于节拍或节拍的倍数。工序同期化是组织连续流水线的必要条件。实现工序同期化，主要是通过工艺的设计和改进，用工序的集中和工序的分散来调整工序时间的长短，还可以采取改装机器，改进工艺装备，改变切削用量，提高工人技术熟练程度等措施实现工序同期化。

③确定工作地（或设备）数。各工序的工作地需要数可用下式计算：

$$某工序需要工作地（或设备）数=\frac{该工序单件时间定额}{流水线节拍}$$

④确定实际采用的工作地（或设备）数，确定流水线负荷系数。由于各道工序加工时间长短不尽相同，与流水线的节拍也不一定都成简单相等或倍数关系。按上式计算出的工作地数往往不是整数，确定实际采用的工作地数时取接近计算数的整数，则流水线负荷系数计算公式为：

$$流水线负荷系数=\frac{流水线需要工作地计算数}{实际采用工作地数}$$

⑤确定流水线上需要的工人人数。在以手工为主的流水线上，需要配备的工人总数等于流水线上所有各个工作地的工人人数之和。在以机器工作为主的流水线上，配备工人时要考虑工人实行多设备看管和兼作的可能性，以及配备后备工人的必要性。这项工作常常同编制流水线工作指示图表结合起来进行。

⑥设计和选择运输装置。流水线上用的运输装置很多，选用哪种运输装置，要根据包装制品的特点和流水线的种类来确定。一般是采用各种传送式的输送机。可选用的还有轨道、平板运输车、滑道、专用车等。此外，还要进行流水线的平面布置，布置时要考虑到流水线的部装和总装的衔接问题。

2. 自动生产线

在包装企业中，多有自动线的生产组织形式，比如瓦楞纸箱（包括制板、制箱、印刷）自动生产线。

自动线是由自动化机器体系实现产品生产工艺过程的一种生产组织形式。它是连续流水生产线的进一步发展。它的特点是：加工对象自动地由一台机床传送到另一台机床，并由机床自动地进行加工、装卸、检验等，工人的任务仅是调整、监督和管理自动线，不参加直接操作，所有的机器设备都按统一的节拍运转，生产过程是高度连续的。

这种生产组织形式的优点是：能消除笨重的体力劳动，减少工人数量，缩短生产周期，提高生产效率，加强产品质量的稳定性，加快流动资金的周转速度，降低产品成本，其经济效益是非常明显的。其缺点是：投资较大，回收期较长，自动线上出现一小故障，就会造成整条线停车。

采用自动线的条件是：产品产量要有相当的规模，产品结构和工艺要比较稳定和先进。最好是在需要减少大批人工的场合采用，或者用于制造技术特别复杂，工作速度太快和产品有危险性的不易控制的场合。产品设计不稳定，人工成本不高，不宜采用自动线。

自动线的形式可以根据不同的性质进行如下分类：按自动线上工件移动的方式，可分为脉动式自动线和连续式自动线。按运输装置的性质，可分为分配式自动线和工作式自动线。按连接方式，可分为硬连接自动线、软连接自动线、混合连接自动线和转子连接自动线。按工艺封闭程度，可以分为完全自动线、工艺阶段自动线和工种自动线。按工序集中程度，自动线可以分为分散工序自动线和集中工序自动线。

采用自动线生产，是一个工艺技术和组织管理水平不断提高的过程。一般是先从个别联动机和操作自动化过渡到部分生产过程自动线，再进一步发展成为生产过程的车间自动线或全厂自动线。

第二节　生产计划

包装企业的生产计划，是包装企业生产管理的依据。它对包装企业的生产任务做出统筹安排，规定企业在计划期内产品生产的品种、质量、数量和进度等指标。编制企业生产计划是企业生产管理的一项主要工作。包装企业的生产计划是根据企业的产品销售计划制订的，它是企业经营计划的重要组成部分，同时又是编制企业其他计划的主要依据。

一、生产计划的主要指标

编制包装企业生产计划最主要的是确定生产指标。生产计划的主要指标有：产品品种指标、质量指标、产量指标、产值指标等，如表 3－1 所示。

表 3－1　生产计划的主要指标

指标名称	指标概念	说　明
产品 品种指标	是指企业在计划期内应该生产产品的品种、规格名称和数量	品种的表示形式随企业、产品的不同而不同。例如，瓦楞纸箱厂可以按板纸楞型将产品分为 A 型和 B 型；按瓦楞纸板层数将产品分为三层、五层、七层等；按产品用途可分为出口和内销等。包装机械厂可以有不同型号的机床、打包机、灌装机等。品种指标表明企业在品种方面满足社会需求的程度，反映企业的专业化水平、技术水平和管理水平

续表

指标名称	指标概念	说　明
产品质量指标	是指企业在计划期内所生产的每种产品应该达到的质量标准	在实际生产中通常可以通过：产品品级指标（包括合格品率、一等品率、优等品率等）和工作质量指标（包括废品率、不良品率、成品一次交验合格率等）来衡量。例如，瓦楞纸箱厂的新产品质量指标有抗压强度、耐破强度、戳穿强度、尺寸误差、脱胶面积等；这些指标有国家标准、行业标准，企业可根据自己的实际技术水平确定本年度的质量指标。产品质量指标是反映企业产品使用价值的重要标志，同时体现出企业的技术水平和管理水平
产品产量指标	是企业在计划期内应当生产的可供销售的包装产品的实物数量和工业性劳务数量	这个指标是企业进行产销平衡、计算成本和利润，以及编制生产作业计划和组织日常生产活动的重要依据。产量指标是以实物量来表示的。如瓦楞纸箱厂的瓦楞纸箱产量用平方米表示，包装机械企业的产品产量用台表示等
产品产值指标	综合反映企业生产成果的价值指标，即产值指标	企业产品的种类繁多，各种包装产品的实物计量单位不同，甚至差异很大（包装企业产值指标同其他企业一样，细分也有总产值、商品产值和净产值三种形式）
产品生产期指标	是指为了保证按期交货而确定的产品生产日期	产品生产期是确定生产进度计划的重要条件，也是编制生产计划、物料需求计划、生产作业计划的依据

二、生产计划的编制步骤

包装企业编制生产计划的主要步骤，大致可以归纳为如下 4 步。

1. 调查研究，收集情报

编制生产计划的主要依据是：上级下达的国家计划任务（例如某些烟草包装企业）、建议数字和有关指标；企业长期发展规划；国内外市场的经济技术情报及市场预测资料；计划期市场销售量、上期合同执行情况及成品库存量；上期生产计划的完成情况；组织技术措施计划与执行情况；计划生产能力与产品工时消耗定额以及产品试制、原材料供应、设备检修、劳动力调配等方面的资料。

2. 统筹安排，初步提出生产计划指标

指标的提出应着眼于更好地满足社会需要和提高生产的经济效益，对全年的生产任务做出统筹安排。其中包括：产量指标的确定；产品生产进度的合理安排；各个产品品种的合理搭配生产；将企业的生产指标分解为各个分厂、车间的生产指标等工作。

3. 综合平衡，确定生产计划指标

把需要同可能结合起来，将初步提出的生产计划指标同各方面的条件进行平衡，使生产任务得到落实。综合平衡的内容主要包括：生产任务与生产能力的平衡，测算企业设备、生产面积对生产任务的保证程度；生产任务与劳动力的平衡，测算劳动力的工种、数量以检查劳动生产率水平与生产任务是否适应；生产任务与物资供应的平衡，检测原材料、动力、工具、外协件对生产任务的保证程度及生产任务同材料消耗水平的适应程度；生产任务与生产技术准备的平衡，测算产品试制、工艺准备、设备维修、技术措施等与生产任务的适应和衔接程度；生产任务与资金占用的平衡，测算流动资金对生产任务的保证程度和合理性等。

4. 报请上级主管部门批准或备案，最后确定生产指标

企业的生产计划，经过反复核算和平衡，最后编制出包装产品产量计划和包装企业产值计划表。包装企业的产品产量计划表和产值计划表的格式如表 3－2 和表 3－3 所示。

表 3－2　××包装制品厂××××年产品产量计划

产品名称（型号及规格）	单位	上年预计		计划年度					备注
		全年	1～9 月实际	全年	一季度	二季度	三季度	四季度	
主要产品：									
五层瓦楞板	m^2								
三层瓦楞板	m^2								
⋮									
⋮									
合　　计									

表 3－3　××包装制品厂××××年产品产值计划　　万元

项　　目	上年预计	本年计划					计划年度为上年预计的%	备注
		全年	一季度	二季度	三季度	四季度		
一、总产值								
包括：主要产品								
来料加工								
⋮								
二、商品产值								
三、净产值								

包装企业的生产计划，根据不同情况，有的需要报请上级主管部门审查批准；有的则可在遵守国家法令和上级指示的条件下，由企业自主决定，报送上级备案。

三、生产任务的统筹安排

包装企业生产计划各项指标的确定，是一个统筹安排、平衡调整的过程。在统筹安排中，要进行下列主要工作。

1. 产量选优

包装企业的产量任务的确定，首先应该服从国家计划的要求和市场的需求，同时，也

应考虑充分利用企业的生产能力，增加利润，为国家提供更多的积累。产量与利润的关系，可以运用盈亏平衡点法来衡量。所谓盈亏平衡点，就是当产量增加到一定量时，产品生产所支付的固定费用和变动费用能被销售收入所抵偿的界限，产品产量小于这个界限，企业就要亏损；产品产量只有大于这个界限，企业才有赢利。这个界限就称为盈亏平衡点，如图 3－1 所示。

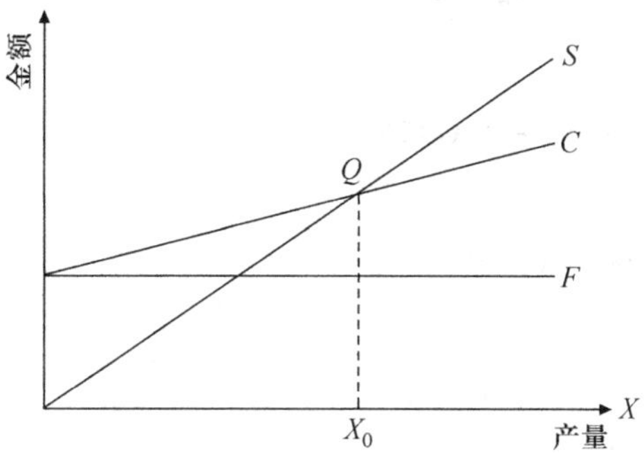

图 3－1　盈亏平衡点示意图

Q—盈亏平衡点；X_0—界限产量；
S—销售收入；C—总成本（$Cv \cdot X+F$）；
F—固定费用

图 3－1 中 Q 点即为盈亏平衡点，X_0 为与其对应的产量，称为界限产量。当包装企业的产量为 X_0 时，企业生产收支相抵，不盈不亏。当产量小于 X_0 时，企业亏损。当产量大于 X_0 时，企业赢利。在 Q 点，即产量为 X_0 时，有下列等式存在：

$$S=(P\times X_0)=C_v\cdot X_0+F$$

$$X_0=\frac{F}{P-C_v}$$

式中　S——销售收入；

　　P——产品销售价格；

　　C_v——可变费用；

　　F——固定费用；

　　X_0——界限产量。

根据上述公式的计算，包装企业可选择一定的产品生产产量，以保证企业获得适当利润。

在确定产量与利润的关系时，有时还牵涉到人力、设备、材料供应、资金、时间等条件的制约，需要加以综合考虑。这时，可以运用线性规划法来帮助选择最优的产量方案。

线性规划简单地说，就是在一组约束条件下寻求目标函数的最大值或最小值。约束条件和目标函数是构成线性规划的两大组成部分。目标函数即资源配置的目的，它可以表现为求最大产值、最低成本、最小资源消耗、最短运输路线或最低劳动量等。约束条件是实现目标的各项条件，它可以表现为资源的限制，劳动力的限制，市场需要量的限制或设备的限制等。线性规划所要研究的问题，主要有两大类，一是在一定人力物力条件下，如何筹划才能完成最大可能完成的任务；二是如何筹划才能做到以最少的人力、物力等资源消耗来完成给定的任务。

假设有两种包装产品，企业可以生产，每种产品消耗的材料标准及每种材料的供给限制量如表 3－4 所示。问甲、乙产品各生产多少时企业获利最大。

要回答这个问题，就需要用线性规划法。先列出线性规划模型。设生产甲产品 x_1、乙产品 x_2 的最大利润为 Z。则根据表 3－4 中给出的条件可列出一组联立方程如下：

目标函数　$Z = C_1x_1 + C_2x_2$

约束条件：

$$\begin{cases} a_{11}x_1 + a_{12}x_2 \leqslant b_1 \\ a_{21}x_1 + a_{22}x_2 \leqslant b_1 \\ x_1,\ x_2 \geqslant 0 \end{cases}$$

表3-4　甲、乙产品消耗的材料标准及材料供给限制量

产品 消耗资源	甲产品	乙产品	每种 材料最大供给量
材料1	a_{11}	a_{12}	b_1
材料2	a_{21}	a_{22}	b_2
每单位产品获利	C_1	C_2	

线性规划的求解方法有两种，一种是图解法。此法比较简易与直观，但只能适用于变量少于3个的线性规划问题。另一种是单纯形法求解，当变量超过2个时，就要借助于单纯形法求解。

2. 品种搭配

编制生产计划的重要环节，是确定产品品种和各品种的合理搭配生产。

在确定产品品种时，可以应用产品系列平衡法。该方法是一种整顿老产品，正确进行产品品种决策的分析方法。产品系列平衡法的分析，主要考虑每个品种的市场引力和企业实力这两个因素。把市场引力和企业实力都是最大的产品列为主要产品，尽快停止市场引力和企业实力都小的产品的生产。

多品种生产的企业，生产任务的安排不仅要确定产品品种，而且要搞好品种搭配工作。所谓多品种生产的品种搭配，就是在同一时期内，将哪些品种搭配在一起进行生产。合理组织各种产品的搭配生产，有利于按期、按品种完成订货合同，有利于稳定企业的生产秩序，有利于提高企业生产的经济效果。

搞好品种搭配，一般应考虑下面几个问题：

（1）要首先安排经常生产的和产量较大的产品。对于这种产品，应该在符合国家计划和订货合同要求的前提下，采用“细水长流”的办法，尽可能在年度内做比较均衡的安排，使各个季度、月度都能生产一些这种产品。这样可以保持包装企业生产上的稳定性。

（2）对于企业生产的其他品种，实行“集中轮番”的安排方式。如大批量产品的生产，在较短时间内完成全年任务，然后轮换别的品种。这样可以做到在不减少全年产品品种的前提下，减少各季、各月生产的品种数，从而简化生产管理工作，提高经济效益。

（3）新老产品交替要有一定的交叉时间。在交叉时间内，新产品产量逐渐增加，老产品产量逐渐减少。这样可以避免由于“齐上齐下”带来的产量过大波动，也有利于工人逐步提高生产新产品的熟练程度。

（4）尖端产品与一般产品、复杂产品与简单产品、大型产品与小型产品等，均应合理搭配，使各个工种、设备及生产面积得到均衡负荷。

（5）各个品种轮换时，谁先谁后，应当考虑生产技术准备工作的完成期限、关键材料和外协件的供应期限等因素。

3. 产品出产进度安排

编制生产计划，不仅要确定全年生产的产品品种、生产任务，而且要进一步将全年生产任务，根据能力状况，合理地进行分季、分月的具体安排。合理安排产品出产进度，可以使企业的销售计划进一步落实，为完成国家计划和用户订货合同提供数量和交货期限上的保证。同时，也有助于有效地运用企业的人力和设备资源，提高劳动生产率，降低成本，节约流动资金，从而提高企业生产的经济效果。

产品出产进度的安排方法，因企业的不同特点而有所不同。

（1）有的企业，产品的各季、各月的市场需求量比较稳定，或者企业生产任务饱满。这类企业的产品出产进度的安排，应当实行均衡生产的方针，即把全年的产量任务均衡地分配到各个季度和各个月份，以便充分利用生产能力，增加产量，更好地满足社会需求。这种均衡安排，可以有以下几种形式：①平均分配。即把全年生产任务等量分配到各季、月，使各季、月的平均日产量相等。②分期递增。即产量分期分阶段增长，每隔一段时间平均日产水平有所增长，而在该阶段内平均日产水平大致相同。③抛物线递增法。主要指新产品，开始是小批生产，然后是逐渐扩大批量以至大量生产。由于工人技术熟练程度提高，市场需求日渐增多，开始产量提高较快，随着市场需求的逐步稳定，日产量也逐步趋于稳定。

在全年任务分季、分月安排时，产量增长幅度的确定，取决于多种复杂的因素，主要因素有企业的生产能力和工人生产效率在各季、各月的变化；原材料、燃料、动力在不同时期的供应情况；重大技术措施生效的期限；各季、各月工作日数的不同以及各个时期自然条件的变化等。

（2）有些包装企业，其产品的需求具有季节性，这时全年任务的进度安排，就可以有多种方式供我们选择。

①均衡安排方式。各月产量相等或基本相等。这种方式的安排，有利于充分利用人力和设备，有利于产品质量稳定，也有利于管理工作的稳定。它的主要缺点是成品库存量大，流动资金占用多。

②变动安排的方式。各月生产量的安排，随着市场销售量的变动而变动。销售量增长，生产量也随之增长。这种进度安排方式，其优点是成品库存量小，节省库存保管费用；对市场的适应性好，能及时生产市场欢迎的新花色和新规格。缺点是需要经常调整设备和人力，生产能力利用较差，不利于产品质量的稳定。

采用哪一种方式，应当进行经济上的比较。主要是比较生产调整费用和库存保管费用的大小。生产调整费用主要包括设备和工艺装备的调整改装费用、人员培训费用、加班加点费用、调整引起的停工损失和废品损失增加额等。库存保管费用主要包括资金占用的利息、仓库和运输工具的维修折旧费用、仓库人员工资、物资存贮损耗等费用。

4. 分配车间生产任务

分季、分月安排的产品出产进度，尚要进一步分解落实到各个车间，使各个车间能够及早地做好各种生产准备工作。分配车间生产任务的顺序，应先基本生产车间后辅助生产车间。安排任务的方法，主要取决于各基本生产车间在产品生产中的相互联系的方式。基本方式有两种：一种是各个车间平衡地完成相同的或不同的产品生产任务，彼此之间没有依次提供半成品的关系。对于这种联系方式，安排任务的方法比较简单，只要根据各车间的产品分工、生产能力和各种具体生产技术条件，把不同的或相同的产品生产任务分配给各个车间。另一种方式是各个车间之间顺序完成一种或几种产品，彼此之间有着依次提供半成品的关系。在这种情况下，各车间生产的品种、数量和时间的平衡衔接，要用反工艺过程的连锁方法来安排。即前一车间的出产量，应满足工艺过程后一车间的投入量的要求，这一车间的投入量又应满足本车间出产量的要求，一环扣一环，从出产产品的最后一个车间的出产量和期限算起，逐一地往前确定各车间的出产数量和期限。

四、生产能力的核定及其与生产任务的平衡

1. 生产能力指标

包装企业的生产能力，是指一定时期内（通常是一年），企业的全部生产性固定资产在先进合理的生产技术组织条件下，所能生产的一定种类和一定质量的产品的最大数量或所能加工处理一定原材料的最大数量。

生产能力是表明企业生产潜力的一项综合性指标。核算生产能力对于企业挖掘潜力，正确编制生产计划，提高生产的经济效益都有重要意义。

生产能力是指企业内部各个生产环节的各种直接参加生产的固定资产的综合能力。包装企业的生产能力指标，一般有设计能力、查定能力、计划能力 3 种。

设计能力是指企业设计任务和技术文件中所规定的生产能力。它是按照工厂设计中所规定的产品方案和各种设计数据来确定的。查定能力是指在没有设计能力，或者原有设计能力由于企业的产品方案或技术组织条件发生了重大变化，已经不能反映实际情况下而需要重新核定的生产能力。计划能力是指企业在计划年度内所能达到的生产能力。这三种能力是确定企业生产规模、编制长远计划、安排基建计划以及确定重大的技术改造措施项目的依据。计划能力则是企业编制年度生产计划，确定生产指标的依据。

影响企业生产能力大小的因素很多，诸如参与生产的设备的数量与效率的变化，原材料、燃料动力供应的质量与数量，劳动者的技术水平与熟练程度，企业生产组织与劳动组织的合理程度等。但决定企业生产能力水平的基本因素有 3 个：①直接参与生产的固定资产数量（包括机器设备、生产面积等）或者劳动力数量（在机械化生产的企业，其生产能力取决于生产性的固定资产的数量，劳动力一般应是相应配套的）。②有效工作时间。它等于全年制度工作天数乘以每日工作班次，再乘以每班小时数，扣除停工时间后的工作时间总数。③生产效率。这是最活跃的因素，机器设备的生产效率是用单位机器设备的产量定额或单位产品的台时定额来表示的，两者的关系互为倒数。

2. 核算生产能力的原理

包装企业生产能力是各个环节生产能力的综合，因而应依次按主导环节分别核定小组、工段、车间等环节的生产能力，由下而上地逐级综合平衡，最后核定出企业的生产能力，即综合生产能力。

（1）生产能力的核算方法。包装企业一般是按设备核算生产能力的，其公式为：

$$\text{机器设备生产能力}=\text{机器设备的数量}\times\text{机器设备有效工作时间}\times\text{机器设备生产效率}$$

在生产能力主要决定于生产面积的条件下，生产能力计算公式为：

$$\text{生产面积的生产能力}=\text{生产面积数量（平方米）}\times\text{生产面积利用的延续时间}\times\text{单位时间单位面积的生产定额}$$

在机器设备生产能力的计算中，如果机器设备生产效率是单位时间产量定额，就与前两项相乘，如果是单位产品台时定额，就去除前两项之积。

（2）企业生产能力的确定。在各个生产环节的生产能力核定以后，还要进一步加以综合平衡，核定企业的生产能力，也称综合生产能力。综合平衡工作主要包括两个方面：一是各个基本生产车间之间的能力综合；二是查明辅助生产部门的生产能力对基本生产部门的配合情况，并采取相应的措施。

当各个基本生产车间（或生产环节）之间的能力不一致时，整个基本生产部门的生产能力，通常按主导的生产环节来核定。当基本生产部门的能力与辅助生产部门的能力不一致时，一般地说，企业的综合生产能力应当按基本生产部门的能力来确定，但查定、验算辅助、附属部门的生产能力还是必要的，如果辅助生产部门能力低于基本生产部门的能力，要采取措施，提高其供应和服务能力，以保证基本生产部门的能力得到充分的发挥。反之，也要采取相应的措施，使多余的辅助生产能力得到充分的利用。计算辅助生产环节能力的方法原理同基本生产环节的能力计算是一样的。

（3）生产能力和生产任务之间的平衡。包装企业在编制年度、季度生产作业计划和编制月度生产作业计划时，都需要核算现有生产能力，以便同计划的生产任务进行平衡和比较，使生产任务得到落实，使生产能力得到充分利用。

进行设备和生产面积负荷核算的目的是为了发现生产任务与生产能力之间的不平衡状况，以便有计划地采取各种有效的措施，保证计划任务的落实和生产能力的充分利用。在平衡时，应当注意把当前同长期结合起来。这就是说，不仅要考虑到本年、本季、本月的生产能力的不足或有余，同时，还要注意到今后较长时期内社会需求量同企业生产能力的平衡情况。只有将这两方面结合起来考虑，采取相应的措施，才能使企业的生产经营活动取得较好的效益。比如，一家企业从当前看，生产能力不能满足生产任务的要求，但从长期销售预测看，则市场需求将趋于呆滞，如果盲目扩大生产能力，必将在生产经营活动中遭受挫折。

表 3－5 用矩阵形式表示短期与长期的生产能力同需求量之间的各种组合情况。

表 3－5 生产能力同需求量组合情况

短期 长期	能力 > 需求	能力 = 需求	能力 < 需求
能力 > 需求	1	2	3
能力 = 需求	4	5	6
能力 < 需求	7	8	9

在表 3－5 的各种不同情况下，可以采取下列一些方法、措施：

第 1 种情况，表示短期与长期的生产能力都大于需求量。为了充分利用生产能力，应当调出多余设备和工人，或者部分改产。

第 2 种情况，短期来看，生产能力与需求量基本相等，但从长期看则生产能力大于需求量。虽然当前任务与能力是平衡的，但要及早抓好新产品的研制和开发，以便充分利用企业的生产能力，满足社会需求。

第 3 种情况同第 6 种情况相似，都是从当前看，生产能力不足，但从长期看，生产能力有富余或等于需求。为了解决当前能力不足问题，可以采取合理的加班加点、临时性外协、同用户协商推迟交货期等措施来解决。

第 4 种情况，当前的生产能力大于需求量，但从长期看，能力与需求量是基本适应的。为了充分利用生产能力，企业可以承接一些临时性协作任务或来料加工任务，也可以提前进行一些生产准备工作。

第 5 种情况，当前的和长期的生产能力都同需求量相一致，这是最理想的情况。

第 7 种情况和第 8 种情况比较接近，都属于当前生产能力富余或接近，但从长期看，则能力小于需求，应当利用当前生产任务较轻的有利时机，抽出力量进行技术改造、职工培训等，以扩大今后的生产能力，如还有富余，也可承接一些临时性协作任务和提前做一些生产准备工作。

第 9 种情况，从当前和长期看，生产能力都满足不了需要。可以采取组织专业化生产、进行技术改造、签订长期的外包协作合同等措施来解决。

第三节　生产作业计划

包装企业的生产计划确定以后，为了便于组织执行，还要进一步编制生产作业计划。由于包装企业的生产活动是由许多环节组成的，因此还必须把生产计划分解到各个生产环节、班组和各工作地，具体规定这些环节生产作业的品种、数量和期限，这就是生产作业计划。具体地说，生产作业计划是指根据企业年、季度生产计划任务的安排，进一步具体规定企业各个生产单位（厂部、车间、工段、班组）在单位时间（月、旬、周、日、时）内的生产任务。生产作业计划就是生产计划的具体执行计划，它是企业组织日常生产活动的中心环节，也是企业实现均衡生产，建立正常生产秩序和工作秩序，落实生产岗位责任制，调动职工积极性的重要手段。

一、编制生产作业计划的工作内容

（1）编制全厂的生产作业计划和车间内部的生产作业计划。编制时要把企业的生产计划（一般是年度分季）具体分解为全厂的生产作业计划（按月编制），并进一步规定车间、工段、班组在短时期（月、旬、周等）内的具体生产任务。

（2）编制生产准备计划。根据生产作业计划，规定原材料和外协件的供应、设备维修和工具准备、技术文件的准备、劳动力的调配等生产准备工作的要求，以保障生产作业计划的执行。

(3) 进行设备和生产面积负荷的核算和平衡。

(4) 日常生产派工。依据工段和班组的作业计划，在更短的时间内具体安排每个工作地和工人的生产任务和进度，做好作业前的准备，下达生产指令，使作业计划开始执行。

(5) 制定或修改期量标准。编制生产作业计划需要依据一些定额和标准资料，这些定额和标准资料需要首先确定下来，有关这些标准的制定或修改，也是生产作业计划编制工作的重要内容。

二、期量标准的制定

期量标准，也称作业计划标准，是指为制造对象（产品、零部件）在生产期限和生产数量方面所规定的标准数据。它也是编制生产作业计划的重要依据。

包装企业的生产类型和生产组织形式不同，生产过程各个环节在生产期限和生产数量方面的联系形式也不同，因而其期量标准亦不同。大量大批生产企业要保证整个生产过程及其各个环节能严格地按规定的节拍进行，其生产的期量标准有：节拍、流水线工作指示图表及在制品定额等。成批生产企业的品种多，每种产品每隔一定时间重复地生产一批，其期量标准有：批量、生产间隔期、生产周期、提前期、标准计划、在制品储备定额等。单件小批生产企业的期量标准有：产品生产周期和总日历进度计划。

成批生产期量标准比较复杂，下面做重点介绍。

1. 批量和生产间隔期

批量就是相同产品（或零件）一次投入（或出产）的数量。生产间隔期是指前后两批相同产品（或零件）投入（或出产）的时间间隔。

批量与生产间隔期有密切的关系。当生产任务确定以后，如果批量加大，生产间隔期就会延长；反之，批量小了，生产间隔期也相应缩短。其相互关系为：

$$\text{批量}=\text{生产间隔期}\times\text{平均日产量}$$

$$\text{生产间隔期}=\frac{\text{批量}}{\text{平均日产量}}$$

$$\text{平均日产量}=\frac{\text{计划期产品产量}}{\text{计划期工作日数}}$$

从以上公式可以看出，在生产任务已定的情况下，批量和生产间隔期只要有一个确定下来，另一个也就能确定下来。确定批量和生产间隔期的方法主要有以下两种。

(1) 以期定量法。这一方法是先确定生产间隔期，然后确定批量。当生产任务变动时，如果生产间隔期不变，则调整批量。为组织均衡生产，保证各生产环节的相互衔接，在确定各类型零件的生产间隔期与批量种类时，特别要注意与日产量的关系。如生产间隔期是一日，属于日批，批量就是平均日产量，每月投入（出厂）次数为 24 次；生产间隔期是 2 日，则是 1/12 月批类，批量等于 1/12 月产量，每月投入（出产）次数是 12 次等。一般生产间隔期、批量和月产量应为可约数关系，以便于组织生产。

(2) 经济批量法（最小费用法）。经济批量法是通过数学计算寻求单位产品总费用最小的经济批量的方法。批量的大小对费用的影响主要有两个因素：设备调整费用和库存保管费用。前者和批量大小成反比关系，后者和批量大小成正比关系。用数学方法求得上述两项费用之和为最小的批量，即为经济批量，如图 3－2 所示。

设经济批量为 Q，年计划产量为 N，每次设备调整费用或采购一次所需要的采购费用为 A，单位产品（零部件）成本或单位采购品年保管费用为 c。则

$$\text{年设备调整费用} = \frac{A \cdot N}{Q}$$

$$\text{在制品占用费用} = Q \cdot \frac{c}{2}$$

总费用（Y）为两项费用之和，

$$Y = \frac{A \cdot N}{Q} + \frac{Q}{2} \cdot c$$

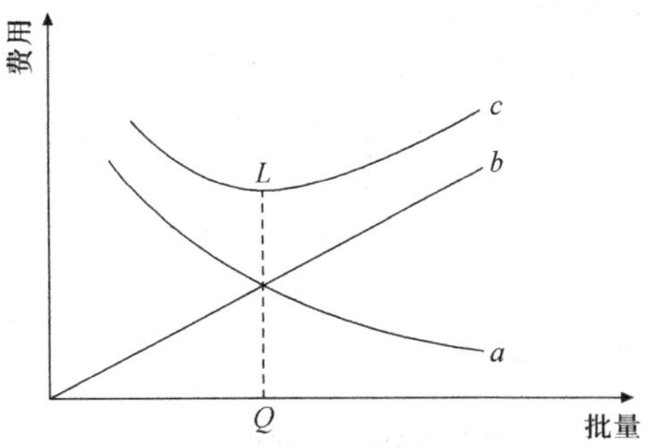

图 3－2　费用和批量关系

a—设备调整费用曲线；b—保管费用曲线；c—上述两项费用之和；Q—总费用 c 在最低点 L 时的生产批量

当 $\frac{\mathrm{d}Y}{\mathrm{d}Q} = 0$ 时，Y 值最小，

$$\frac{\mathrm{d}Y}{\mathrm{d}Q} = \frac{c}{2} - \frac{A \cdot N}{Q^2} = 0$$

$$Q = \sqrt{\frac{2AN}{c}}$$

上式即计算经济批量的公式（也是计算经济采购批量的公式）。使用上式计算出经济批量以后，据此确定标准的批量，还需要根据其他一些因素进行调整，以利于简化生产管理和适应其他的生产条件。

2. 生产周期

生产周期，也称生产循环期，是指从原材料投入生产到制成产品（或零件、部件）验收为止所跨越的全过程日历时间。包装产品的生产周期是由其各组成部分的生产周期所组成。缩短产品制造的生产周期，有利于提高劳动生产率、节省生产面积；可以加速流动资金周转、减少制品的保管费用；可以缩短产品交货期。

3. 生产提前期

生产提前期是指产品（零、部件）在各车间的投入或出产的时间，比成品出产的日期所应提前的天数。计算产品生产提前期是以产品成品出产的日期作为起点，按反工艺过程的顺序进行的。由于产品在每一个生产环节上都有投入和出产之分，因而提前期也分为投入提前期和出产提前期。

生产提前期的制定，有两种情况，即前后车间生产批量相等或不相等。

（1）前后车间生产批量相等的情况下，提前期确定的计算公式：

$$\text{某车间投入提前期} = \text{本车间出产提前期} + \text{本车间生产周期}$$

$$\text{某车间出产提前期} = \text{后车间投入提前期} + \text{保险期}$$

（2）前后车间批量不等，但成倍数关系时，计算各车间投入提前期的公式，仍与上述公式相同。但计算车间出产提前期则有所不同，此时，车间出产提前期的计算公式为：

$$\text{某车间出产提前期} = \text{后车间投入提前期} + \text{保险期} + \left(\frac{\text{本车间生}}{\text{产间隔期}} - \frac{\text{后车间生}}{\text{产间隔期}}\right)$$

4. 在制品定额

在制品定额，是指在一定技术组织条件下，各生产环节上为了保证生产衔接所必需的、最低限度的在制品储备量。一定数量的在制品，是保证生产不断进行的必要条件。但是，在制品过多，又会使工作场所拥挤，产品生产周期延长，流动资金占用过多；运输保管费用增加。因此，包装企业必须合理确定在制品定额。

5. 标准计划

有了生产间隔期、生产周期与提前期标准，即可确定各车间各种制品每批的投入和出产的标准日期，然后用编制成批生产的标准计划形式来指导生产。

标准计划，即工作地负荷图表，它包括批量、生产间隔期、每个工作地加工批制品的工序时间、制品工序的进度表和机床负荷进度表。

制订上述5种期量标准的依据有：包装企业年度商品生产进度计划及生产能力负荷的核算资料；产品组成系统图，各组成零件分车间、分工段的工艺路线明细表；主要零件明细表，工艺过程卡；工时定额及完成定额系数；工序间断时间统计资料等。

三、生产作业计划的编制

包装企业的生产作业计划分为二级：厂部生产作业计划和车间生产作业计划。这两个级别的作业计划编制的侧重内容是不一样的。

1. 厂部生产作业计划的编制

厂部编制生产作业计划的主要内容，是安排各车间的生产任务和计划进度，保证各车间的生产任务和计划进度，保证各车间的生产任务在时间上和数量上的衔接，促使组成产品的各组成部件的及时流转和配套，为组织有节奏的均衡生产创造条件。

在编制厂部作业计划时，要逐级安排作业计划的品种、数量与期限的任务，其次是规定各车间的数量任务。数量任务的确定方法常用的有在制品定额法、累计编号法、生产周期法、定货点法等。

2. 车间生产作业计划的编制

车间生产作业计划的编制，一般是先把车间任务分配到工段或生产小组，再根据工段或生产小组任务来规定工作地和生产人员的任务。编制车间生产作业计划的方法，取决于车间规模的大小、工段和生产小组专业化程度和专业化形式。

车间安排工段或小组的生产任务时，如果工段（或小组）是按对象专业化组织生产的，工段（或小组）能够独立完成产品的全部工艺过程，那么车间就可以把月度计划任务直接分配到工段（或小组）。如果工段（或小组）是按工艺专业化组织生产的，车间内部也要按反工艺顺序计算各工段（或小组）的生产任务。但不论采用何种方法，都必须做到生产任务与生产能力相适应，尤其是关键的加工设备的负荷要均匀。

工段（或小组）安排各工作地的生产作业。计划任务，就是将生产任务具体落实到机台和个人。确定各机台任务和个人生产任务的基本方法有标准计划法、定期计划法与日常分配法等。

四、生产调度工作

生产调度工作的任务是组织和贯彻生产作业计划。生产调度就是以生产作业计划为依据，机动灵活、合理地组织日常生产活动，对生产进行检查、控制，并及时处理与调整生产中出现的各种问题，克服薄弱环节，必要时调整计划进度，组织新的平衡，以保证全面地、均衡地完成生产作业计划任务。

1. 生产调度工作的主要内容

（1）检查各个生产环节的零部件、半成品的投入和出产进度，及时发现生产作业计划执行过程中的问题，并积极采取措施加以解决。

（2）检查、督促和协助有关部门及时做好各项生产作业准备工作。

（3）根据生产需要合理调配劳动力，督促检查原材料、工具、动力等的供应情况和厂内运输情况。

（4）对轮班、昼夜、周、旬或月计划完成情况进行统计分析工作。

2. 搞好生产调度工作的要求

（1）生产调度工作必须以生产作业计划为依据，这是生产调度工作的基本要求。

（2）生产调度工作必须高度集中和统一。讲管理就必须讲统一意志、统一指挥，建立一个强有力的生产调度系统。

（3）生产调度工作要以预防为主。调度人员的基本责任是预防生产活动中可能发生的一切脱节现象。为此，就要抓好生产的准备工作，避免各种不协调的现象产生。

加强生产调度工作的措施要求：①应有组织保证。企业要建立和健全统一的强有力的生产调度系统，厂部应设置调度机构，各车间也要相应配备调度专职和兼职人员。②要建立与健全生产调度工作的各项制度。如调度值班制度、调度报告制度、调度会议制度、现场调度制度等。③要坚持正确的调度工作方法。比如，以预防为主的工作方法和现场调度方法等。④根据企业的条件配备各种必要的和先进的调度技术设备。例如专用调度电话、无线电话机、调度专用通讯网等。

第四节　包装企业资源计划

企业资源计划由美国著名管理咨询公司 Gartner Group Inc 于 1990 年提出，最初被定义为应用软件。企业资源计划提出后即迅速为全世界工商企业所接受，现已经发展成为现代企业管理理论之一。企业资源计划系统 ERP 是指建立在信息技术基础上，将企业内部所有资源整合在一起，对采购、生产、成本、库存、分销、运输、财务、人力资源进行整体规划；并对企业物流、资金流、信息流三大流进行全面一体化管理的信息管理系统，从而使企业达到最佳资源组合，取得最佳经济效益。

一、企业资源计划的发展历程

20 世纪 40 ~ 60 年代兴起物料需求计划 MRP，经过 70 ~ 80 年代发展完善成为制造资源计划 MRPⅡ，到 1990 年又提出以制造资源计划 MRPⅡ为核心的企业资源计划 ERP，反映了人们对资源管理认识不断深化和企业管理模式的不断进步。

1. 物料需求计划 MRP

物料需求计划 MRP 的基本内容是依据产品的主生产计划、物料清单和库存信息，编制零件的生产计划和采购件计划。进入 1970 年，MRP 除物料需求计划外，又将生产能力（设备等）的需求计划、车间作业计划（工时等）和采购作业计划等纳入，从而形成一个封闭系统，称为闭环 MRP。

2. 制造资源计划 MRPⅡ

闭环 MRP 使生产活动的各子系统信息得到统一，但生产活动仅是企业管理的一个方面。企业管理应是人财物、销供产等子系统信息组成的综合系统，生产管理所涉及的仅仅是物流，而与物流密切相关的还有资金流和信息流。因此进入 20 世纪 70 年代后，人们把销售，采购、库存、生产、财务、工程技术、信息等各个子系统进行集成，并称该系统为制造资源计划（manufacturing resource planning），英文缩写也为 MRP，为了区别物料需求计划 MRP，称为 MRPⅡ。

MRPⅡ在国内外企业实践中效益显著，在提高生产率、缩短生产周期、减少库存产品、按时交货率、缩短新产品开发周期、降低生产成本等各方向均取得了可观的经济效益，故 MRPⅡ被当成标准管理工具广泛应用于当今世界制造业。

3. 企业资源计划 ERP

进入 20 世纪 90 年代，市场竞争进一步加剧，企业竞争的空间和范围进一步扩大，80 年代主要面向内部资源管理的思想也随之逐步发展成为怎样有效利用和管理企业内外整体资源的管理思想。为此，美国加特纳公司（Gartner Group Inc）在 90 年代初首先提出了整合企业资源的概念报告：为使企业更有效地运作，需将企业内最常用的四方面信息：基础信息（如资金信息：现金流量和财务比率等）；生产信息（如成本信息：资源利用率和总体利润等）；能力信息（如企业相对于竞争者的专长和弱点）；资源分配信息（包括生产资源、物流和人力资源等）用网络系统的各个功能模块有机地集成起来，共同运作，改变过去企业内主要通过纸张媒介传递指令，各自为政、互相割裂的局面。ERP 正是基于此应运而生。

ERP 作为先进的现代企业管理模式，目的是将企业的各个方面的资源（包括人、财、物、产、供、销等因素）合理配置，使之充分发挥效能，从而使企业在激烈的市场竞争中全方位地发挥能量，取得最佳经济效益。ERP 系统在 MRPⅡ的基础上充分贯彻供应链管理思想，扩展了管理范围，提出了新的管理体系结构，将用户的需求、企业内部的制造活动、外部供应商的制造资源等内部和外部资源有机地结合在一起，体现了企业完全按客户需求制造的思想。

ERP 系统还要求企业在业务流程和组织机构方面进行重组，使之符合 ERP 的实施要求，以能充分发挥 ERP 系统的作用。ERP 强调企业管理的事前控制能力，把设计、制造、销售、运输、仓储、人力资源、工作环境、决策支持等各方面作业看作是一个动态的、可事前控制的有机整体。ERP 系统将上述各个环节整合在一起，确保有效的管理企业资源，合理调配和准确利用现有资源，从而为企业提供一套能够对产品质量、市场变化、客户满意度等关键问题进行实时分析和判断的决策支持系统。

二、企业资源计划的管理思想

1. ERP 的概念与内涵

MRPⅡ在 MRP 管理系统的基础上，增加了对企业生产能力、加工工时、物料采购、销售管理等方面的管理，实现了用计算机安排生产进度（生产排程）的功能，同时也将财务功能包括进来，在企业中形成以计算机为核心的闭环管理系统，这种管理系统已能动态监查产、供、销的全部生产过程。

进入 ERP 阶段后，以计算机为核心的企业级资源管理系统更为成熟。系统增加了包括财务预测、物流能力、调整资源调度等方面的功能，成为企业进行生产管理及决策的平台工具；Internet 技术的成熟更为企业信息管理系统增加与客户或供应商实现信息共享和数据交换的能力，电子商务时代的 ERP 强化了企业之间、企业内外的联系，形成了共同发展的生存链和供应链管理思想，使企业的决策者及业务部门跳出企业内部，实现跨企业的联合作战。

ERP 在 MRPⅡ资源概念的内涵上，有两个重要突破。

（1）ERP 中的资源管理范围已不局限于企业内部，而是把供应链上的供应商等外部资源也都看作是受控对象集成进来。MRPⅡ主要侧重对企业内部的人、财、物等资源的管理，而 ERP 则是面向供应链的管理，对供应链上所有环节：如订单、采购、库存、计划、生产、质量、运输、分销、服务与维护、财务管理、人事管理、实验室管理、项目管理、配送管理等进行集成和有效管理。

（2）时间被作为资源计划的一部份，且当作最关键的资源被考虑，这是 ERP 对资源内涵的另一个扩展。

2. ERP 与 MRPⅡ的区别

（1）ERP 是一个面向供应链管理的管理信息集成。ERP 除了传统 MRPⅡ系统的制造、供销、财务功能外，在功能上增加了支持物料流通体系的运输管理、仓库管理（供需链上供、产、需各个环节之间都有运输和仓储的管理问题）；还支持在线分析处理（Online Analytical Processing，OLAP）、售后服务及质量反馈，从而能实时准确地掌握市场需求的脉搏，支持生产保障体系的质量管理、实验室管理、设备维修和备品备件管理。

（2）采用计算机和网络通信技术的最新成就。网络通信技术的应用是 ERP 同 MRPⅡ的又一个主要区别，网络通信技术的应用使 ERP 系统得以实现供需链管理的信息集成。ERP 系统除了已经普遍采用的诸如图形用户界面技术（GUI）、SQL 结构化查询语言、关系数据库管理系统（RDBMS）、面向对象技术（OOT）、第四代语言/计算机辅助软件工程、客户机/服务器和分布式数据处理系统等技术之外；还要实现更为开放的不同平台互操作，采用适合网络技术的编程软件，加强了用户自定义的灵活性和可配置性功能，以适应不同行业用户的需要。

（3）ERP 系统同企业业务流程重组 BPR 密切相关。企业业务流程重组的核心是建立面向客户的业务流程，是对企业进行战略性重构的系统工程。资源信息管理系统的发展加快了信息的传递速度和实时性，扩大了业务的覆盖面和信息的交换量，为企业进行信息的实时处理、做出相应的决策提供了极其有利的条件。为了使企业的业务流程能够预见并响应环境的变化，企业的内外业务流程必须保持信息的敏捷通畅；同时，多层次臃肿的组织机构因不能迅速实时地对市场动态变化做出有效的反应，而必须进行精简。因此，为提高企业供应链管理的竞争优势，必然对企业业务流程、信息流程和组织机构进行改革。这个改革还不限于企业内部，而是把供需链上的供需双方合作伙伴都应包括进来，以能系统考虑整个供应链的业务流程。资源信息管理系统 ERP 应用程序使用的技术和操作也必须随着企业业务流程的变化而相应地调整。只有这样，才能把传统 MRPⅡ系统对环境变化的“应变性”上升为 ERP 系统通过网络信息对内外环境变化的“能动性”。EPR 的概念和应用已经从企业内部扩展到企业与整个供需链的业务流程和组织机构的重组。

ERP 侧重于各种管理信息的集成，计算机集成制造系统 CIMS 则侧重于技术信息的集成，它们两者在内容上有重叠又互补。制造业是否实现 ERP 系统，什么时候实现，取决于企业的性质、规模以及发展的需要，但是不论如何，都应从 ERP 的高度来进行企业信息化建设。企业信息化建设的第一步仍应从实施 MRPⅡ入手，对绝大多数企业来说，这是必要和可行的方案。

3. ERP 信息管理系统的主要特点

（1）ERP 更加面向市场、面向经营、面向销售，能够对市场快速响应；除支持制造、采购、销售、财务等管理功能外，它还将供应链的管理功能包含进来，支持整个供应链上物料流通体系中供、产、需各个环节的运输管理和仓库管理；支持生产保障体系的质量管理、实验室管理、设备维修和备品备件管理；支持对业务处理工作流的管理；强调了供应商、制造商、分销商之间新的伙伴关系。

（2）ERP 更强调企业工作流程，通过工作流实现企业的人员、财务、制造与分销间的集成，支持企业过程重组；ERP 较多地考虑人的因素作为资源在生产经营规划中的作用，也考虑了人的培训成本等。

（3）ERP 更多地强调财务流程，具有较完善的企业财务管理体系，这使价值管理概念得以实施，使资金流与物流、信息流能更加有机地结合；并具有了金融投资管理的附加功能。

（4）在生产制造计划中，ERP 支持重复制造、批量生产、按订单生产、小批量生产、按库存生产、看板式生产等混合型生产管理模式，也支持多种生产方式（离散制造、连续流程制造等）的管理模式，以满足企业多角化经营要求。

ERP 纳入了产品数据管理 PDM 功能，增加了对设计数据与过程的管理，并进一步加强了生产管理系统与计算机辅助设计/辅助制造 CAD/CAM 系统的集成。

（5）采用了最新的计算机技术，如客户/服务器分布式结构、面向对象技术、基于 Web 技术的电子数据交换 EDI、多数据库集成、数据仓库、图形用户界面、第四代语言及辅助工具等。

ERP 在事务处理上实时性较 MRPⅡ强，ERP 系统支持在线分析处理、售后服务处理，为企业提供对质量、市场销售、客户满意、绩效等关键问题的适时分析能力；它还支持跨国经营的多语种、多币制的应用要求。

三、企业资源计划信息管理软件的构成

ERP 系统的特点是将企业所有资源进行整合集成管理，也就是将企业业务流程的三大

流：物流、资金流、信息流进行全面一体化管理。因此，企业资源计划信息管理软件的功能模块应贯穿三大流的管理工作，包括三方面的主要内容，即生产控制（计划、制造）、物流管理（分销、采购、库存管理）和财务管理（会计核算、财务管理），并相应地构成三大模块，相互之间有相应的接口，能够很好地整合在一起，对企业进行管理。另外，随着企业对人力资源管理重视的加强，已经有越来越多的 ERP 软件将人力资源管理纳入，构成 ERP 系统的另一个重要模块。

1. 生产控制管理模块

这是 ERP 系统的核心模块。生产控制管理是一个以生产计划为导向的生产管理方法，它将企业的整个生产过程有机地结合在一起，使得企业能够有效降低库存，提高效率；同时又使各个原本分散的生产流程自动连接，使得生产流程能够前后连贯进行，而不会出现生产脱节，耽误生产交货时间。

为实现全企业的生产控制管理，首先应确定一个总的主生产计划，经过系统层层细分后，再下达到各部门执行，生产部门以此确定生产作业和物料、加工能力需求等计划，采购部门则按此确定采购计划等。

（1）主生产计划模块。它是根据年生产计划，并依据对历史销售分析得到的预测和客户订单的输入来安排各生产周期应提供产品种类和数量的模块。它是企业在一段时期内总的、稳定的生产活动安排。其目的是将生产计划转变为产品计划，并在平衡物料和需要的生产能力后，列出精确到时间、数量的详细进度计划。

由于 ERP 系统将各个生产车间贯通连接起来，故制定出的主生产计划就不会因生产脱节造成延期交货；又由于 ERP 系统根据历史、客户订单和生产计划等来安排主生产计划，并通过市场模拟确定产品生产周期、批量、工时等进度计划，故可避免因旺季和淡季凭经验确定库存量不准确而带来断货、产品积压和占用资金的风险。

（2）物料需求计划模块。在主生产计划决定各生产周期应提供的产品种类和数量后，生产部门再根据物料清单，把生产总的产品数量转变为需要生产的零部件数量，对照现有的库存量后，即可确定还需加工多少零部件，还需要采购多少物料的数量，这才是生产部门依照执行的计划。

（3）能力需求计划模块。初步确定物料需求计划后，将所有工作中心（指直接改变物料形态或性质的生产作业单元。工作中心是一种资源，可以是人，也可以是机器，或是整个车间）的总工作负荷与工作中心的能力平衡后产生详细工作作业计划，据此可判断物料需求计划是否是企业生产能力所能承受的可行需求计划。能力需求计划是一种短期的、当前实际应用的计划。

（4）车间控制模块。该模块将工作作业分配到各个具体的车间，进行作业排序、作业管理、作业监控；该作业是随时间而变化的动态作业计划。

（5）制造标准模块。在编制生产计划中需要许多基本生产信息（即制造标准），包括零件、产品结构、工序和工作中心，这些信息都需用唯一的代码在计算机中识别。①零件代码：是对物料资源的管理，对每种物料给予唯一的代码识别。②物料清单：是定义产品结构的技术文件，用来编制各种计划。③工序：描述加工步骤及制造和装配产品的操作顺序。它包含加工工序的顺序，指明各道工序的加工设备及所需要的额定工时和工资等级等。④工作中心：由使用相同或相似工序的设备和劳动力组成，在 ERP 系统中用以安排生产进度、核算生产能力、计算成本的基本单位。

2. 物流管理模块

（1）分销管理模块。销售管理从产品销售计划开始。分销管理模块对其销售的产品、销售地区、销售客户的各种信息进行管理和统计；并可对销售数量、金额、利润、绩效、客户服务做出全面的分析。分销管理模块有三方面功能：①对客户信息进行管理和服务：该模块建立了一个客户信息档案，对客户信息进行分类管理，并能有针对性的为客户服务，以达到保留老客户、争取新客户的目的。若将客户关系管理 CRM 软件与 ERP 结合，更将为企业带来明显效益。②对于销售订单的管理：销售订单是 ERP 的入口，所有的生产计划都是根据它下达并进行排产的。销售订单的管理贯穿了产品生产的整个流程，包括客户信用审核及查询（客户信用分级来审核订单交易）；产品库存查询（决定是否要延期交货、分批发货或用代用品发货等）；产品报价（为客户作不同产品的报价）；订单输入、变更及跟踪（订单输入后，变更的修正，及订单的跟踪分析）；交货期的确认及交货处理（决定交货期和发货事务安排）等。③对于销售的统计与分析：系统根据销售订单的完成情况，依据各种指标作出统计，比如客户分类统计，销售代理分类统计等；再依据这些统计结果对企业实际销售效果进行评价：包括销售统计（根据销售形式、产品、代理商、地区、销售人员、金额、数量来分别进行统计）；销售分析（包括对比目标、同期比较和订货发货分析，并从数量、金额、利润及绩效等方面作出相应的分析）；客户服务（客户投诉记录、原因分析）等。

（2）库存控制模块。控制存储物料的数量，保证稳定的物流；以支持正常的生产，同时又能最少占用资本。该模块是一种相关、动态、真实的库存控制系统，它能依据相关部门的需求，随时间而动态地调整库存，精确地反映库存现状。其主要功能有：①为所有物料建立库存控制数据，据此可决定何时定货采购，并作为采购部门采购和生产部门制定生产计划的依据。②收到订购的物料后，经过质量检验进入模块库存；生产的产品也同样要经过检验进入模块库存。③收发物料的日常业务处理。

（3）采购管理模块。该模块可确定合理的物料定货量和供应商，保持最佳的物料安全储备，随时提供定购和验收的信息；跟踪和催促外购或委外加工的物料，保证货物及时到达；建立供应商的档案；用最新的成本信息来调整库存的成本等。具体的功能有：①供应商信息查询（查询供应商的能力、信誉等）；②催货（对外购或委外加工的物料进行跟踪和催促）；③采购与委外加工统计（统计、建立档案，计算成本）；④价格分析（对原料价格分析，调整库存成本）。

实施 ERP 后，把销产供三项主要业务信息集成起来，同步地将生产和采购计划一次性生成，从而能随时查询到所采购料品的供应商、价格及交货日等信息；如果需求有变化，系统很快就可以把上千种物料的计划重新编排，并随时比对料品的动态库存数，以保持最佳的安全储备，并确定合理的定货量。这样既把采购计划员从繁杂的事务中解脱出来，也提高了工作效率和质量。

3. 财务管理模块

清晰分明的财务管理对企业极其重要。ERP 中的财务模块与一般的财务软件不同，它和系统的其他模块均有相应的接口，因而能够相互集成。比如：它可将生产活动或采购活动输入的信息自动计入财务模块生成总账和会计报表，从而取消了输入凭证的烦琐过程，完全替代了传统的手工操作。该模块分为会计核算与财务管理两大块。

（1）会计核算模块。会计核算模块主要用于记录、核算、反映和分析资金在企业经济活动中的变动过程及其结果。它由总账、应收账、应付账、现金、固定资产、多币制等部分构成。①总账模块：其功能是处理记账凭证输入和登记，输出日记账和一般明细账及总分类账，编制主要会计报表等；它是整个会计核算的核心，其他应收账、应付账、固定资产核算、现金管理、工资核算、多币制等模块均以其为中心进行信息传递。②应收账模块：应收账指企业应收的、而由于商品赊欠产生的客户欠款账。它包括发票管理、客户管理、付款管理、账龄分析等功能。它和客户订单、发票处理业务相联系，同时将各项事件自动生成记账凭证，导入总账。③应付账模块：应付账指企业应付购货款的账。它包括了发票管理、供应商管理、支票管理、账龄分析等。它能够和采购模块、库存模块进行集成以替代过去烦琐的手工操作。④现金管理模块：它主要是对现金流入流出的控制以及零用现金及银行存款的核算。它包括了对硬币、纸币、支票、汇票和银行存款的管理。在 ERP 中提供了票据维护、票据打印、付款维护、银行清单打印、付款查询、银行查询和支票查询等与现金有关的功能；此外它还和应收账、应付账、总账等模块集成，自动产生凭证，计入总账。⑤固定资产核算模块：该模块完成固定资产的增减变动以及折旧有关基金计提和分配的核算工作。它能够帮助管理者对目前固定资产的现状有所了解，并能通过该模块提供的各种方法来管理资产，并进行相应的会计处理。它的具体功能有：登录固定资产卡片和明细账，计算折旧，编制报表，以及自动编制转账凭证，并转入总账；它和应付账、成本、总账模块也能进行集成。⑥多币制模块：该模块是为了适应当今企业的国际化经营，对外币结算业务的要求而编制的。多币制将企业整个财务系统的各项功能以各种币制来表示和结算，并且客户订单、库存管理及采购管理等也能使用多币制进行交易管理。多币制和应收账、应付账、总账、客户订单、采购等各模块都有接口，可自动生成所需数据。⑦工资核算模块：该模块自动进行企业员工的工资结算、分配、核算以及各项相关经费的计提。它能够登录工资、打印工资清单及各类汇总报表，计算计提各项与工资有关的费用，自动做出凭证，导入总账。这一模块能和总账，成本模块集成。⑧成本模块：它依据产品结构、工作中心、工序、采购等信息进行产品的各种成本计算，进行成本分析和规划；还能用标准成本或平均成本法按地点维护成本。

（2）财务管理模块。财务管理的功能主要是基于会计核算的数据进行财务分析、预测、管理和控制等活动。其主要功能有财务计划、控制、分析和预测：①财务计划模块：根据前期财务分析作出下期的财务计划、预算等。②财务分析模块：提供查询功能，以及通过用户定义的差异数据图形显示，进行财务绩效评估、账户分析等。③财务决策模块：财务管理的核心部分，中心内容是作出有关资金的决策，包括资金筹集、投放及资金管理等。

ERP 的财务管理系统由于能把传统的账务处理和发生账务的业务结合起来，同时产生实物和资金账，并将物流和资金流进行无缝管理，从而使经济活动信息数出一门而多方使用，以及取消了输入凭证的烦琐过程，故极大地降低了财务人员的工作量，同时提高了财务数据处理的及时性、准确性，改变了资金信息滞后于物流信息的状况，便于事中控制和及时做出决策。

4. 人力资源管理模块

过去的ERP系统基本上以生产制造及销售过程（供应链）为中心，把与制造资源有关的资源作为企业的核心资源来进行管理；但近年来企业内部的人力资源越来越受到关注，被视为企业的资源之本。在这种情况下，人力资源管理被作为一个独立模块加入到了ERP系统中来，和财务、生产、物流系统共同组成一个高度集成的企业资源系统。它与传统方式的人事管理有着根本的不同。

（1）人力资源规划的辅助决策模块。对于企业人员和组织结构编制的多种方案，通过模拟比较和运行分析，并辅以图形的直观评估，帮助企业决策管理者作出决定。

该模块通过制定职务模型，包括职位要求、升迁路径和培训计划，根据担任该职位员工的资格和条件，提出针对该员工的培训建议；一旦机构改组或职位变动，系统也会对该员工的职位变动或升迁提出建议。该模块还可进行人员成本分析，通过ERP集成，为企业成本分析提供依据。

（2）招聘管理模块。人才是企业最重要的资源。优秀的人才能保证企业持久的竞争力。招聘系统一般从以下几个方面提供支持：①进行招聘过程的管理，优化招聘过程，减少业务工作量。②对招聘的成本进行科学管理，降低招聘成本。③为选择聘用人员的岗位提供辅助信息，也能有效帮助企业进行人才资源的挖掘。

（3）工资核算模块。①能根据公司跨地区、跨部门、跨工种的不同薪资结构及处理流程制定与之相适应的薪资核算方法。②与时间管理直接集成，对薪资结构及时更新，从而对员工的薪资核算动态化。③回算功能：通过和其他模块集成，自动根据要求调整薪资结构及数据。

（4）工时管理模块。①根据本国或当地的日历，安排企业的运作时间以及劳动力的作息时间表。②运用远端考勤系统，将员工的实际出勤状况记录到主系统中，并把与员工薪资、奖金有关的时间数据导入工资系统和成本核算之中。

（5）差旅核算模块。系统能够自动从控制差旅申请、差旅批准到差旅报销的整个流程，并且通过集成环境将核算数据导进财务成本核算模块之中。

第五节 包装计划实施的目标管理法

一、目标管理的提出和定义

美国管理大师彼得·德鲁克于1954年在其名著《管理实践》中最先提出“目标管理”的概念，其后又提出“目标管理和自我控制”的主张。德鲁克认为，并不是有了工作才有目标，而是相反，有了目标才能确定每个人的工作。所以“企业的使命和任务，必须转化为目标”，如果一个领域没有目标，这个领域的工作必然被忽视。因此管理者应该通过目标对下级进行管理，当组织最高层管理者确定了组织目标后，必须对其进行有效分解，转变成各个部门以及各个人的分目标，管理者根据分目标的完成情况对下级进行考核、评价和奖惩。

目标管理 MBO（Management by Objective）的定义是：以目标为导向，以人为中心，以成果为标准，使组织和个人取得最佳业绩的现代管理方法。目标管理俗称责任制，是在企业个体职工的积极参与下，自上而下地确定工作目标，并在工作中实行“自我控制”，自下而上地保证目标实现的一种管理办法。

二、目标管理的基本思想和特点

1. 目标管理的基本思想

（1）企业的任务必须转化为目标，企业管理层通过目标对下级进行领导，并以此保证企业总目标的实现。

（2）企业总目标可以按人或岗位进行逐级分解成分目标，分目标就是企业对每个职工或岗位的要求，也是企业管理层对下级进行考核和奖惩的依据。

（3）企业总目标由各级管理人员共同制定，并据此自上而下进行分解，确定上、下级的责任和分目标。职务越高，责任和贡献应越大，完成目标要求的工作也应越重。

（4）企业管理人员和工人依靠目标来管理。管理人员和工人的分目标就是企业总目标对他的要求，也是企业管理人员和工人对企业总目标的贡献。企业每个员工均以目标为依据，进行自我指挥、自我控制，而不是由他的上级来指挥和控制。

（5）企业管理人员根据达到分目标的情况对下级进行考核和奖惩。

2. 目标管理的特点

（1）重视人的因素。目标管理是一种参与的、民主的、自我控制的管理制度，也是一种把个人需求与组织目标结合起来的管理制度。在这一制度下，上级与下级的关系是平等、尊重、依赖、支持，下级在承诺目标和被授权之后是自觉、自主和自治的。

（2）建立目标锁链与目标体系。目标管理通过专门设计的过程，将组织的整体目标逐级分解，转换为各单位、各员工的分目标。从组织目标到经营单位目标，再到部门目标，最后到个人目标。在目标分解过程中，权、责、利三者已经明确，而且相互对称。这些目标方向一致，环环相扣，相互配合，形成协调统一的目标体系。只有每个人员完成了自己的分目标，整个企业的总目标才有完成的希望。

（3）重视成果。目标管理以制定目标为起点，以目标完成情况的考核为终结。工作成果是评定目标完成程度的标准，也是人事考核和奖评的依据，成为评价管理工作绩效的唯一标志，至于完成目标的具体过程、途径和方法，上级并不过多干预。所以，在目标管理制度下，监督的成分很少，而控制目标实现的能力却很强。

三、目标的性质及特征

目标表示最后结果，而总目标需要由子目标来支持。这样，组织及其各层次的目标就形成了一个目标网络。作为任务分配、自我管理、业绩考核和奖惩实施的目标具有如下特征。

1. 目标的层次性

整个组织的目标是一个有层次的体系。该体系的顶层是组织的远景和使命；第二层次是组织的任务，组织的使命和任务需要转化为组织的总目标和战略，总目标和战略为组织的未来提供行动框架；实现组织的总目标和战略则需要进一步地细化为更多的具体的行动目标和行动方案，因此在目标体系的下面层次，应有分公司的目标、部门和单位的目标、个人或岗位的目标等。

在组织的层次体系中，不同层次的主管人员参与不同层次目标的建立。董事会和最高层主管人员参与确定企业的使命和任务等战略目标，也参与确定关键领域中更多的具体的总目标。中层主管人员如副总经理、营销经理或生产经理，主要是参与确定关键领域目标、分公司目标和部门目标。基层主管人员则主要关心部门和单位的目标以及制定下级人员的目标。

2. 目标网络

目标体系是从组织目标的整体考察而言，而目标网络则是从实现组织总目标的整体协调来考察，由各层次目标、计划方案与获得的结果形成一种网络。如果各层次目标互不关联、互不协调、互不支持，则组织的各部门或成员为实现各自的目标，往往就会采取对本部门有利、而对整个组织不利的举措，从而不利于组织总目标的实现。目标网络的内涵表现为以下4点：

（1）目标和计划很少是线性的，即并非一个目标实现后接着去实现另一个目标。各层次目标和计划是一个有机联系着的整体。

（2）部门主管人员在实现本部门目标时，应注意和目标网络中其他目标的联系，在执行举措和时间上均要协调进行。

（3）组织中的各个部门在制定目标时，也应与其他部门的目标相协调，避免出现与另一个部门目标相矛盾的情况。

（4）组织制订各层次目标时，必须要考虑各约束因素；不仅各目标之间要互相协调，而且还要注意与制约各目标的因素相协调。

3. 目标的多样性

组织要实现的目标往往是多种多样的，各层次实现的目标也可能是多种多样的。一般认为目标的数量以2～5个为宜，因为过多的目标会使主管人员应接不暇，从而顾此失彼，甚至可能会使主管人员过多注重于小目标而有损对主要目标的实现。故在考虑追求多个目标时，须对各目标的相对重要程度进行区分。

4. 目标的可考核性

目标的可考核性是将目标尽可能地量化。目标的量化对组织活动的控制、成员的奖惩会带来很多方便。如获取合理利润的目标，对"合理"的解释可能是不同的，下属人员认为是合理的利润，但可能不被上层接受；如将目标明确定量为"在本会计年度终了实现投资收益率10%"，那么它对"多少？什么？何时？"都做出了明确回答。有时要用可考核的措辞来说明结果会有困难，但只要有可能，就应规定明确的、可考核的目标。

5. 目标的可接受性

根据美国管理心理学家维克多·弗鲁姆（Victor Vroom）的期望理论，人们在工作中的积极性或努力程度（激发力量）是效价和期望值的乘积，其中效价指一个人对某项工作及其结果（可实现的目标）能够给自己带来满足程度的评价，即对工作目标有用性（价值）的评价；期望值是指人们对自己能够顺利完成这项工作可能性的估计，即对工作目标能够实现概率的估计。因此一个目标对接受者要产生激励作用，那么这个目标对接受者须是可接受、可以完成的；相反，如果目标超过其能力所及的范围，则该目标对接受者是没有激励作用的。

6. 目标的挑战性

同样根据弗鲁姆的期望理论，如果完成一项工作对接受者没有多大挑战，轻而易举就能实现目标，那么接受者也没有动力去完成该项工作。目标的可接受性和挑战性是对立统一的关系。在实际工作中，我们必须把两者统一起来。

7. 目标的伴随信息反馈性

信息反馈是在目标管理过程中，把目标的设置、目标的实施情况不断地反馈给目标设置和实施的参与者，让有关人员时时知道组织对自己的要求和自己对组织的贡献。因此建立目标后再加上反馈，就能更进一步调动员工的工作热情。

综上所述，目标的数量不宜太多（多样性），内容应包括工作的主要特征、须完成什么和何时完成，如有可能应尽量将期望的目标实现量化（可考核性），目标还应促进个人和职业上的成长和发展，对员工具有挑战性（可接受性、挑战性），并适时地向员工反馈目标完成情况（伴随信息反馈性）。

四、目标管理的过程

目标管理的过程可以划分为 3 个阶段：第 1 阶段为目标设置过程；第 2 阶段为实现目标的过程管理；第 3 阶段为测定与评价所取得的成果。

1. 目标设置过程

这是目标管理最重要的阶段，第 1 阶段可以细分为 4 个步骤：

（1）高层管理预定目标。这是一个暂时的、可以改变的目标预案，可由高层提出，再同下级讨论；也可以由下级提出，上级批准。无论哪种方式，必须共同商量决定；其次，领导必须根据企业的使命和长远战略，估计客观环境带来的机会和挑战，对本企业的优劣有清醒的认识，对企业应该和能够完成的目标心中有数。

（2）重新审议组织结构和职责分工。目标管理要求每一个分目标都有确定的责任主体。因此预定目标之后，需要重新审查现有组织结构，根据新的目标分解要求进行调整，明确目标责任者和协调关系。

（3）确立下级的目标。首先应由下级明确组织的规划和目标，然后商定下级的分目标，在讨论中上级要尊重下级，平等待人，耐心倾听下级意见，帮助下级发展一致性和支持性目标；分目标要具体量化，便于考核，分清轻重缓急，以免顾此失彼，既要有挑战性，又要有实现可能；每个员工和部门的分目标要和其他的分目标协调一致，支持本单位和组织目标的实现。

（4）上级和下级就实现各项目标所需的条件以及实现目标后的奖惩事宜达成协议。分目标制定后，要授予下级相应的资源配置的权力，实现权责利的统一。由下级写成书面协议，编制目标记录卡片，整个组织汇总所有资料后，绘制出目标图。

2. 实现目标的过程管理

目标管理重视结果，强调自主、自治和自觉。并不等于领导可以放手不管，相反由于形成了目标体系，一环失误，就会牵动全局。因此领导在目标实施过程中的管理是不可缺少的。首先进行定期检查，利用双方经常接触的机会和信息反馈渠道自然地进行；其次要向下级通报进度，便于互相协调；再次要帮助下级解决工作中出现的困难问题，当出现意外、不可测事件严重影响组织目标实现时，也可以通过一定的手续，修改原定的目标。

推行目标管理的过程中还要注重信息管理。在目标管理体系中，信息的管理扮演着举足轻重的角色，确定目标需要以获取大量的信息为依据；实施目标需要加工和处理信息，实现目标的过程也就是信息传递与转换的过程，所以信息工作是目标管理正常运转的基础。

3. 测定与评价、总结和评估

目标管理以达到目标为最终目的，同时也要十分重视实现目标过程中对成本的核算。要避免当目标运行遇到困难时，责任人采取一些应急的手段或方法去实现目标，导致实现目标的成本不断上升；所以管理者在督促检查的过程中，必须对运行成本做严格控制，既要保证目标顺利实现，又要把成本控制在合理的范围内。

任何一个目标的达成还必须有一个严格的考核评估。考核、评估、验收工作必须选择执行力很强的人员进行。考核评估须严格按照目标管理方案或项目管理目标，逐项进行考核并做出结论，对目标完成度高、成效显著、成绩突出的团队或个人按章奖励；对失误多、成本高、本位主义、影响整体工作的团队或个人按章处罚。

达到预定期限后，下级首先进行自我评估，提交书面报告；然后上下级一起考核目标完成情况，决定奖惩；同时讨论下一阶段目标，开始新循环。如果目标没有完成，应分析原因总结教训，切忌相互指责，以保持相互信任的气氛。

第六节　包装计划实施的滚动计划法

一、滚动计划法的概念

滚动计划法是一种定期修订未来计划的方法。滚动计划法是按照“近细远粗”的原则制定一定时期内的计划，然后按照计划的执行情况和环境变化，调整和修订未来的计划，并逐期向后移动，把短期计划和较长期计划结合起来的一种计划方法。

滚动计划（也称滑动计划）是一种动态编制计划的方法。它不像静态分析那样等一项计划全部执行完了之后再重新编制下一时期的计划，而是在每次编制或调整计划时，均将计划按时间顺序向前推进一个计划期，即向前滚动一次。按照制订的项目计划进行施工，对保证项目的顺利完成具有重要的意义；但是由于各种原因，在项目进行过程中经常出现偏离计划的情况，因此要跟踪计划的执行过程，以发现存在的问题，进行相应的调整。滚动计划法最适用于品种比较稳定情况下的生产计划和销售计划的调整。

二、滚动计划法的特点

滚动计划法既可用于编制长期计划，也可用于编制年度、季度生产（或库存等）计划和月度生产作业计划。不同计划的滚动期不一样，一般长期计划按年滚动；年度计划按季滚动；月度计划按旬滚动等。滚动计划法虽然使得计划编制工作的任务量加大，但在计算机已被广泛应用的今天，其优点十分明显。

（1）把计划期内各阶段以及下一个时期的预先安排有机地衔接起来，而且定期调整补充，从而在方法上解决了各阶段计划的衔接和符合实际的问题。

（2）较好地解决了计划的相对稳定性和实际情况的多变性这一矛盾，使计划更好地发挥其指导生产实践的作用。

（3）采用滚动计划法，使企业的生产活动能够灵活地适应市场需求，把供产销密切结合起来，从而有利于实现企业预期的目标。

（4）滚动间隔期的选择，要适应企业的具体情况，如果滚动间隔期偏短，则计划调整较频繁，好处是有利于计划符合实际，缺点是降低了计划的严肃性。一般情况是，生产比较稳定的大量大批生产企业宜采用较长的滚动间隔期，生产不太稳定的单件小批生产企业则可考虑采用较短的间隔期。

（5）滚动计划法可以根据环境条件变化和实际完成情况，定期地对计划进行修订，使组织始终有一个较为切合实际的较长期计划作指导，并使较长期计划始终与短期计划紧密衔接。

三、滚动计划的编制方法及流程

1. 编制方法

滚动计划的编制方法是在已编制出的计划的基础上，每经过一段固定的时期（例如一年或一个季度，这段固定的时期被称为滚动期）便根据变化了的环境条件和计划的实际执行情况，从确保实现计划目标出发对原计划进行调整。每次调整时，保持原计划期限不变，而将计划期顺序向前推进一个滚动期。

2. 滚动计划的制定流程

滚动计划法是根据一定时期计划的执行情况，考虑企业内外环境条件的变化，对原来的计划进行调整和修订，同时将计划期相应地顺延一个时期，从而把近期计划和较长期计划结合起来的一种计划编制的方法。在计划编制过程中，尤其是编制较长期计划时，为了能准确地预测影响计划执行的各种因素，可以采取近细远粗的办法，即将近期计划制订得较细、较具体，较长期计划制订得较粗、较概略；同时保持各期计划的灵活性，各期的计划指标根据环境变化，灵活调整；还要注意保持各期计划之间的连续性，每期计划都以上一期计划为基础制定，在一个计划期终了时，根据上期计划执行的结果和产生条件、市场需求的变化，对原订计划进行必要的调整和修订，并将计划期顺序向前推进一期，如此地不断滚动、不断延伸。例如，某企业在2008年初制定了1～5月的库存计划，如采用滚动计划法，到1月底，根据当月库存完成的实际情况和客观条件的变化，对原订的库存计划进行必要的调整，在此基础上再编制2～6月的库存计划。其后依此类推（见图3－3）。

可见，滚动式计划法能够根据变化了的组织环境及时调整和修正计划，体现了计划的动态适应性。而且，它可使中长期计划与年度计划，或年度计划与月度计划紧紧地衔接起来。

不同计划的滚动期不一样，一般长期计划按年滚动；年度计划按季滚动；月度计划按旬滚动等。一般企业生产计划常采用按季度滚动，因为随着时间的变化，很多客观条件也会跟着变化，很难确定三个月以后具体生产计划是什么；季度滚动计划则可根据现有的一些条件，如客户下单意愿，企业具体的生产、库存条件等作出一个大致的预测计划，指导有关部门根据这个预测作好生产准备，并按变化后的条件及时调整工作方向。

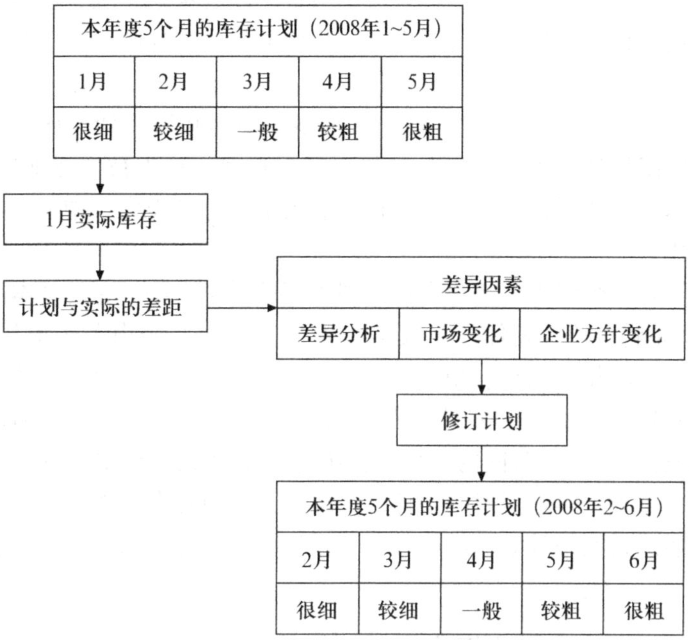

图3-3　滚动计划法示意图

第七节　包装计划实施的网络计划技术

一、网络计划技术的发展及原理

网络计划技术是指用于工程项目的计划与控制的一项管理技术，起源于美国，是项目计划管理的重要方法，也称为计划评审技术 PERT。1956 年美国一些数学家和工程师开始探讨这方面的问题；1957 年美国杜邦化学公司首次采用了一种新的以网络为基础的计划管理方法——关键路线法 CPM，第一年就节约了 100 多万美元，相当于该公司用于研究发展 CPM 所花费用的 5 倍以上；1958 年，美国海军武器局特别规划室在研制北极星导弹潜艇时，也应用了以网络为基础的计划评审技术 PERT 的计划方法，使北极星导弹潜艇比预定计划提前两年完成。统计资料表明，在不增加人力、物力、财力的既定条件下，采用 PERT 就可以使进度提前 15% ~20%，节约成本 10% ~15%。CPM 和 PERT 是 20 世纪 50 年代后期几乎同时出现的两种计划方法。随着科学技术和生产的迅速发展，出现了许多庞大而复杂的科研和工程项目，它们工序繁多，协作面广，常常需要动用大量人力、物力、财力。因此，如何合理而有效地把它们组织起来，使之相互协调，在有限资源下，以最短的时间和最低费用，最好地完成整个项目就成为一个突出的重要问题。CPM 和 PERT 就是在这种背景下出现的。这两种计划方法是分别独立发展起来的，但其基本原理是一致的，即用网络图来表达项目中各项活动的进度和它们之间的相互关系，并在此基础上，进行网络分析，计算网络中各项时间参数，确定关键活动与关键路线，利用时差不断地调整与优化网络，以求得最短周期。然后，还可将成本与资源问题考虑进去，以求得综合优化的项目计划方案。因这两种方法都是通过网络图和相应的计算来反映整个项目的全貌，所以又称为网络计划技术。

美国国防部和国家航空署 1961 年规定凡承制军用品必须用计划评审技术制定计划上报，从那时起，网络计划技术就开始使在各类组织管理活动中被广泛地应用。20 世纪 80 年代网络计划技术传入我国，并在三峡工程、航天工程等各类大、中型工程项目的管理中获得到了普遍应用。

网络计划技术是一个组织生产和进行计划管理的科学方法。它的基本思想是“统筹兼顾”，其基本原理是将企业计划任务（或工程项目）看作一个由若干项作业组成的系统，作业和作业之间存在着相互制约、相互依存的关系，通过网络（计划）图直观地反映出企业计划任务书中各项工作的进度安排、先后顺序和相互关系（即作业和作业间的相互关系）；并通过网络分析和网络时间的计算，找出计划中（或项目中）的关键作业和关键线路，以确定管理的重点；再通过对网络计划的优化，求得任务、时间、财物诸因素的平衡和合理利用；最后通过网络计划的实施，对工作过程实行监督与控制，以保证达到预定的计划（或工程项目）目标。

二、网络计划技术的基本概念

（1）网络图。网络图是网络计划技术的图解模型，表达一项计划中的各项工序（作业）之间的排列顺序、相互关系和所需作业时间的图形。它反映了整个计划（工程）任务的分解和合成：分解指对计划（工程）任务的划分，合成指解决各项任务的协作与配合，分解和合成是各项任务之间按逻辑关系的有机组成。绘制网络图是网络计划技术的基础工作。

（2）时间参数。在实现整个计划（工程）任务过程中，包括人、事、物的运动状态、均是通过转化为时间参数来反映的。反映人、事、物运动状态的时间参数包括：各项作业的作业时间、开工与完工的时间、工作之间的衔接时间、完成任务的机动时间及计划（工程）任务的总工期等。

（3）关键路线。通过计算网络图中的时间参数，求出计划（工程）任务的总工期并找出关键路径。在关键路线上的作业称为关键作业，这些作业完成的快慢直接影响着整个计划的工期。在计划执行过程中关键作业是管理的重点，在时间和费用方面要严格控制。

（4）网络优化。根据关键路线法，通过利用时差，不断改善网络计划的初始方案，在满足一定的约束条件下，寻求管理目标达到最优化的计划方案。网络优化是网络计划技术的主要内容之一，也是较其他计划方法优越的优势所在。

三、网络图的绘制

网络图是以箭线和结点连接而成的一种网状图形，它是表示一项计划（工程）中各项工作或各道工序的先后、衔接关系和所需要时间的图解模型。根据工作或各道工序在时间上的衔接关系，用箭线（或称箭杆）表示它们的先后顺序，画出一个由各项工作的相互联系并注明所需时间的箭线图，这个箭线图就被称为网络图（见图3－4）。

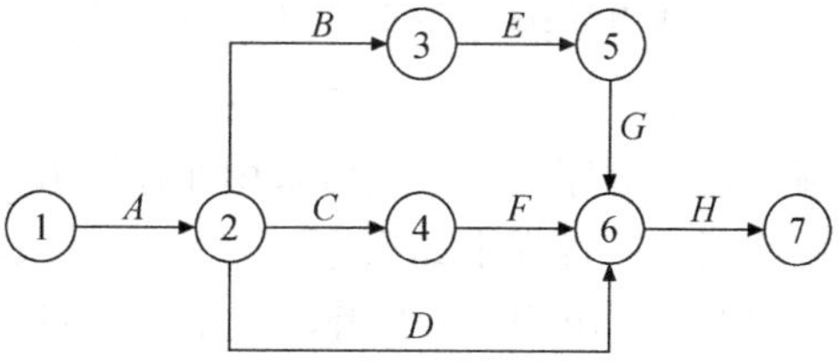

图3－4　网络图

1. 网络图的构成

网络图由作业、事项（结点，也称为节点）、线路三要素组成。

（1）"→"表示作业，也称工序。作业是指在计划或工程项目中需要消耗一定资源并占用一定时间完成的独立工作项目，如自然状态下冷却、干燥等，在网络图中用箭线"→"表示。一项工程是由若干个表示工序的箭线和结点（圆圈）所组成的网络图形，其中某个工序可以某箭线代表，也可以某箭线前后两个节点的号码来代表。如图3－4所示，B工序也可称为②③工序，E工序也可称为③⑤工序。图中箭线下可用数字表示完成该项工序（作业）的时间（见第84页图3－8），有一些工序既不占用时间、也不消耗资源，称为虚工序。

箭线的使用规定如下：①一支箭线只能表示一道工序。②一支箭杆的前后都要连接结点圈。③两个同样编号的结点间不应有两个或两个以上的箭线同时出现。④箭线方向只能向右、向上或向下，不得向左。⑤不可出现双向箭头，也不可出现无箭头的线段。⑥绘制网络图应尽量避免箭线的交叉。

（2）"－－－→"表示虚箭线。它表示一种虚作业或虚工序，即作业时间为零、实际上并不存在的作业或工序。在网络图中引用虚箭线后，可以明确地表明各项作业和工序之间的相互关系，消除模棱两可的现象。特别在运用电子计算机的情况下，如果不引用虚箭线，就会产生模棱两可的情况，导致计算机无法工作，如图3－5所示：箭线②→③既是养护工序又是搬砖工序，无法把两个作业区别开来，计算机就无法进行工作。正确的画法应增加一个结点，画一条虚箭线予以区别，如图3－6所示。

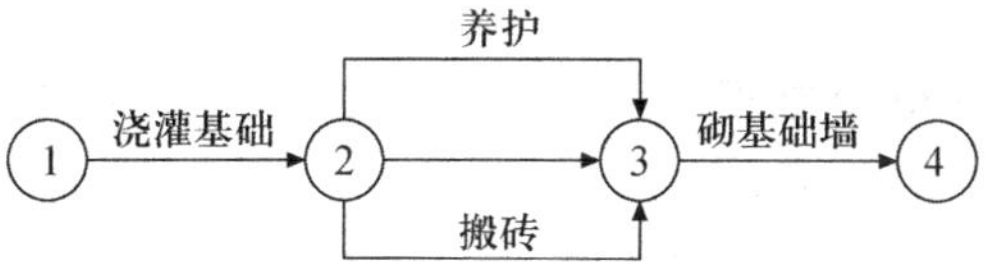

图3－5　错误的画法

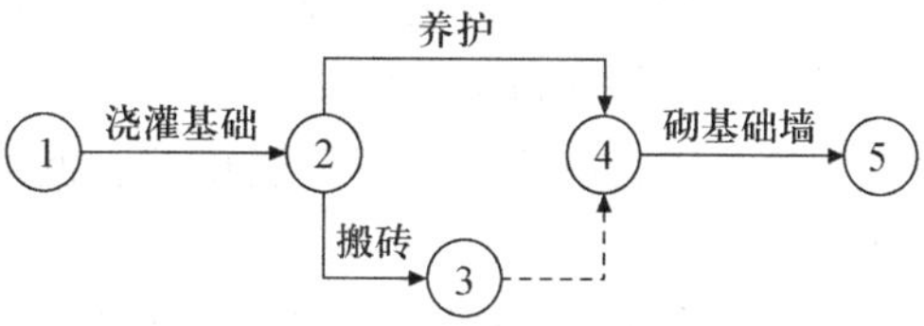

图3－6　正确的画法

（3）"○"表示事项，或称结点（节点）。事项表示某一项作业开始或结束的瞬间，是两项工序（作业）间的连接点，用"○"表示，并编上号码。结点的持续时间为零，箭尾的结点也称开始结点，箭头结点也称结束结点。网络图的第一个结点称为起点结点，它意味着一项工程或任务的开始；最后一个结点称为终点结点，它意味着一项工程或任务的完成；其他节点称为中间结点。

结点的使用规定如下：①在一个网络图中只允许有一个起点结点。②在一个网络图中一般（除多目标网络外）只允许出现一个终点结点。③结点编号均用数字编号，表示一项工作开始结点的编号应小于结束结点的编号，即始终要保证箭尾号小于箭头号。④在一个网络图中不允许出现重复的结点编号。⑤编号时可以从小到大、由左向右、先编箭尾、后编箭头地按顺序编号；也可采用非连续编号法，即跳着编，当中空出几个编号，这是为了在修改网络图过程中如果遇到结点有增减时，可以不打乱原编号。⑥起点结点编号可从“1”开始，亦可从“0”开始。⑦网络图中要尽量减少不必要的结点和虚箭线。

（4）线路，又称路线或路径。在网络图中，线路是指从始点结点开始沿着箭线方向，连续不断地到达终点结点为止的一条通道。在一个网络图中，一般有所需时间不同的多条路线，其中所需时间最长的路线称为关键路线。关键路线决定着整个计划任务或工程项目所需的时间（工期）。图 3－7 中，共有①→②→③→④→⑤→⑥、①→②→③→④→⑥、①→②→③→⑤→⑥……等多条线路，其中用双线标注、持续时间最长的①→②→④→⑤→⑥称为关键线路。

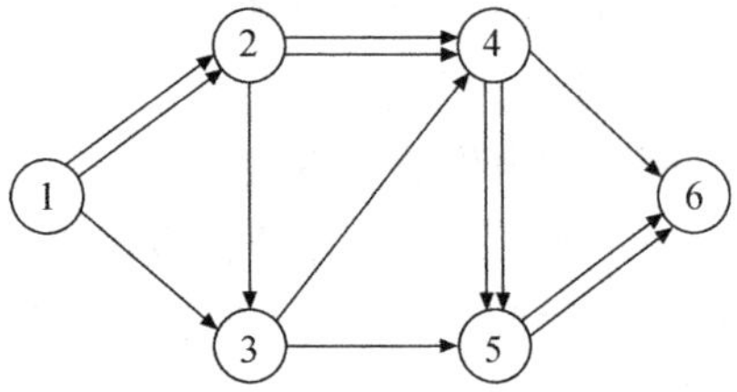

图 3－7　关键路线的画法

确定关键线路，并据此合理安排各种资源，对各工序活动进行进度控制，是利用网络计划技术的主要目的。

在网络图中，不允许出现循环线路，同时要能正确反映工艺流程。

2. 网络图的绘制步骤

（1）确定目标。确定目标是指将网络计划技术应用于哪一个计划（工程）项目，并提出对计划（工程）项目和有关技术经济指标的具体要求，如在工期、成本费用等方面应达到什么要求；从而能在企业现有管理基础上，依据各方面的信息和情况，利用网络计划技术为工程项目寻求最合适的方案。

（2）将计划任务（工程项目）分解为具体作业。一个计划任务（工程项目）是由许多作业组成的，在绘制网络图前就要将计划（工程）项目分解成各项作业。作业项目划分的粗细程度视工程内容以及不同单位的要求而定，通常情况下，如作业包含的内容多、范围大，可分粗一些，反之则分细一些；作业项目分得越细，网络图的结点和箭线就越多。

对于上层领导机关，网络图可绘制粗一些，主要是通观全局、分析矛盾、掌握关键、协调工作、进行决策；对于基层单位，网络图则可绘制得细一些，以便具体组织和指导工作。

（3）进行作业分析，确定所有作业的作业时间。在将计划任务（工程项目）分解成作业的基础上，要按各项作业之间的逻辑关系进行作业分析，以便明确先行作业（紧前作业）、平行作业和后续作业（紧后作业）；即在该作业开始前，哪些作业必须先期完成，哪些作业可以同时平行地进行，哪些作业必须后期完成，或者在该作业进行的过程中，哪些作业可以与之平行交叉地进行。

（5）编制作业时间明细表。在划分作业、进行作业分析后便可计算和确定作业时间。一般采用单点估计或三点估计法，然后一并填入明细表中。明细表的格式如表 3－6 所示。

表 3－6　作业时间明细表

作业名称	作业代号	作业时间	紧前作业	紧后作业

（6）绘制网络图，进行结点编号。根据作业时间明细表，可绘制网络图。网络图的绘制方法有顺推法和逆推法：①顺推法：即从始点时间开始根据每项作业的直接紧后作业，顺序依次绘出各项作业的箭线，直至终点事件为止。②逆推法：即从终点事件开始，根据每项作业的紧前作业逆箭头前进方向逐一绘出各项作业的箭线，直至始点事件为止。

同一项任务，用上述两种方法画出的网络图是相同的。一般习惯于按反工艺顺序安排计划的企业，如机器制造企业，采用逆推较方便；而建筑安装等企业，则大多采用顺推法。按照各项作业之间的关系绘制网络图后，要进行结点的编号。

四、网络时间参数的计算及关键路线的确定

根据网络图和各项作业的作业时间，就可以计算出全部网络时间参数和时差，并确定关键线路。具体计算网络时间参数并不太难，但比较烦琐，因为在实际工作中影响计算的因素很多，要耗费很多的人力和时间，采用电子计算机就能较方便地对计划进行局部或全部调整。网络时间参数包括：各项作业的作业时间、结点的最早开始和最迟结束时间、作业的最早开始和最早结束时间、作业的最迟开始和最迟结束时间及时差等。

1. 作业时间

作业时间是完成一项作业所需要的时间，也称为工序时间、工作时间。其确定方法有以下两种：

（1）单一时间估计法。对作业完成所需要的时间，凭经验或统计资料，结合现实生产条件，确定一个时间。这种方法适用于不可知因素较少，有先例可循的情况。

（2）三点时间估计法。完成一项作业估计三种时间：①最乐观时间（最短时间）是指在最有利的情况下，完成该项作业可能需要的最短时间，以 a 表示。②最保守时间（最长时间）是指在不利的情况下，完成该项作业可能需要的最长时间，以 b 表示。③最可能时间（正常时间）是指在正常情况下，完成该项作业可能需要的时间，以 c 表示。

则该项作业完成时间的平均值（T）为：$T = \dfrac{a + 4c + b}{6}$

2. 结点时间参数的计算

（1）结点最早开始时间（T_i^E）。它是指从该结点开始的各项作业最早可能开始工作的时间。结点最早开始时间从网络图始点开始计算，一般将始点的最早开始时间规定为零，然后按结点编号顺序依次计算其他各结点的最早开始时间，直至终点。其计算公式为：

$$T_j^E = \max\{T_i^E + t_{ij}\}$$

式中　T_j^E —— 结点 j 的最早开始时间；

T_i^E —— 结点 i 的最早开始时间；

t_{ij} —— 作业 i ~ j 的作业时间。

（2）结点最迟结束时间（T_i^L）。它是指进入该结点的所有作业最迟必须完成的时间。在此时间如果不完成作业，就会影响后续作业的按时开工。

结点最迟结束时间的计算是从网络图最后一个结点开始，逆箭线方向依次计算。而网络图终点的最迟结束时间就等于它的最早开始时间。终点最迟结束时间的计算公式为：

$$T_i^L = \min\{T_j^L + t_{ij}\}$$

式中 T_i^L ——结点 i 的最迟结束时间；

T_j^L ——结点 j 的最迟结束时间；

t_{ij} —— 作业 i ~ j 的作业时间。

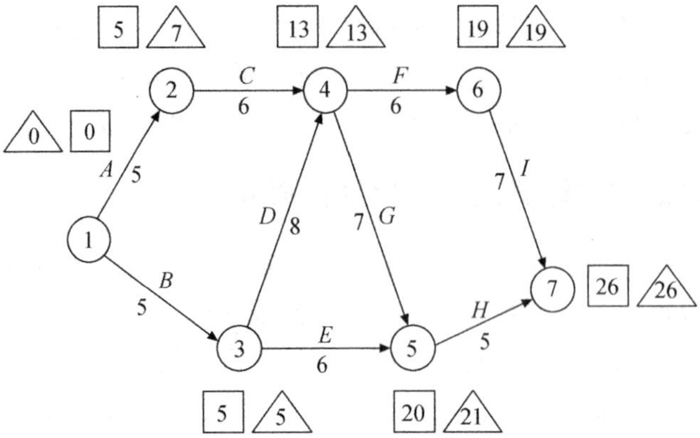

图 3-8 网络图及节点时间计算

注：图 3-8 中，结点最早开始时间用□表示，结点最迟结束时间用△表示。

3. 作业时间参数的计算

（1）作业的最早开始时间（T_{ES}^{ij}）。它是指作业最早可以在什么时间开始。它等于代表该项作业的箭线的箭尾结点的最早开始时间，即

$$T_{ES}^{ij} = T_i^E$$

（2）作业的最早结束时间（T_{EF}^{ij}）。它是指作业最早可以在什么时间结束。它等于代表该项作业的箭线的箭尾结点的最开始时间加上该作业时间。其计算公式表示为：

$$T_{EF}^{ij} = T_{ES}^{ij} + t_{ij}$$

（3）作业的最迟结束时间（T_{LF}^{ij}）。它是指该项作业最迟在什么时间结束。它等于代表该项作业的箭线的箭头结点的最迟结束时间。即

$$T_{LF}^{ij} = T_j^L$$

（4）作业的最迟开始时间（T_{LS}^{ij}）。它是指该项作业最迟应在什么时间开始。它等于代表该项作业的箭线和箭头结点的最迟结束时间减去该项作业本身的作业时间。其计算公式为：

$$T_{LS}^{ij} = T_j^L - t_{ij}$$

4. 作业总时差的计算

作业总时差是指在不影响整个工程项目完工的条件下，某些作业在开工时间安排上可

以机动使用的时间，即宽裕时间。作业总时差等于作业的最迟开始时间与最早开始时间之差，或者等于作业的最迟结束时间与最早结束时间之差。其计算公式为：

$$R_{ij} = T_{LS}^{ij} - T_{ES}^{ij} \quad 或 \quad R_{ij} = T_{LF}^{ij} - T_{EF}^{ij}$$

5. 关键线路及总工期的确定

计算总时差的目的是确定关键作业和关键线路。总时差为零的作业称为关键作业，将关键作业连线就构成某一项计划任务（或工程项目）的关键线路。关键线路上各项关键作业的作业时间之和构成整个计划任务（或工程项目）的总工期。因此，整个计划任务（或工程项目）的完工期取决于关键线路的时间，要缩短整个工程的总工期就必须缩短关键线路上各项作业的作业时间。由于关键线路上各项作业的总时差为零，故每项作业必须按预定的时间完工，否则将影响其后续作业的按期开工和完工，最终影响整个计划任务（或工程项目）的按时完成。

掌握了关键线路，可以使指挥者和执行者都做到心中有数，指挥人员可将管理重点放在关键线路上，有效地安排人力、物力保证计划任务（或工程项目）按时完成。

关键线路的确定一般有以下 3 种方法：

（1）周期比较法。它是指从网络图始点到终点有多条线路，而持续时间周期最长的线路就是关键线路。

（2）时差法。大网络图中，计算各项作业的时差，时差为零的作业就是关键作业，而由这项时差为零的关键作业组成的线路即为关键线路。

（3）破圈法。从网络图的始点出发，沿着箭线方向到达另一结点，若存在两条线路就形成了一个封闭的环，即形成一个圈。如果形成圈的两条线路的作业时间不等，可以将其中作业时间较短的一条线路删去，剩下作业时间较长的线路，这个过程称为破圈。破圈从始点开始，一直到终点为止，最后剩下的就是关键线路。

例如，某企业一个工程项目包括 9 项作业，已知其作业时间，则计算结果如表 3－7 所示。

由总时差为零的关键作业 BDFI 连接组成的线路即为关键线路。

表 3－7　计算结果

作业名称	紧后作业	作业时间	T_{ES}^{ij}	T_{EF}^{ij}	T_{LS}^{ij}	T_{LF}^{ij}	R_{ij}	关键路线
A	C	5	0	5	2	7	2	
B	DE	5	0	5	0	5	0	√
C	FG	6	5	11	7	13	2	
D	FG	8	5	13	5	13	0	√
E	H	6	5	11	15	21	10	
F	I	6	13	19	13	19	0	√
G	H	7	13	20	14	21	1	
H	—	5	20	25	21	26	1	
I	—	7	19	26	19	26	0	√

五、网络计划方案的优化

找出关键路径，就初步确定了完成整个计划任务所需要的总工期。但这个总工期是否符合合同或计划规定的时间要求，是否与计划期的劳动力、物资供应、成本费用等计划指标相适应，还需要进一步综合平衡，对此方案进行一系列的调整，通过优化最后择取一个最优方案。然后再正式绘制网络图，编制各种进度表，以及工程预算等各种计划文件。

根据资源限制条件不同，网络计划的优化可分为时间优化、时间－费用优化和时间－资源优化 3 种类型：①时间优化。在人力、物理、财力等条件基本上有保证的前提下，寻求缩短工程周期的措施，使工程周期符合目标工期的要求。主要包括压缩活动时间、进行活动分解和利用时间差三条途径。②时间－费用优化。是指找出一个缩短项目工期的方案，使得项目完成所需总费用最低，并遵循关键线路上的活动优先；直接费用变化率小的活动优先；逐次压缩活动的作业时间以不超过赶工时间为限等三个基本原则。③时间－资源优化。分为两种情况：一是在资源一定的条件下，寻求最短工期；二是在工期一定的条件下，寻求工期与资源的最佳结合。

六、网络计划的贯彻执行

编制网络计划仅仅是计划工作的开始。计划工作不仅要正确编制计划，更重要的是组织计划实施。网络计划的贯彻执行，首先要发动群众讨论和积极参与；同时加强生产管理，采取切实有效措施保证计划任务的完成；在应用计算机的情况下，可利用计算机对网络计划的执行进行监督、控制和调整，只要将网络计划及执行情况输入计算机，它就能自动运算、调整，并输出结果，以指导生产，保证达到预定的计划目标。

网络计划技术就是利用网络图来表达计划任务的进度安排及各项活动（或工作）间的相互关系；在此基础上进行网络分析，计算网络时间参数，找出关键活动和关键线路；并利用时差不断改善网络计划，求得工期、资源与费用的优化方案。在计划执行过程中，通过信息反馈进行监督与控制，以保证达到预定的计划目标。

案例分析：包装计划实施

案例 1：包装机械厂实施生产目标管理

某包装机械厂推行目标管理：为了充分发挥各职能部门的作用，充分调动一千多名职能部门人员的积极性，该厂首先对厂部和科室实施了目标管理。经过一段时间的试点后，逐步推广到全厂各车间、工段和班组。多年的实践表明，目标管理改善了企业经营管理，挖掘了企业内部潜力，增强了企业的应变能力，提高了企业素质，取得了较好的经济效益。按照目标管理的原则，该厂把目标管理分为三个阶段进行。

第一阶段：目标制订阶段

1. 总目标的制订

通过对国内外市场包装机械需求的调查，结合长远规划的要求，并根据企业的具体生产能力，提出了“三提高”、“三突破”的总方针。“三提高”，即提高经济效益、管理水平和竞争能力；“三突破”是指在新产品数目、创收和增收节支方面要有较大突破。在此基础上，该厂把总方针具体化、数量化，初步制订出总目标方案，并发动全厂员工反复讨论、不断补充，送职工代表大会通过，正式制定出全厂年生产的总目标。

2. 部门目标的制订

企业总目标由厂长向全厂宣布后，全厂就对总目标进行层层分解、层层落实。各部门的分目标由各部门和厂企业管理委员共同商定，先确定专层层案，再制订各项目标的指标标准：其制订依据是厂总目标和有关部门负责拟定、经厂部批准下达的各项计划任务，原则是各部门的工作目标值只能高于总目标中的定量目标值，同时，为了集中精力抓好目标的完成，目标的数量不可太多。为此，各部门的目标分为必考目标和参考目标两种。必考目标包括厂部明确下达的目标和部门主要的经济技术指标；参考目标包括部门的日常工作目标或主要工作专案：其中必考目标一般控制在2～4项，参考目标专案可以多一些。目标完成标准由各部门以目标卡片的形式填报厂部，通过协调和讨论最后由厂部批准。

3. 目标的进一步分解和落实

部门的目标确定了以后，接下来的工作就是目标的进一步分解和层层落实到每个人。

(1) 部门内部小组（个人）目标管理，其形式和要求与部门目标制订相类似、拟定目标也采用目标卡片，由部门自行负责实施和考核。要求各个小组（个人）努力完成各自目标值，保证部门目标的如期完成。

(2) 该厂部门目标的分解是采用流程图方式进行的。具体方法是：先把部门目标分解落实到职能组，把任务分解落实到工段，工段再下达给个人。通过层层分解，全厂的总目标就落实到了每一个人身上。

第二阶段：目标实施阶段

该厂在目标施实过程中，主要抓了以下3项工作。

1. 自我检查、自我控制和自我管理

目标卡片经主管副厂长批准后，一份存企业管理委员会，一份由制订单位自存。由于每一个部门、每一个人都有了具体的、定量的明确目标，所以在目标实施过程中，人们会自觉地、努力地实现这些目标，并对照目标进行自我检查、自我控制和自我管理。这种“自我管理”，能充分调动各部门及每一个人的主观能动性和工作热情，充分挖掘自己的潜力，因此，完全改变了过去那种上级只管下达任务、下级只管汇报完成情况，并由上级不断检查、监督的传统管理办法。

2. 加强经济考核

虽然该厂目标管理的回圈周期为一年。但为了进一步落实经济责任制，及时纠正目标实施过程与原目标之间的偏差，该厂打破了目标管理的一个回圈周期只能考核一次、评定一次的束缚，坚持每一季度考核一次和年终总评定。这种加强经济考核的做法、进一步调动了广大职工的积极性，有力地促进了经济责任制的落实。

3. 重视资讯反馈工作

为了随时了解目标实施过程中的动态情况，以便采取措施、及时协调，使目标能顺利实现，该厂十分重视目标实施过程中的资讯反馈工作，并采用了两种资讯反馈方法。

（1）建立“工作质量联系单”来及时反映工作质量和服务协作方面的情况，尤其当两个部门发生工作纠纷时，厂管理部门就能从“工作质量联系单”中及时了解情况，经过深入调查，尽快加以解决，这样就大大提高了工作效率，减少了部门之间不协调现象。

（2）通过“修正目标方案”来调整目标。内容包括目标专案、原定目标、修正目标以及修正原因等，并规定在工作条件发生重大变化需修改目标时，责任部门必须填写“修正目标方案”提交企业管理委员会，由该委员会提出意见交主管副厂长批准后方能修正目标。

该厂长在实施过程中由于狠抓了以上3项工作，因此，不仅大大加强了对目标实施动态的了解，更重要的是加强了各部门的责任心和主动性，从而使全厂各部门从过去等待问题找上门的被动局面，转变为积极寻找和解决问题的主动局面。

第三阶段：目标成果评定阶段

目标管理实际上就是根据成果来进行管理的，故成果评定阶段显得十分重要，该厂采用了“自我评价”和上级主观部门评价相结合的做法，即在下一个季度第一个月的10日之前，每一部门必须把一份季度工作目标完成情况表报送企业管理委员会（在这份报表上，要求每一部门自己对上一阶段的工作做一恰如其分的评价）；企业管理委员会核实后，也给予恰当的评分；如必考目标为30分，一般目标为15分。每 一项目标超过指标3%加1分，以后每增加3%再加1分。一般目标有一项未完成而不影响其他部门目标完成的，扣一般专案中的3分，影响其他部门目标完成的则扣分增加到5分，加1分相当于增加该部门基本奖金的1%，减1分则扣该部门奖金的1%。如果有一项必考目标未完成则扣至少10%的奖金。

该厂在目标成果评定工作中深深体会到：目标管理的基础是经济责任制，目标管理只有同明确的责任划分结合起来，才能深入持久，才能具有生命力，达到最终的成功。

案例2：某家电制造厂实施旬滚动生产计划的设想

国内大部分的家电制造厂家原来多采用两个月的滚动生产计划，随着国内市场经济的不断发展，家电行业从卖方市场进入成熟的买方市场，各生产厂家之间的竞争日趋白热化。面对瞬息万变的市场竞争形势，两个月滚动计划已不能适应不断变化的市场需求。一是滚动计划准确率长期偏低。编制滚动生产计划的重要依据是滚动销售计划，而受各种因素影响，市场预测准确率偏低，导致销售计划变动频繁，时间跨度越长，偏差越大，准确率越低，导致滚动生产计划准确率长期偏低的主要原因。二是两个月滚动计划已失去对生产和物资供应应有的指导作用，甚至造成误导。滚动计划本来是月度生产计划编制和物资采购的重要依据，但由于滚动计划准确率长期偏低，造成采购的物资因计划调减或临时停产而大量积压，占用大量流动资金；或因临时增加产量，却因无计划采购无法保证生产。

为提高生产计划对市场的快速应变能力，减少因计划变动而滞供应等方面的损失，需从缩短生产计划周期入手，将原滚动生产计划2个月的周期缩短为10天，即旬滚动生产计划。

旬滚动计划时间运作及流程如下：每月（N－1）月20日前，根据市场部提供的N＋1月需求预测计划编制并下发N＋1月上旬生产预测计划（此计划仅明确N＋1月1～10日生产的产品品种及产量，并无日排产计划，以下中旬预测计划亦一样）；N－1月30日前，根据市场部提供的N＋1月需求预测计划（修正一）编制并下发N＋1月中旬生产预测计划，中旬预测计划可根据当时的销售及库存情况对上旬预测计划的产品品种产量作必要调整；N月10日前，根据市场部提供的N＋1月需求预测计划（修正二）编制并下发N＋1月下旬生产预测计划，下旬预测计划亦可对中旬预测计划做调整。以后各旬计划依此类推。

实施旬滚动生产计划的关键是要确保物资供应，对采购周期超过40天的物资可采用安全库存量和采购提前期相结合的方法指导采购。

旬滚动生产计划具有如下主要的优点：①旬滚动计划的时间跨度大大的缩短，能更好地提高对市场的快速应变能力，更好地满足市场的需求。②提高计划的准确率，减少了因预测不准而造成的计划调整，能更好地发挥计划对生产和供应的指导作用，减少因计划调整造成的物资短缺或积压的风险。③有效降低物资库存，减少库存资金占用，为公司争取更好的经济效益。④有利于计划的平衡和生产组织的优化，既兼顾了计划的灵活性，又能使生产保持一定的均衡性与连续性。

思考题

1. 什么是生产过程？它包括哪几个组成部分？可划分为几种生产类型？

2. 简述生产过程按空间和时间的组织情况，以及流水生产及自动线的组织形式。

3. 编制生产计划的主要指标有哪几种？确定指标时要统筹考虑哪些因素？

4. 什么是生产作业计划？编制生产作业计划包含哪些内容？如何确定期量标准？

5. 产品年产量为10000件，设备一次调整费用为25元，单件在制品保养费用为2元，试计算经济批量应是多少？生产间隔期又应是多少？

6. 什么是企业资源计划ERP，它的发展历经了哪几个主要阶段？

7. ERP与制造资源计划MRPⅡ比较，有什么重要突破？

8. ERP的软件由哪几大模块构成？各模块包含了哪些主要内容？

9. 实施ERP，为什么要对企业业务流程进行重组？重组的核心是什么？

10. 目标管理的特点是什么？如何利用目标管理组织计划的实施？

11. 什么是滚动计划法，按其编制计划有什么特点？

12. 网络计划技术的基本原理是什么？编制网络计划技术的基本内容有哪些？

第四章 包装企业质量管理

包装企业产品质量的好坏关系到国民经济的发展和人民的生活。提高包装产品质量，首先要提高对产品质量重要意义的认识，认真贯彻“质量第一”的方针，树立“一切为用户服务”的观念；其次，要提高企业的科学技术和科学管理水平，认真积极贯彻国际质量管理标准 ISO 9000 和推行全面质量管理。本章主要论述包装产品的质量概念、形成过程和质量管理的发展阶段，全面质量管理的特点，数理统计方法，质量保证体系和 2008 版 ISO 9000 族标准。

第一节 包装产品质量和质量管理

一、包装产品质量的概念

正确而全面地理解包装产品质量的概念，对开展质量管理工作，不断改善和提高包装产品质量具有指导性的意义。

什么是包装产品质量？包装产品质量就是包装产品的适用性。包装产品靠自身的质量特性和用途来满足社会和消费者的需要。包装产品是否物美价廉，能否满足人们的需要及其适用的程度，应当成为衡量包装产品质量好坏的主要标志。因此，从商品二因素的角度来看，包装产品质量也就是包装产品的使用价值。包装产品质量特性包括以下内容：①物质方面的，如物理性能、化学成分等。②使用方面的，如使用是否方便、安全、可靠等。③结构方面的，如结构轻便，便于加工等。④时间方面的，如耐用性、可靠性等。⑤经济方面的，如效率、制造成本等。⑥外观方面的，如满足用户需要的外形、颜色、装潢等。⑦环境方面的，如包装物品的回收、对环境的污染等。

包装产品的这些特性不是固定不变的，它将随着国民经济的不断增长，人民生活水平和科学技术的不断发展以及人们对质量意识的提高而变化。

包装产品质量特性，反映包装产品质量的客观状况。包装产品是以包装产品质量标准来衡量和判断其优劣的。包装产品质量标准是在一定时期和范围内，人们对包装产品质量的要求和现实生产技术水平的统一。它规定了包装产品质量特性的技术参数或技术经济指标。包装产品质量标准是根据科学技术发展的要求，经济适用的原则和实际可能达到的生产技术条件而制订的。包装产品质量标准应随着生产技术的发展和用户需要的提高而修订，同时又要保持相对的稳定性。

二、包装产品质量的形成过程

包装产品质量是经过生产的全过程一步一步产生和形成的。好的包装产品质量，首先是设计和生产出来的，不是单纯检验出来的。一般来说，包装产品质量产生和形成大致经过市场调查研究、新产品研制、设计试制、生产制造、成品检验、产品销售以及用户服务等重要环节。其详细过程可以用一个螺旋形上升循环示意图（见图4－1）来表示。

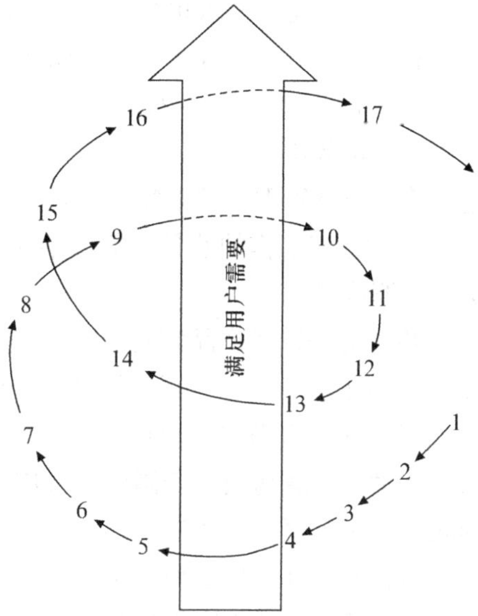

图4－1　产品质量螺旋形上升循环示意图

1—市场调查研究；2—质量发展规划；3—试验研究；4—产品设计；5—工艺设计；6—外协采购；7—试制与鉴定；8—生产准备；9—测试设备；10—加工制造；11—工序控制；12—检验测试；13—仓库保管；14—包装运输；15—产品销售；16—售后服务；17—市场调查研究

从这个示意图中可以看到，在包装产品质量产生、形成和实现的过程中，各个环节之间相互依存、互相制约、相互促进、周而复始。包装产品质量每经过一次循环就提高一步。

为了保证和提高包装产品的质量，包装工业企业的各个部门都应当发挥自己的作用和尽到自己的职责，这就是质量职能。

质量职能是个很重要的概念。根据质量职能概念，人们可以认识到，产品质量产生、形成过程中的各个环节是分布在企业各个主要职能部门的。质量管理所要解决的基本问题就是要对分散在企业各部门的质量职能活动进行有效的组织、协调、检查和监督，从而保证产品质量和提高产品质量。可见质量管理必然是全过程的、全员的管理。

三、质量管理的发展阶段

质量管理这个概念，是随着现代工业生产的发展逐步形成、发展和完善起来的。20世纪初美国开始抓质量管理，50年代日本逐步引进美国的质量管理，结合自己的国情，又有所发展。在国外，质量管理已经发展成为一门新兴的学科，有一整套质量管理的理论和方法。

质量管理的发展，同科学技术的进步，生产力水平的提高，管理科学化、现代化的实现是密不可分的。从工业发达国家解决产品质量问题所涉及到的理论和所使用的技术和方法的发展变化来看，质量管理大致经历了以下3个发展阶段：

1. 质量检验阶段

20世纪初，美国工程师泰罗（F·W·Taylor 1856~1915）根据19世纪初产业革命以来工业生产的管理经验与实践，提出了“科学管理”理论，创立了“泰罗制度”。泰罗的主张之一就是计划与执行必须分开，因而需要有“专职检验”这一环节，以判明执行情况是否偏离计划，是否符合标准。与此同时，随着资本主义的发展，生产规模的扩大，对零件的互换性、标准化的要求也越来越高。因此大多数企业都设置了专职检验人员并直属经理（或厂长）领导，负责全厂各生产部门的产品（零部件）质量的检验和管理工作。但当时的“质量管理”还是“事后检验”，挑出不合格品，并对不合格品进行统计而已，管理的作用是非常薄弱的。

这一阶段质量管理的基本特征是：

（1）强调检查工作的监督职能，半成品、零件、部件和成品验收合格的决定权属于检查人员及其职能机构。

（2）检查方法以对产品实行全数检查及筛选为主。

（3）对整个生产过程实行层层把关，防止不合格品流入下一道工序或出厂。

2. 统计质量管理阶段（SQC）

第二次世界大战初期，美国生产民用品的大批公司转为生产各种军需品。当时面临的严重问题是，由于事先无法控制不合格品而不能满足交货期的要求，而且军需品大多需要破坏性检验，不允许事后全检。美国国防部为了解决这一难题，特邀请休哈特、道奇、罗米格、华尔特等专家及美国材料与试验协会、美国标准协会、美国机械师协会等有关人员研究解决这一问题。于是在1941~1942年先后制订和公布了一系列的“美国战时质量管理标准”，办讲习班宣讲这些标准，强调要求生产军需品的各公司和企业需实行统计质量管理。实践证明，统计质量管理方法是保证产品质量，预防废品的一种有效工具。但由于这一阶段在质量管理中过分强调数理统计方法，对有关组织工作有所忽视，使得人们误认为质量管理就是“数理统计方法”，“数理统计方法理论深奥”，对质量管理产生了一种高不可攀，望而生畏的感觉。这就影响了管理作用的发挥和数理统计方法在质量管理中的普及和运用。

这一历史时期，质量管理的基本特征是：

（1）在继续实行传统质量检查的同时，在有条件的地方广泛推行抽样检查，从而显著降低了检查费用。

（2）利用控制图对大量生产的工序进行动态控制，从而有效地防止废品的产生。

（3）利用数理统计工具，把过去那种以评价加工结果的质量管理体制转化到重点追究影响产品质量的原因的管理体制上来，提倡以预防为主。

3. 全面质量管理阶段（TQC）

20世纪50年代末、60年代初，随着社会生产力的迅速发展，工业发达国家管理理论和质量管理科学大大向前发展，在质量管理中有了“可靠性”、“无缺陷运动”、“质量管理小组活动”、“质量保证”和“产品责任”等新的内容。

美国的费根堡（A·V·Feigenbaum）和朱兰（J·M·Juran）在这种情况下，提出了“全面质量管理”这一概念。当时，他们提出的全面质量管理的主要含义是：要生产出满足用户要求的产品，单纯依靠数理统计方法控制生产过程是很不够的，还应当有一系列的组织管理工作。从这个意义上说，全面质量管理的“全面”是相对于统计质量控制中的“统计”而言的。产品质量既然要经过许多环节才能形成和发展，那么全面质量管理就要组织管理所有这些环节的活动，而不局限于加工制造活动。而且产品质量始终要同成本联系在一起，离开成本去谈质量是没有意义的。1961 年，美国正式出版了费根堡的专著《全面质量管理》。

全面质量管理的理论和方法的提出，大大地影响了世界各国质量管理的深入和发展。第二次世界大战后，日本从美国引进了科学的质量管理理论和方法，20 世纪 60 年代又学习了美国的全面质量管理，并结合自己的国情，实行了全公司性的质量管理（Company wide Quality control）。日本企业的一些做法，已经引起世界各国的注意。

实践证明，全面质量管理理论完全符合当前世界经济技术发展的需要，因此，这一理论迅速普及到各工业发达国家。从 20 世纪 60 年代初发展至今，全面质量管理无论其内容和方法都日趋完善，并形成了完整的科学体系。故通称这一阶段为质量管理的完善期和巩固期。

当然质量管理发展的每一阶段不是前一阶段的否定和代替，而是在前一阶段基础上的继续发展和完善。比如目前推行的全面质量管理并不意味着质量检查和监督已可有可无，并不意味着统计质量管理已不适用，而是要在继续坚持搞好前两项工作的同时，进一步扩大质量管理的职能，对它提出了更多更全面的要求。事实上，目前企业有关质量检查和统计质量管理的理论和方法还在进一步发展和提高。

我国于 1978 年开始引进全面质量管理理论。经过十几年的实践，取得了很好的效果。1980 年 3 月国家经委颁发了《工业企业全面质量管理暂行办法》，加快了我国推行全面质量管理的步伐。

第二节 全面质量管理的特点

一、全面质量管理的基本观点

全面质量管理要求企业全体成员具有强烈的质量意识，牢固树立“质量第一”的思想，以适应社会主义市场经济的发展。为此，必须建立下列 3 个观点：

（1）系统的观点。既然产品质量的形成和发展有个过程，这个过程包含了许多相互联系、相互制约的环节，那么无论是保证和提高产品质量，或是解决产品质量问题，都应把企业看成是个开放系统，应当运用系统科学的原理和方法，对暴露出来的产品质量问题，实行全面诊断，辩证施治。人们常说，产品质量是企业各项工作的综合反映，这说明了系统对产品质量的影响。因此要保证和提高产品质量，就应当建立系统的观点并运用系统科学的理论和方法。

（2）预防为主的观点。企业的管理工作重点应从“事后把关”转移到“事前预防”，把管理产品质量“结果”变为管理产品质量的影响“因素”，真正做到防检结合，以防为主，把不合格品消灭在产品质量的形成过程中。

（3）为用户服务的观点。这里所指的“用户”是广义的，它包括两个方面的意思：

一是企业内部下道工序就是上道工序的“用户”，上道工序要为下道工序服务；二是企业产品的使用者（或部门单位）就是企业的用户，企业要为他们服务。

“下道工序就是用户”的意思，就是每道工序的产品质量和工作质量，都要经得起下道工序的检查，保证本道工序的产品、工作质量使下道工序满意。凡是达不到本工序质量要求的产品，不交给下道工序，否则就等于把不合格品销售给用户。这个观点，不但适用于各道工序，而且也适用于企业的一切工作。把对用户高度负责的观点，应用到企业内部的生产、技术、供销、财务等各个方面的工作中去，就能增强每个职工的责任心，提高工作的严肃性。只有每道“工序”都为下道“工序”服务，做到每项工作都为同它有关联的工作着想，在质量上高标准、严要求，才能保证生产出来的是优质产品。

“使用本企业产品的单位和个人就是用户”，就是说，企业产品的质量管理工作，不仅要在产品的设计、制造、销售等过程中进行，而且还要把工作做到产品的使用过程中去，努力做好为产品的使用者这个最终用户的服务工作。企业不仅要生产优质产品，而且还要对产品质量负责到底，服务到家，实行“包修、包换、包退”制度，不仅要保质保量、物美价廉、按期交货，而且要做好产品使用过程中的技术服务工作，不断改善和提高产品质量。

二、全面质量管理的特点

什么叫全面质量管理？全面质量管理就是指企业的全体职工（上至厂长、经理，下至工人）人人都要树立质量观念，贯彻“质量第一”的方针，提高工作质量；运用质量管理的科学理论、技术和方法，建立从研制设计到使用的全过程的质量保证体系，不断生产出用户满意的产品。

全面质量管理具有下面几个特点。

1. 全过程的质量管理

产品质量是企业生产经营活动的成果。产品质量如何，有一个逐步产生和形成的过程，它是经过生产的全过程一步一步形成的。根据这一规律，全面质量管理要求把不合格品消灭在质量的形成过程中，做到防治结合，以防为主。

实行全过程的管理，以防为主，一方面要把管理工作的重点，从管事后的产品质量转到控制事前的生产过程质量上来，在设计和制造过程的管理上下功夫，在生产过程的一切环节加强质量管理，保证生产过程中的产品质量良好，消除产生不合格品的种种隐患，做到“防患于未然”。另一方面，要逐步形成一个包括从市场调查、研制设计到销售使用的全过程的，能够稳定地生产合格产品的质量保证体系。

2. 全员的质量管理

工业产品质量的优劣，决定于企业上至厂长下至工人的全体人员对产品质量的认识和与此密切相关的工作质量的好坏。提高产品质量需要依靠全体人员的共同努力，以自己优异的工作质量来确保产品质量的产生、形成和实现。因此，全员的质量管理首先必须对企业的全体成员进行质量管理教育，强化质量意识，使每个成员都树立“质量第一”的思想，保证和提高产品质量。其次，还应广泛地发动工人参加质量管理活动，这是生产优质产品的群众基础和有力保证。

3. 全企业的质量管理

全企业的质量管理是从组织管理的角度提出来的。每个企业的管理都可以分成上层管理、中层管理和基层（下层）管理，其中每一层都有自己的质量管理活动，不同的是各级活动的重点不一样。

（1）上层管理侧重于质量决策，并协调和统一组织企业各部门、各环节和各类人员的质量管理活动，保证实现企业经营管理的最终目的。

（2）中层管理侧重于执行其质量职能。

（3）基层（一般指企业的工段、班组）管理则侧重于严格按照规定的技术标准进行生产。

4. 采用一套以数理统计为主的科学管理方法

随着现代化大工业生产和科学技术的发展，企业的生产规模日益扩大，生产效率日益提高，对产品的性能、精度和可靠性等方面的质量要求也大大提高，检验测试的工作量成倍增加。相应地，对质量管理也提出了许多新的要求，质量管理必须科学化、现代化，在质量管理工作中必须更加自觉地利用先进的科学技术和科学管理方法。因此，在建立严密的质量保证体系的同时，还应充分地利用现代科学的一切成就，采用一整套科学的质量管理方法。这些方法有：计划—执行—检查—处理（PDCA）的工作方法、数理统计方法、价值分析法、运筹学方法以及因果分析图法等一些为群众乐意接受的方法。广泛运用以数理统计方法为主的科学的管理方法来提高各部门的工作质量，找出产品质量存在问题的关键，控制生产过程的质量，以达到提高产品质量的目的。

三、全面质量管理的基础工作

包装工业企业开展质量管理必须具备一些基本条件，例如质量教育工作、标准化工作、计量工作、质量信息工作、质量责任制以及质量管理小组活动等。这些工作以产品质量为中心，互相联系、互相制约、互相促进，形成全面质量管理的基础工作体系。

1. 质量教育工作

质量教育工作包括两个方面的内容：一是职工的技术培训和业务学习；二是质量管理知识的普及教育。

（1）加强职工的技术培训和业务学习。技术工作是人来做的，产品是职工群众经过设计、制造等共同劳动创造的。产品质量的好坏，归根到底决定于职工队伍的技术水平，决定于各方面管理工作的水平。实践证明，如果工人没有掌握必要的操作技术，缺乏必要的基本训练，即使更换了新设备，采用了新技术，也会因为使用不当，掌握不了，加工不出好的产品来。同样，如果企业领导干部、技术人员、管理人员不能熟练地从事本职工作，不熟悉有关的业务、管理知识和技能，缺乏必要的基本功训练和组织能力，即使有了新材料、新设备、新技术等，也必然生产不出优质产品来。所以搞好质量管理，要处理好人、物、技术等各项因素之间的关系，把人的因素放在首要地位。要在加强思想政治工作的基础上，组织好职工的技术和业务培训，提高职工的技术水平和管理水平。

（2）质量管理知识的教育。全面质量管理涉及企业内部各部门，贯彻于生产技术经营活动的全过程，企业职工人人有责。为了全面推进和不断提高企业的质量管理工作，从企业领导到每个工人，都必须接受全面质量管理的教育和训练，普及全面质量管理的基本知识和现代化的管理方法，使全体职工能够普遍地了解、掌握和运用这些知识。

全面质量管理教育的目的，在于更好地贯彻“质量第一”的方针，培养全体职工树立浓厚的质量意识、质量观念。提倡认真负责、一丝不苟的求实精神，树立全心全意为用户服务的思想，生产出社会和消费者需要的优质产品，为实现四个现代化提供雄厚的物质基础。因此，应当在企业中从上到下有组织、有步骤地开展全面质量管理教育，使企业职工关心全面质量管理，掌握全面质量管理，参加全面质量管理。

2. 标准化工作

标准化指的是现代化大生产中，工业产品品种、规格的简化；质量以及性能方面的统一化。

标准，一方面是衡量产品质量及各项工作质量的尺度，另一方面，它又是企业进行生产、技术管理和质量管理的依据。全面质量管理工作，包括质量目标的制订、贯彻执行、检查比较、总结提高，步步离不开标准。国外有所谓“企业的一切工作都是从标准化开始，到标准化告终”的说法。

（1）标准化工作的范围。标准按照适用范围，可分为工业标准和企业标准。

工业标准一般指的是为简化产品品种，统一产品规格、质量及性能而制订的一系列规范和规定。这类标准是行业通用或全国通用的，分别称为行业标准或国家标准。

企业标准是指根据企业生产技术活动和经营管理工作要实现规格化、统一化、制度化的要求而制订的一系列规格、规范、规则、业务指导、条例等准则，统称为企业标准。显然，工业标准是制订企业标准的重要依据。

企业标准包括两大类：一类属于技术标准，这类标准主要是工业标准的具体化，是直接用以衡量产品质量和工作质量的尺度。如：产品质量标准和检验标准等；另一类属于管理标准，这类标准包括企业为了保证与提高产品质量，实现总的质量目标而制定的各种程序、职责、手段、规章制度等。

（2）标准化工作中应注意的问题。①严肃性。标准制订后，一定要严格执行，不能任意改动。②群众性。要在总结经验的基础上依靠群众制订和执行标准。③科学性。标准要在生产实践和科学研究的基础上制订或修订；标准制订后既不能“朝令夕改”，也不能长期不变，应根据科学技术的发展和经济建设的需要，适时合理地进行修订。④连贯性。各部门、各方面的标准要连贯一致，互相配合，并要成龙配套。⑤明确性。标准要形成文件，内容明确，要求具体，不宜抽象和模棱两可。

一般来说，标准是质量管理的基础，质量管理是贯彻执行标准的保证。加强标准化工作，制订好标准，对于加强质量管理，提高产品质量具有重要意义。

3. 计量工作

计量工作，包括测试、化验、分析等工作，是工业生产的重要环节，是质量管理的一项基础工作，是保证零件互换，确保产品质量的重要手段和方法。由于计量工作对工业生产技术的发展以及产品质量有直接影响，所以，必须对外购、使用、修理以及本厂生产的计量器具，试验和化验设备都实行严格管理，以充分发挥它们在质量管理中的作用。

搞好计量工作的主要要求是：需用的量具及化验、分析仪器必须配备齐全，完整无缺；保证量具及化验、分析仪器的质量稳定，示值准确，修复及时；根据不同情况，选择正确的测试计量方法。

搞好计量工作必须抓好以下几个主要环节：①计量器具及仪器的正确，合理使用。②计量器具的检定。③计量器具及仪器的及时维修和报废。④计量器具及仪器的妥善保管。⑤改革计量理化工具和计量方法，实现检验测试手段现代化。

为了做好计量工作，充分发挥它在工业生产和质量管理中的作用，企业必须设置专门的计量管理机构和理化试验室，负责全厂的计量和理化试验工作。

4. 质量信息工作

质量信息指的是反映产品质量和产供销各环节工作质量的原始记录和基本数据，以及产品使用过程中反映出来的各种情报资料。

质量信息是企业进行产品质量调查研究的第一手资料。它的作用，是及时地反映影响产品质量的各方面因素和生产技术经营活动的原始动态，产品的使用状况，以及国内外产品质量的发展动向，从而为保证和提高产品质量提供依据。

质量信息工作是质量管理的耳目，是加强质量管理不可缺少的一项基础工作。

影响产品质量的因素是多方面的，搞好质量管理，提高产品质量，关键是要对来自各方面的影响因素有个清楚的认识，做到心中有数。质量信息是质量管理不可缺少的重要依据；是促进产品质量，组织厂内外两个反馈，改善各个环节工作质量最直接的原始资料；是正确认识影响产品质量诸因素变化和产品质量波动的内在联系，掌握提高产品质量规律性的基本手段；是使用计算机进行质量管理的基础。

企业质量信息来自企业内部和企业外部两个方面。内部信息主要是产品准备过程中与制造中的各种原始记录，例如，原材料入厂检验记录、工艺操作记录、工序之间流转及废次品检验情况记录等。外部信息是指用户在使用过程中对产品质量、经济性等方面的反映，以及国外发展情况，国内同行业产品质量的发展动向。

这些质量信息的收集要准确、及时、全面、系统，以便为产品质量不断提高、及时满足社会需要提供科学依据。

5. 质量责任制

建立质量责任制，是工业企业中建立经济责任制的首要环节。它要求明确规定企业职工在质量工作中的具体任务、责任和权力，以便做到质量工作事事有人管，人人有专责，办事有标准，工作有检查，检查有考核。

只有实行严格的质量责任制，才能建立正常的生产技术工作秩序，才能加强对设备、工装、原材料和技术工作的管理，才能统一工序操作。这样，不仅能提高与产品质量有直接联系的各项工作的质量，而且也能提高企业各项专业管理工作的质量，把各方面的隐患消灭在萌芽之中，杜绝产品质量缺陷的产生。

在建立企业各级质量责任制时，要围绕产品质量的产生、形成和实现的全过程中各个环节的质量职能，以及各类人员在质量管理活动中的任务、责任和权力，做到条理化，尽可能在制度中明确规定质量和数量的标准。并使之进一步与奖金挂钩，严格考核。

6. 质量管理小组活动

质量管理小组是指在生产岗位上或是工作岗位上，从事各种劳动的职工，围绕企业的方针目标，以改进、提高产品质量、运输质量、工程质量、服务质量和经济效益为目的，运用全面质量管理理论和方法开展活动的小组。因其英文字头是QC，亦称为QC小组。

质量管理小组是总结我国多年来开展群众参加管理的“三结合”小组经验，同学习国外先进的科学管理方法相结合的产物。开展质量管理小组活动，可以提高质量，降低物资消耗，促进在“四化”这个总目标下企业目标的实现；可以提高班组的管理水平，出人才、出成果，为提高企业的素质打下坚实的基础。

质量管理小组的活动一定要讲求实效，避免流于形式，注意吸取国内外质量管理小组活动的经验，努力使专业技术、管理技术和其他科学方法相结合。小组活动取得成果后，要制订标准化措施予以巩固，成果涉及技术、管理标准的变更时，有关主管部门要及时做好认证、审批工作。

总之，要求质量管理小组的活动，应当有目标、有选题、有活动、有成果，真正成为职工参加民主管理，解决质量问题和提高企业素质的一种好形式。

第三节　质量管理中常用的数理统计方法

一、排列图法

排列图又称主次因素排列图，如图4－2所示。它是用来找出影响产品质量主要因素的一种常用统计分析工具。这种方法是由意大利学者帕累特博士，在1906年分析意大利的社会财富分布状况而首先采用的。他发现少数人占有社会上的大量财富，而绝大多数人却处于贫困状态，即发现了“关键的少数和次要的多数”的关系。因此排列图又称帕累特图。其后，美国质量管理专家朱兰博士把这一原理应用到质量管理中来。他根据影响产品质量特性的因素虽然很多，但起重要作用的仅是其中少数几项这一现象，完全符合“关键的少数和次要的多数”的规律，从而把排列图作为寻找关键因素的常用有效工具。

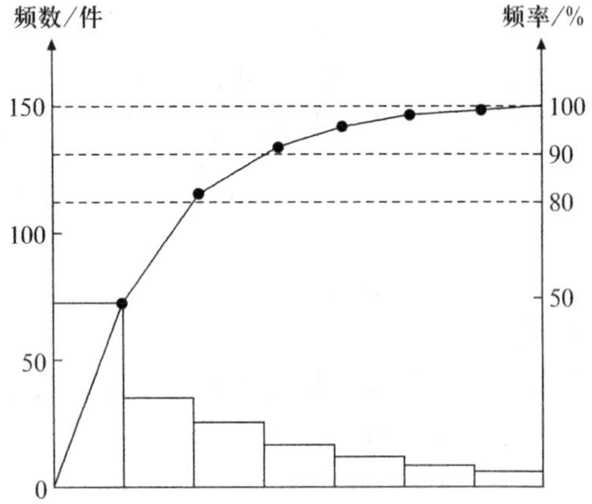

图4－2　排列图

图4－2中横坐标表示影响产品质量的因素或项目，一般以直方的高度表示各因素出现的频数，并从左到右按频数的多少，由大到小顺序排列；纵坐标一般设置两个，左边表示因素出现的频数（件数、金额等）；右边的表示因素出现的频率。将各因素出现的百分数顺序累计起来，即可求得各因素的累计百分数（累计频率）。通常将影响因素分为3类，第1类为累计百分数在0%～80%范围内的因素，称为A类因素，为主要因素；第2类为累计百分数在80%～90%范围内的因素，称为B类因素，是次要因素；第3类为累计百分数在90%～100%范围内的为C类因素，是一般因素。为了有利于集中精力解决主要问

题，首先应在规定时间内，重点解决影响产品质量的 A 类因素。

二、因果分析图法

影响产品质量的因素多种多样，数量繁多，它们通常错综复杂地交织在一起，因此一项较复杂的质量问题，仅仅依靠主次因素排列图还不能简单地理出头绪。为了清晰而有效地整理和分析产品质量（结果）和诸因素（原因）之间的关系，目前广泛应用因果图。

因果分析图又称树枝图或鱼刺图，是用来寻找某种质量问题的所有可能原因的有效工具。它于 1953 年最早在日本川崎制铁公司葺合工厂应用，并取得了很好的效果，从而得到推广。

因果分析图的绘制原理：影响产品质量的原因尽管很多，关系复杂，但归纳起来，存在两种互为依存的关系，即平行关系和因果关系。在进行质量分析时，如果通过直观方法能够找出属于同一层有关因素的主次关系（平行关系），就可以利用排列图对它们进行统计分析。但是由于因素在层间还存在着纵的因果关系，这就要有一种方法能同时整理出这两种关系。因果分析图就是根据这种需要而构思的。在生产过程中影响产品质量的大的原因不外来自 6 个方面，即：人、机器、原材料、加工方法、检测方法和环境条件。它们之间，显然存在着因果关系，但是又各自平行地影响着产品的质量。这些因素的特点是数量不多，但是往往都不是一经指出就能立即找出有效措施给予解决的。这是由于这些表面性的大原因一般是由一系列中间原因构成，还可以顺藤摸瓜，逐级分层地找出构成中间原因的小原因及更小原因等。如此分析下去直到找到能直接采取有效措施的原因为止。此时所找到的最终原因就是在质量分析时要追究的根本原因。最后根据根本原因采取对策。因果分析图的基本格式如图 4－3 所示。

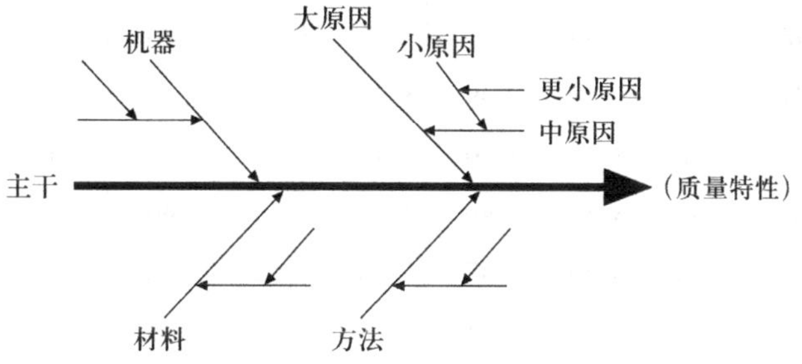

图 4－3　因果分析图基本格式

三、直方图法

1. 直方图的意义

在产品制造过程中，即使是正常状态，由于原材料质量的微小差异，设备的微小振动或磨损，测量中的误差等不可避免的原因，产品的质量特性值不可能完全相同。但是，随机取一定数值，分成几组，如果以纵坐标为频数，这些数值总是围绕某数值左右波动，如图 4－4 所示。这是一个客观事实，它说明了一定质量下的产品测量值，有其特定的分布规律。换句话说，一定的分布规

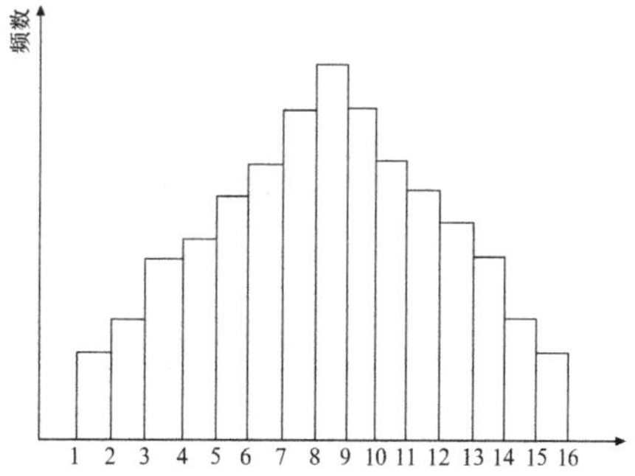

图 4－4　直方图

律反映着一定的工序质量，根据这个事实，在生产实践中取出一定数量的质量特性值作成直方图，与标准分布进行比较，就能反映出生产是否正常。直方图可以起到预先发现问题，防止出现异常现象，控制工序质量，达到保证产品质量的作用。

2. 直方图的作法

（1）收集数据。一般要求在 50 个以上，最好超过 100 个，表 4－1 就是在轧板机上取 $N=100$ 个铜板厚度的数据。

（2）找出其中最大值 $X_L=3.68$，最小值 $X_s=3.30$。

（3）求全体数据的分布范围。

$$R=X_L-X_s=3.68-3.30=0.38 \tag{4-1}$$

（4）把 N 个数据分成若干组。组数一般按表 4－2 经验确定，本例取 $K=10$。

（5）计算组距。即组之间隔（h），一般按式 4－2 计算：

$$h=\frac{R}{K}=\frac{0.38}{10}=0.038 \tag{4-2}$$

（6）将 h 修正为测量单位的整数倍。本例中最小测量单位为 0.01mm，此例中可取 $h=0.04$，但为了计算方便可取 $h=0.05$。

表 4－1　铜板厚度

数					据					行的 X_L	行的 X_s
3.56△	3.46	3.50	3.42×	3.43	3.52	3.49	3.44	3.50	3.48	3.56	3.42
3.48	3.56△	3.50	3.52	3.47	3.48	3.46	3.50	3.56	3.38×	3.56	3.38
3.41	3.37×	3.47	3.49	3.45	3.44	3.50△	3.49	3.46	3.46	3.50	3.37
3.55△	3.52	3.44×	3.50	3.45	3.44	3.48	3.46	3.52	3.46	3.55	3.44
3.48	3.48	3.32	3.40	3.52△	3.34	3.46	3.43	3.30×	3.46	3.52	3.30
3.59	3.63△	3.59	3.47	3.38	3.52	3.42	3.48	3.31×	3.46	3.63	3.31
3.40×	3.54	3.46	3.51	3.48	3.50	3.68△	3.60	3.46	3.52	3.68	3.40
3.48	3.50	3.56△	3.50	3.52	3.46×	3.48	3.46	3.52	3.56	3.56	3.46
3.52	3.48	3.46	3.45	3.46	3.54△	3.54△	3.48	3.49	3.41×	3.54	3.41
3.41	3.45	3.34×	3.44	3.47	3.47	3.41	3.48	3.54△	3.47	3.54	3.34
△：各横行的最大值 ×：各横行的最小值					N=100					$X_L=3.68$	$X_s=3.30$

表 4－2　数据个数与组数

数据个数与组数	组数（K）
50 以内	5～7
50～100	6～10
100～250	7～12
250 以上	10～20

表4-3　频数分布表

级号	级的边界	代表值	频数	计 $N=100$
1	3.275～3.325	3.30	下	3
2	3.325～3.375	3.35	下	3
3	3.375～3.425	3.40	正正	9
4	3.425～3.475	3.45	正正正正正正丅	32
5	3.475～3.525	3.50	正正正正正正正丅	38
6	3.525～3.575	3.55	正正	10
7	3.575～3.625	3.60	下	3
8	3.625～3.675	3.65	一	1
9	3.675～3.725	3.70	一	1

（7）确定组界。为了不使数据漏掉和确定各组频数，应将组界值末位数取为测量单位的1/2（本例为0.01mm/2＝0.005mm）。

（8）计算各组中心值：

$$\text{某组的中心值 } X_J=\frac{\text{该组上限}+\text{该组下限}}{2} \tag{4-3}$$

$$\text{本例中}\quad X_1=\frac{3.325+3.275}{2}=3.30$$

$$X_2=\frac{3.375+3.325}{2}=3.35$$

……

（9）记录各组的数据，整理成频数分布表。

（10）画直方图。根据表4-3画成直方图，如图4-5所示。

3. 直方图的应用

（1）看分布状态。直方图反映了在一定工序质量下产品特性的分布状态，所以又称为质量特性分布图。分布状态不正常，则工序不稳定，且应确定它属于哪一类不稳定，进而采取措施，改善之。

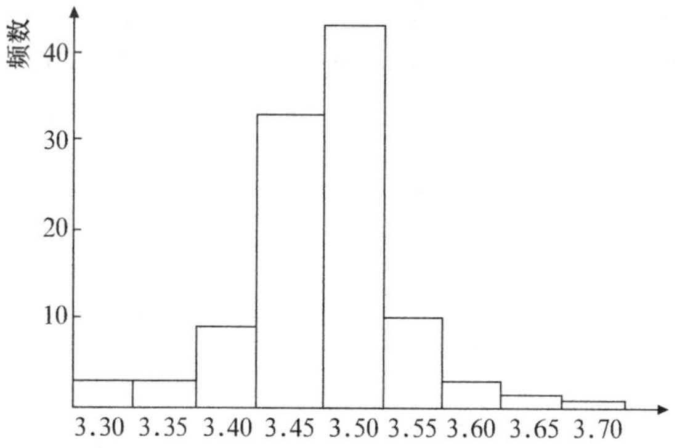

图4-5　直方图举例

质量特性分布图有如图4-6所示的几种类型：①正常型。正常型的特性分布图，基本上是左右对称的山峰型。②锯齿型。锯齿型特性分布图形成的基本原因，是测量读数不当或组的宽度没有取为测量单位的整数倍而造成的。③孤岛型。这种类型的分布图，是由于有些数据超出而引起的。④左坡缓型。用理论值、标准值控制上限时，多形成此类型的特性分布图。⑤绝壁型。在剔除小于下限的不合格品时作成的直方图为绝壁型直方图。

⑥双峰型。两组工艺、两个工厂或两台不同类型、不同工艺条件加工的产品混合在一起作成的直方图为双峰型直方图。

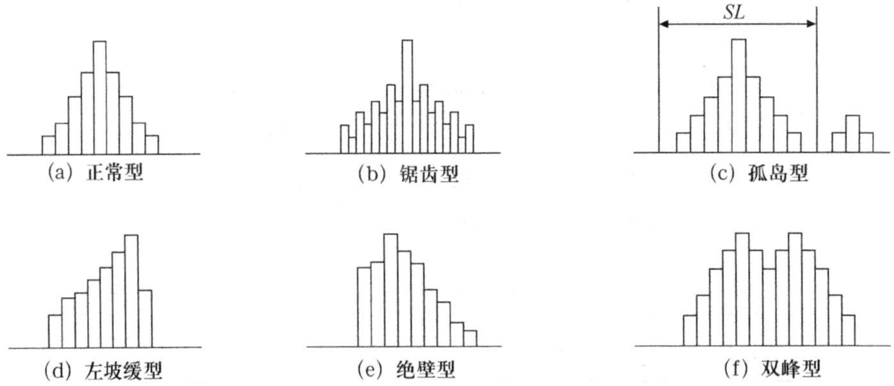

图 4－6　直方图分布类型

（2）与标准进行比较。直方图与标准、规格或目标进行比较，看直方图是否都落在标准范围之内，是否有余地。比较中有图 4－7 所示的 6 种情况：

图中 *SL* 为规格范围（或标准范围），*PL* 为直方图分布范围。图 4－7（*a*）中 *PL* 在 *SL* 中间，*PL* 两边尚有一定余地，平均值与标准中心重合，这样的工序质量是很理想的。图 4－7（*b*）中 *PL* 的分布虽然在标准内，但偏向一边，图中下限分布正好与标准下限重合，稍不注意，质量特性低于下限，产品就会作废。图 4－7（*c*）中 *PL* 的分布上下限全与标准的上下限重合，没有余地，稍不注意，上下限都可能超出标准造成废品。图 4－7（*d*）中的 *PL* 分布都在标准范围内，且余地很大，即工序质量精度很高。如果考虑经济性，应放宽 *PL* 分布范围，如果实际需要高精度，应缩小标准范围。图 4－7（*e*）、图 4－7（*f*）中的 *PL* 分布超出了上限或下限，或上下限同时超出界限，即出现了废品。

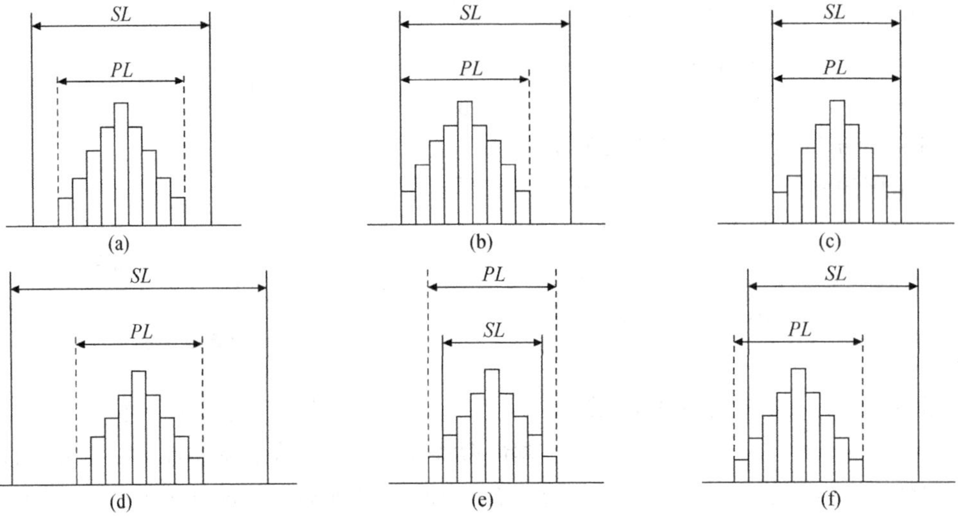

图 4－7　直方图分布与标准比较

SL—标准范围；*PL*—直方图分布范围

上述6种情况中后5种都不理想，欲使它们成为理想状态（a）型，可从3个方面考虑加以改善：一是标准不变，对工序影响因素采取措施；二是在无法改变工序影响因素的情况下，可以改变标准；三是同时调整标准和工序因素。

（3）用于调查能力（见本节中有关工序能力和工序能力系数的叙述）。

四、工序能力和工序能力系数

1. 工序能力的概念

产品质量的波动，是构成工序的六大因素（人、机、料、法、测和环境）综合作用的结果，这个综合作用的数量表示就是这道工序的能力。

产品质量的波动大小，通常是在工序处于稳定状态下，以它形成的概率分布的平方差 σ^2 来表示。σ^2 综合反映了工序六大因素各自对产品质量产生的影响。因此，σ^2 是工序能力大小的质量基础。通常，为了与测定值单位一致，而使用标准偏差 σ 来度量。

所谓工序能力，就是工序处于稳定状态下，加工产品质量正常波动的经济幅度，通常用质量特性值分布的6倍标准偏差来表示。用符号B表示工序能力，那么 $B=6\sigma$。

工序能力是工序质量所具有的一种可以度量的特性。用数量表示工序能力的一个主要原因是为了计算工序符合产品技术要求的能力。工序能力是工序本身客观存在的一种性质。"工序本身并不知道公差是什么"，它与公差毫无关系。

工序能力是通过它所加工的产品质量的正常波动来反映的。它说明在一定条件下，工序的质量波动不会再减小了，这是工序能力波动的极限。

2. 工序能力系数

工序能力是工序自身实际达到的质量水平，而工序的加工都是在满足特定的标准下进行的。自然可以想到，必须把实际存在的能力与给定的技术要求加以比较，才能全面地评价工序的加工情况。为此，将两者的比值作为衡量工序能力，满足工序技术要求程度的指标。这个比值称为工序能力系数，记作 C_P

$$C_P = \frac{T}{6\sigma} = \frac{T_V - T_L}{6\sigma} \tag{4-4}$$

式中　T——公差范围；

T_V——上偏差（公差上限）；

T_L——下偏差（公差下限）；

σ——母体的标准偏差。

从式（4-4）中不难看出，工序能力系数与工序能力不同。对于同一工序而言，工序能力是一个比较稳定的数值，而工序能力系数是一个相对的概念，即使是同一工序，C_P 值也会因加工对象的质量要求不同（T 不同）而变化。

3. 工序能力系数的计算

从式（4-4）中可以知道，C_P 值的大小是 T 与 6σ 的相对比较，实际上是指 T 的中心（公差中心）与 6σ 中心（分布中心）相一致的情况。这仅是实际生产中的一种理想状态。因为在生产过程中往往很难保持公差中心恰好与分布中心一致。所以，还必须考虑两者不一致的情况下 C_P 的计算问题。

（1）分布中心与公差中心重合的情况。分布中心与公差中心重合的情况如图4－8所示。

这时，可直接利用 C_P 值的定义式进行计算，即

$$C_P=\frac{T}{6\sigma}=\frac{T_v-T_L}{6S} \tag{4-5}$$

式中 S——样本的标准偏差。

例：某包装机械加工工序，加工外径为 $\phi 8_{-0.100}^{-0.050}$ mm 的小轴坯料，抽取样本 $n=100$，得出样本的平均尺寸为 $\overline{X}=7.925$mm，样本的标准偏差 $S=0.00519$mm，试求 C_P 值。

解：公差中心值 $M=\frac{T_V+T_L}{2}=\frac{7.9+7.95}{2}=7.925=\overline{X}$

$$C_P=\frac{T}{6\sigma}=\frac{T_V-T_L}{6\sigma}\approx\frac{7.95-7.90}{6\times 0.00519}=1.61$$

（2）分布中心与公差中心不重合的情况。分布中心与公差中心不重合发生偏移是因为工序中存在系统因素影响的结果。从工序能力系统的含义来说，应当消除系统因素，将分布中心调整到公差中心，才能使计算的 C_P 值真正代表工序能力的实际水平。但在实际生产中，做到这一点并不容易，往往是技术上难以做到，或者从经济上考虑也不允许做到，这就是经常存在的“有偏”情况，如图4－9所示。

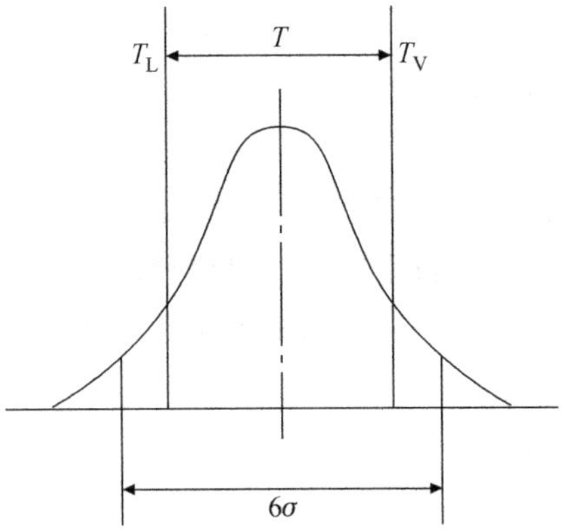

图4－8 分布中心与公差中心重合

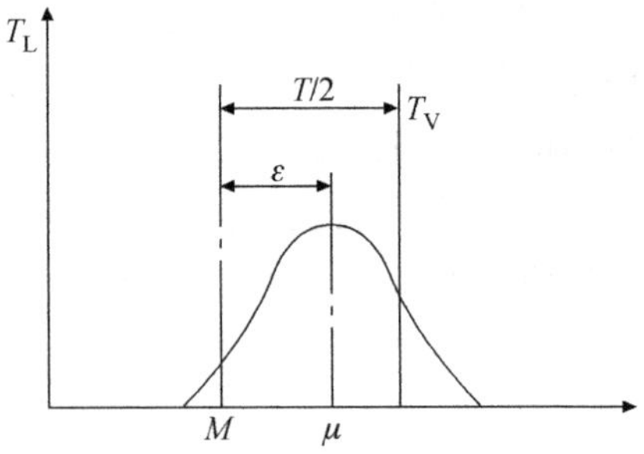

图4－9 分布中心与公差中心不重合

图4－9中公差中心 M 与分布中心 μ 的偏移量记为 ε，则 $\varepsilon=|M-\mu|$

在有偏情况下，工序能力系数的计算不能直接利用式（4－5），而必须对该式进行适当的修正。设有偏情况下的工序能力系统为 C_{PK}，则 C_{PK} 的计算公式为：

$$C_{PK}=C_P\cdot(1-K) \tag{4-6}$$

式中 K——相对偏移量或偏移系数，$K=2\varepsilon/T$。

由此，式（4－6）可写成：

$$C_{PK}=\frac{T}{6\sigma}\left(1-\frac{2\varepsilon}{T}\right)=\frac{T-2\varepsilon}{6\sigma}\approx\frac{T-2\varepsilon}{6S} \tag{4-7}$$

从式（4－7）可知，当 μ 恰好位于公差中心 M 时，$|M-\mu|=0$，从而 $K=0$，则 $C_{PK}=C_P$，这是“无偏”的情况，即理想状态。

当 μ 恰好位于公差上限或下限时，$|M-\mu| = T/2$ 则 $K=1$，当 μ 位于公差界限之外时 $K>1$。所以，$K\geqslant 1$ 时，$C_{PK}<0$。通常规定此时的 C_{PK} 值为 0。

当 $C_{PK}=0$ 时，工序加工过程中的不合格率等于或大于 50%。对于不合格品率这样大的工序，已远远不能满足加工的质量要求，故认为此时的工序能力系数为 0。

例：某包装机械企业，欲加工的零件尺寸要求为 ϕ（20 ± 0.023）mm，现经随机抽样，测得样本平均尺寸 $\overline{X}=19.997$mm，标准偏差 $S=0.007$mm，求 C_{PK}。

解：

$$M=\frac{T_V+T_L}{2}=\frac{20.023+19.977}{2}=20\ (\text{mm})$$

$$T=T_V-T_L=20.023-19.977=0.046\ (\text{mm})$$

$$\varepsilon=|M-\overline{X}|=|20-19.997|=0.003\ (\text{mm})$$

$$K=\frac{2\varepsilon}{T}=\frac{2\times 0.003}{0.046}=0.13$$

$$C_P=\frac{T}{6\sigma}=\frac{0.046}{6\times 0.007}=1.095$$

$$C_{PK}=C_P\cdot(1-K)=1.095-(1-0.13)=0.95$$

4. 工序能力分析

工序能力分析是研究工序质量状态的一种活动。它是通过工序能力系数对工序能力进行分析的。因为工序能力系数能较客观地、定量地反映工序满足技术要求的程度，因而可以根据它的大小对工序能力进行分析评价。

由式 $C_P=T/6\sigma$ 可知，在公差一定的情况下，过高的 C_P 值，意味着 σ 很小，则加工成本必然很高，则会出现粗活细作的现象。但 C_P 值太小，说明 σ 很大，则工序所生产的产品质量波动大，必然满足不了技术要求。因此，C_P 值的大小为验证工艺和修改设计提供了科学的依据，使公差取值更为经济合理。所以，确定工序能力系数的合理数值的基本准则是：在满足技术要求的前提下，使加工成本越低越好。

从直观上看，C_P 值大小，取决于 T 与 6σ 相对大小的比值，它大体上有 3 种情况，如图 4－10 所示。

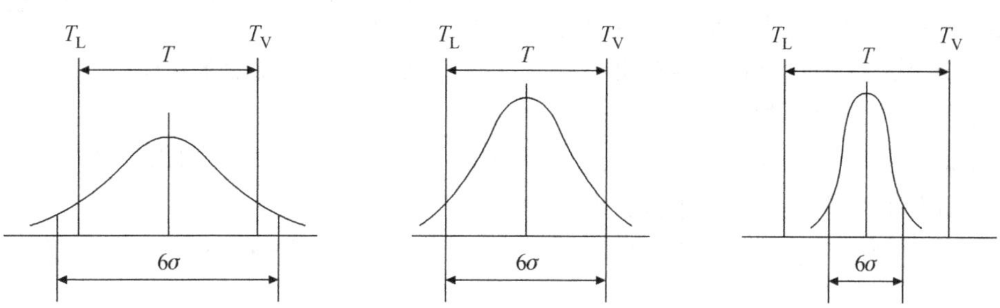

(a) $C_P<1$　(b) $C_P=1$　(c) $C_P>1$

图 4－10　T 与 6σ 关系图

粗略地看，$C_p=1$ 似乎最为理想，但生产过程稍有波动，就可能产生较多的不合格品。因为，这种工序状态没有留有余地。$C_p<1$，显然是应极力避免的。因为，它意味着

工序一般不能满足技术要求。$C_p>1$，从技术看较为合理，但如果 C_p 值较大，意味着精度的浪费，经济上不合理，自然也应当加以改进。从我国多数企业的实际情况看，一般 C_p 值在 1～1.33 之间较适宜。具体取值应从生产的实际出发，综合考虑技术与经济两个方面进行确定。

利用工序能力系数来判断工序能力满足技术要求的程度及处置办法可参考表 4－4 所列的内容。

表 4－4　工序能力分析与处置

C_P 或（C_{PK}）	工序能力评价	处　　置
C_P（C_{PK}）≥ 1.67	非常充裕	对于一般零件可考虑使用更经济的工艺方法，放宽检验。对于一些非关键零件，也可以不检查
$1.67>C_P$（C_{PK}）≥ 1.33	充　　足	可用于重要工序。对于一般工序，可放宽检查
$1.33>C_P$（C_{PK}）≥ 1.00	可　　以	一般可用，但要加强控制，注意检查
$1>C_P$（C_{PK}）≥ 0.67	不　　足	查明原因，采取措施，进行挑选
$0.67>C_P$（C_{PK}）	严重不足	追查原因，采取措施，全检

五、控制图法

直方图所反映的工序质量是静态的，控制图不仅能反映静态的工序质量，而且还能反映动态的工序质量。

图 4－11 所示为控制图的基本格式，上下控制线一般取在特性值分布的 $\pm 3\sigma$ 处。

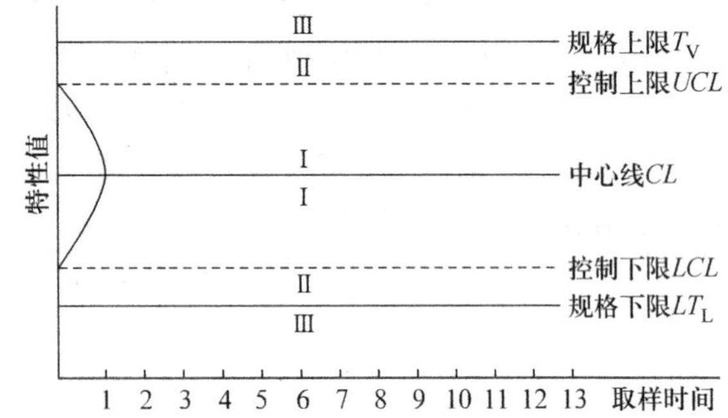

图 4－11　控制图的基本格式

控制图分为 3 个区域：Ⅰ为正常区，Ⅱ为警戒区，Ⅲ为废品区。在加工过程中，按规定抽测 n 个样品数值顺序标在图上，就能及时地发现工序是否处在控制状态。当特性值落在Ⅰ区时，表示工序处在稳定状态；当特性值落在Ⅱ区时，表示工序已发生异常，应及时查清原因，采取措施，使之恢复到正常状态，否则将会产生废品；当其超出警戒区，已成废品，应立即停止生产，调整为正常状态。

不同的质量特性值，可用不同控制图来管理，常见的控制图种类如表 4－5 所示。

表 4－5　控制图的种类

控制图种类	控制界限	备　　注
$\overline{X}$	$\overline{\overline{X}}\pm A_2\overline{R}$	$3\times$（标准偏差）$=A_2\overline{R}$
R	$D_4\overline{R}$ $D_3\overline{R}$	$\overline{R}+3\times$（标准偏差）$=D_4\overline{R}$ $\overline{R}-3\times$（标准偏差）$=D_3\overline{R}$

续表

控制图种类	控制界限	备　注
$\tilde{X}$	$\bar{\tilde{X}} \pm m_3A_2\bar{R}$	3×（标准偏差）$=m_3A_2\bar{R}$
X	$\bar{\bar{X}} \pm E_2\bar{R}$ $\bar{X} \pm 2.66Rs$	3×（标准偏差）$=E_2\bar{R}$ 3×（标准偏差）$=2.66Rs$
P	$\bar{P} \pm 3\sqrt{\frac{P(1-P)}{n}}$	标准偏差$=\sqrt{\frac{P(1-P)}{n}}$
P_n	$\bar{P} \pm 3\sqrt{P_n(1-P)}$	标准偏差$=\sqrt{P_n(1-P)}$
C	$\bar{C} \pm 3\sqrt{C}$	标准偏差$=\sqrt{C}$
u	$\bar{u} \pm 3\sqrt{\frac{u}{n}}$	标准偏差$=\sqrt{\frac{u}{n}}$

（1）$\bar{X}-R$ 控制图：管理对象为长度、重量、时间、强度、成分、收得率之类的连续量（计量值）。$\bar{X}$ 控制图主要观察工序的平均值变化，R 控制图主要观察群的散差变化。应注意的是收集来的数据不能直接用来在控制图上打点，需作适当的分群后，求出每群的平均值 $\bar{X}$ 与每群的范围 R，分别在 $\bar{X}$ 控制图与 R 控制图上打点。

（2）$\tilde{X}$ －R 控制图：这类控制图与 $\bar{X}-R$ 控制图用途、制作方法完全相同，所不同的是以群中的中位值 $\bar{\tilde{X}}$ 代替平均值 $\bar{X}$。

（3）X 控制图：用于收集数据间隔时间长，数据不需分群，每个数据直接使用的情况。

（4）P 控制图：用于要控制不合格品率的管理工序，所取样品大小（n），可以不固定。

（5）P_n 控制图：用于通过不合格品个数 P_n 控制产品质量或生产条件的情况。所取试样大小（n）必须一定。

（6）u 控制图：主要用于要控制单位缺陷数（$u=c/n$）的管理工序，样品大小（n）允许变化，只要能算出每一单位的缺陷数即可。

（7）C 控制图：用于管理一定数量产品（n 值固定）中的缺陷数。

上述各种控制图的作图原理、步骤、方法及其所起作用大体相似。现以常用的 $\bar{X}-R$ 控制图为例，加以说明。

例如，某包装机械欲加工直径精度为 ϕ（10±0.20）mm 的合金圆棒，试作该合金圆棒的 $\bar{X}-R$ 控制图并用于对轧机的工序控制。

1. 作控制图

（1）确定取样间隔时间 h（本例 $h=1$ 小时），样组容量，n（本例 $n=5$）及组数 K（本例 $K=20$）后，在冷拉过程中记录的数据如表 4－6 所示。

表 4-6 $\overline{X}-R$ 控制图用数据表

<table>
<tr><td colspan="2">产品</td><td></td><td colspan="2">零件品</td><td>ϕ10 圆棒</td><td>期间</td><td></td><td>检查员盖章</td></tr>
<tr><td colspan="2">质量特点</td><td>直径</td><td colspan="2">编号</td><td></td><td rowspan="2">所属机号</td><td rowspan="2"></td><td rowspan="2"></td></tr>
<tr><td colspan="2">质量单位</td><td>1/1000</td><td colspan="2">制造个数</td><td></td></tr>
<tr><td rowspan="2">规格</td><td>max</td><td></td><td rowspan="2">抽样</td><td>数量</td><td></td><td>操作者</td><td></td><td></td></tr>
<tr><td>min</td><td></td><td>间隔</td><td></td><td>检查员</td><td></td><td></td></tr>
<tr><td colspan="2">规 格 号</td><td></td><td colspan="2">测量仪器号</td><td colspan="4"></td></tr>
<tr><td>序号</td><td>X_1</td><td>X_2</td><td>X_3</td><td>X_4</td><td>X_5</td><td>$\sum X$</td><td>$\overline{X}$</td><td>R</td></tr>
<tr><td>1</td><td>10.009</td><td>9.979</td><td>10.010</td><td>9.937</td><td>10.010</td><td>49.945</td><td>9.989</td><td>0.073</td></tr>
<tr><td>2</td><td>9.947</td><td>10.088</td><td>10.016</td><td>10.013</td><td>9.962</td><td>50.026</td><td>10.005</td><td>0.141</td></tr>
<tr><td>3</td><td>10.031</td><td>9.981</td><td>10.021</td><td>9.950</td><td>10.051</td><td>50.034</td><td>10.007</td><td>0.101</td></tr>
<tr><td>4</td><td>10.010</td><td>9.915</td><td>10.009</td><td>10.020</td><td>9.982</td><td>49.936</td><td>9.987</td><td>0.105</td></tr>
<tr><td>5</td><td>9.982</td><td>10.026</td><td>9.948</td><td>10.012</td><td>9.912</td><td>49.880</td><td>9.976</td><td>0.114</td></tr>
<tr><td>6</td><td>10.035</td><td>9.995</td><td>10.038</td><td>9.965</td><td>10.010</td><td>50.043</td><td>10.009</td><td>0.073</td></tr>
<tr><td>7</td><td>9.920</td><td>10.070</td><td>9.884</td><td>10.015</td><td>10.009</td><td>49.838</td><td>9.968</td><td>0.186</td></tr>
<tr><td>8</td><td>10.006</td><td>9.981</td><td>10.009</td><td>10.026</td><td>9.939</td><td>49.961</td><td>9.992</td><td>0.087</td></tr>
<tr><td>9</td><td>10.000</td><td>9.996</td><td>10.057</td><td>9.940</td><td>10.019</td><td>50.017</td><td>10.003</td><td>0.117</td></tr>
<tr><td>10</td><td>9.970</td><td>10.095</td><td>9.975</td><td>10.059</td><td>9.942</td><td>50.041</td><td>10.008</td><td>0.153</td></tr>
<tr><td>11</td><td>10.149</td><td>10.007</td><td>9.998</td><td>10.051</td><td>9.934</td><td>50.139</td><td>10.028</td><td>0.215</td></tr>
<tr><td>12</td><td>9.952</td><td>10.047</td><td>10.009</td><td>10.010</td><td>10.068</td><td>50.086</td><td>10.017</td><td>0.116</td></tr>
<tr><td>13</td><td>10.032</td><td>9.990</td><td>9.968</td><td>9.911</td><td>9.972</td><td>49.873</td><td>9.975</td><td>0.121</td></tr>
<tr><td>14</td><td>9.935</td><td>9.960</td><td>10.109</td><td>9.973</td><td>10.005</td><td>49.982</td><td>9.996</td><td>0.174</td></tr>
<tr><td>15</td><td>10.070</td><td>10.025</td><td>9.988</td><td>10.029</td><td>9.950</td><td>50.062</td><td>10.012</td><td>0.120</td></tr>
<tr><td>16</td><td>9.968</td><td>10.052</td><td>9.925</td><td>10.009</td><td>10.008</td><td>49.962</td><td>9.992</td><td>0.127</td></tr>
<tr><td>17</td><td>10.013</td><td>9.958</td><td>10.150</td><td>10.090</td><td>9.969</td><td>50.180</td><td>10.036</td><td>0.192</td></tr>
<tr><td>18</td><td>9.996</td><td>10.028</td><td>9.978</td><td>9.919</td><td>10.091</td><td>49.959</td><td>9.992</td><td>0.172</td></tr>
<tr><td>19</td><td>10.120</td><td>9.940</td><td>10.010</td><td>10.089</td><td>9.942</td><td>50.101</td><td>10.020</td><td>0.180</td></tr>
<tr><td>20</td><td>9.948</td><td>10.093</td><td>9.971</td><td>10.012</td><td>9.986</td><td>50.010</td><td>10.002</td><td>0.145</td></tr>
<tr><td colspan="7">合 计</td><td>200.014</td><td>2.712</td></tr>
<tr><td colspan="3" rowspan="3">$\overline{X}$ 控制图
$UCL=\overline{\overline{X}}+A_2\overline{R}$
$LCL=\overline{\overline{X}}-A_2\overline{R}$</td><td colspan="2" rowspan="3">R 控制图
$UCL=D_4\overline{R}$</td><td>平均值</td><td colspan="2">$\overline{\overline{X}}=10.0007$</td><td>$\overline{R}=0.136$</td></tr>
<tr><td rowspan="2">系数值</td><td>n</td><td>A_2</td><td>D_4</td></tr>
<tr><td>4
5</td><td>0.73
0.58</td><td>2.28
2.11</td></tr>
</table>

（2）计算分析用控制界限并画在控制图上。分别计算每组的平均值 $\overline{X}$，极差 R，总平均 $\overline{\overline{X}}$ 和平均极差 $\overline{R}$。则

$\overline{X}$ 控制图：

$$中心线\ CL=\overline{\overline{X}}=\frac{1}{K}\sum_{i=1}^{K}\overline{X_i}=\frac{1}{20}\times 200.014=10.0007$$

$$控制上限\ UCL=\overline{\overline{X}}+A_2\cdot\overline{R}=10.0007+(0.58\times 0.136)=10.080$$

$$控制下限\ LCL=\overline{\overline{X}}-A_2\cdot\overline{R}=10.0007-(0.58\times 0.136)=9.922$$

R 控制图：

$$中心线\ \overline{R}=\frac{1}{K}\sum_{i=1}^{K}\cdot R_i=\frac{1}{20}\times 2.712=0.136$$

$$控制上限\ UCL=D_4\cdot\overline{R}=2.11\times 0.136=0.287$$

由于 R 反映散差大小，在平均散差之下，说明数据散差小，数据集中性好，离中心线较近，所以 R 图的下限可以不画。最后，根据上述计算，作成图 4－12。

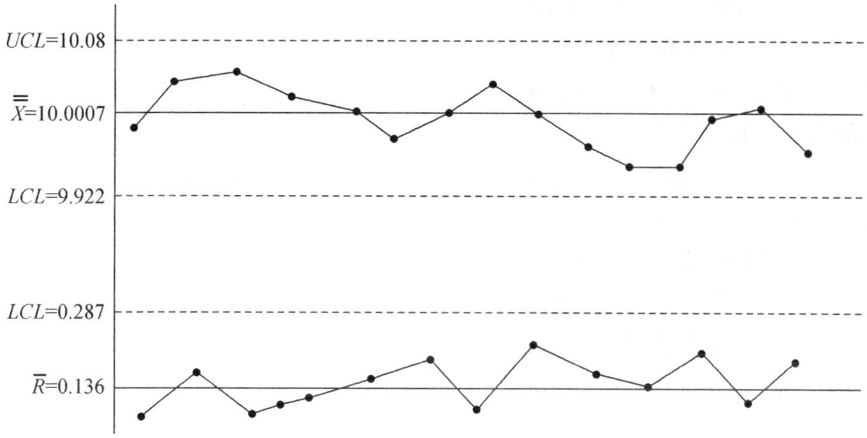

图 4－12　$\overline{X}-R$ 控制图

（3）调整控制限，作工序管理用控制图。作完如图 4－12 所示的 $\overline{X}-R$ 控制图后，如果图上点没有超出控制限和无异常现象，说明反映的生产过程基本稳定。否则，应调整过程并重新搜集数据，重复前述步骤，再做分析用控制图。本例中 $\overline{X}$、R 所有点都落在控制限内，并无异常情况，说明生产稳定，反映了目前生产水平。如有少量的 $\overline{X}$、R 超出控制界限，则把这些点除去，并重新计算控制限。

得到稳定状态下 $\overline{X}$ 和 R 的波动范围后，需与质量指标进行比较，看是否满足需要。若能满足，此图就可作为控制工序用的控制图；若不能满足需要，一般需调整生产过程，重新录取数据，作控制图，直到与技术条件相符合为止。

2. 控制图的使用

控制图作好以后，每隔与作控制图相同的间距时间（本例 $h=1$ 小时）抽检一组数据为 n（本例 $n=5$）的圆棒，计算 $\overline{X}$ 与 R，分别在上述图上打点，只要点子落在控制限内，

就可以认为生产过程是正常状态；一旦有个别点子落在控制限外，说明有异常现象发生。例如当 $\overline{X}$ 有一点跑到上限外，说明了有某种原因促使圆棒直径变大，如不调整，直径会超出产品标准上限而成为废品或次品。

此外，出现下列情况之一，说明生产系统出现异常：

①在中心线一侧连续出现 7 个点子［见图 4－13（a）］。

②7 个点子连续上升或连续下降［见图 4－13（b）］。

③表现出周期性变化［见图 4－13（c）］。

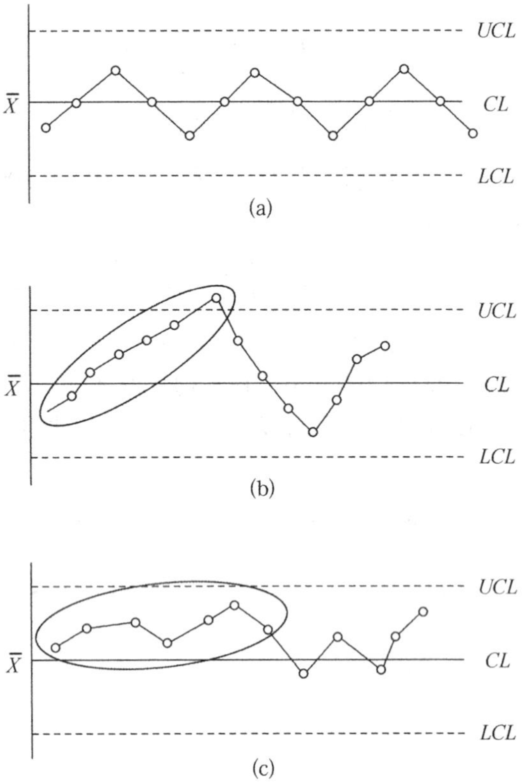

图 4－13　几种异常情况

六、相关分析

相关分析是研究变量之间相关关系的一种方法。当两因素相互之间存在着依存关系时，可用相关分析求出其关系式，其中一个因素确定后，另一个因素随之大致地被确定。

当两个变量成线性相关时，可建立两个变量之间的直线方程：$y = a + bx$。但这一直线方程是否真实地反映了这两个变量之间的线性关系，必须用一套检验方法来判断。判断变量关系，在实际生产中主要依靠专业知识和经验。同时，在数理统计中给出了下列相关系数：

$$\gamma = \frac{\sum (x-\bar{x}) \cdot \sum (y-\bar{y})}{\sqrt{\sum (x-x)^2} \cdot \sqrt{\sum (y-y)^2}} \tag{4-8}$$

以此来判断两变量之间的相关程度。γ 的数理意义如图 4－14 所示。

由图 4－14 可知，$|\gamma|$ 越接近于 1，两变量之间的线性相关性越好。图 4－14 是相关图的几种类型。从图 4－14（a）和图 4－14（f）可以判断，x 是质量指标 y 的重要影响因素。因此，控制好因素 x 就可以把结果 y 较好地控制起来。作相关图时，还要注意对数据进行正确的分层，以免作出错误的判断。

七、调查表法

调查表又称分层表、核对表，用于查明异常现象、废品、次品发生在哪一部分？哪道工序？哪个班组？甚至哪个人。这种图表使用的方法是把要观察的项目进行分类，并在图表的该项目位置上，将结果、缺陷、事故直接填上，进行核对，如表 4－7 所示。

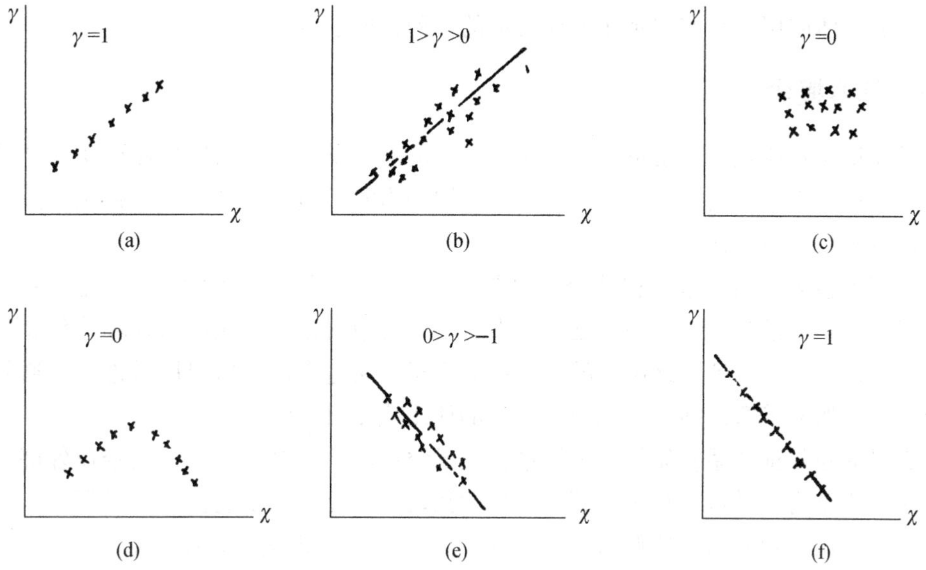

图 4－14　相关系数的数理意义

表 4－7　浇铸成型的包装塑料瓶废品调查

组别	品种	缺陷项目										合计	浇铸数
		裂缝	壁厚不匀	壁薄	×	掉砂	轻型	气孔	溅铁水	×	×		
Ⅰ	A		丅	下		正			一			11	81
	B		正			正正正正一			正			31	176
	C	一	一	一		正丅	一		正丅			18	112
	D			丅		正正一	丅		正正正正正			40	371
	计	1	8	6		44	3	0	38			100	
Ⅱ	A		正			正一			一			12	83
	B	正	止			正正丅			止			21	173
	C		一	一		正一			丅			10	102
	D	一				正正正一			正正正下			35	345
	计	2	10	1		40	0	0	25			78	

这样调查的结果，浇铸有哪些缺陷，各类产品，各班组各占多少，一目了然，为解决质量问题提供了依据。

第四节　质量保证体系

建立健全质量保证体系，是全面质量管理发展到一定阶段的产物和组成部分，是全面质量管理能否取得长期效果的关键一环。质量保证体系也是系统工程理论和方法在全面质量管理中的具体应用，是实现企业方针目标的一种重要手段。

一、基本概念

质量保证是企业在产品质量方面对用户所做的一种承诺。它向用户保证所售产品的质量，让用户放心满意地购买产品，在产品寿命周期内安心地使用产品，如果出了故障，愿意赔偿经济损失并负法律责任。

为了保证包装产品质量，包装企业就要加强从设计研制到销售使用全过程的质量管理。所以，质量保证是质量管理的延伸和发展。它既包含包装企业内部各环节包装产品质量的全面管理，从而保证最终出厂的包装产品质量，又包含产品售出厂后进入流通领域的销售以及售后服务等管理活动，从而对用户的使用质量负责到底。

什么是质量保证体系？质量保证体系就是围绕产品质量这一目标，把企业外部的协作单位和企业内部有关单位的技术、管理、经营活动标准化，规定它们在质量保证方面的职责、任务和权限，建立组织协调这些活动的专门机构和质量信息反馈系统，形成一个保证和提高质量的有机整体。

二、质量保证体系的内容

1. 要有明确的质量目标

包装企业应制订一个保证和提高产品质量的总目标，根据这个总目标再提出具体的质量目标值。如企业计划年度应达到的质量水平，不合格品率降低的幅度等。再把质量目标层层分解落实到班组和个人，然后按质量计划去组织质量目标的实现。

包装企业的质量保证体系，就是根据保证和提高产品质量这个目标建立起来的。围绕这个总目标，质量保证体系把各有关部门，各级的质量管理工作统一组织起来，协调起来，有效地发挥各方面的作用。按预定的期限、预定的技术工作和管理工作程序以及规定的进度，去实现和改进质量的各项目标和技术组织措施。

2. 规定各个部门在质量方面的职责、任务和权限

根据产品质量螺旋上升诸环节的质量职能，规定企业有关部门，在保证和提高产品质量中所承担的职责、肩负的任务和拥有的权限。这是质量保证体系的重要内容，也是贯彻落实质量责任制的关键环节。只有这样，才能真正做到“产品质量，人人有责”，避免由“人人有责”造成的“无人负责”。

3. 建立专职的质量管理部门

为使质量保证体系能卓有成效地运转，包装企业中负责质量的各个职能部门的作用能充分发挥，就需要建立一个负责组织、协调、督促、检查工作的综合部门，作为质量保证体系的组织保证。这个综合部门就是企业的专职质量管理部门（或机构）。

质量管理专职机构在质量保证体系中的主要职责是，协助厂长进行日常质量管理工作，开展全面质量管理宣传教育，组织群众性的质量管理活动；组织编制质量计划，督促检查计划机构执行情况；制订降低质量成本的目标和方案，协同财务部门进行质量成本的汇集、分类和计算；协调有关部门的质量管理活动；研究和推广先进的质量控制方

法；指导质量管理小组活动；组织产品使用效果的调查，进行质量评价；参加新产品鉴定等。

包装企业除厂级设置质量管理机构外，车间则成立质量管理领导小组，班组设质量管理员，从上到下形成一套完整的质量管理组织系统，实现质量保证体系的有关质量管理职能。

4. 实现质量管理标准化和质量管理程序化

质量保证体系的各个环节，每天都在进行大量的管理活动。其中，有许多活动是重复发生的，具有一定的规律性，不仅管理业务内容重复，而且处理的方法也重复。把这些重复出现的质量管理业务，按照客观要求分类归纳，并将处理办法订成标准，纳入规章制度，作为职工的行为准则，变成例行工作，这就是质量管理业务标准化。把质量管理业务处理过程所经过的各个环节，各管理岗位，先后工作程序和使用的管理凭证如实记录下来，经过分析研究，加以改进，使之合理化，并通过图表和文字定为标准的管理程序和方法，就像生产过程中以产品作为对象规定其工艺路线和加工方法一样，也为质量管理业务制订出它的“工作路线”和“处理方法”，这就是质量管理流程程序化，国外称其为质量管理工作项目程序化。把管理业务标准化看成“程序”，属于管理软件，严格按程序去管理质量，有利于质量管理活动条理化、规格化，这就大大简化了管理工作，提高了效率，从而保证质量和提高经济效益。

5. 要有高效灵敏的质量管理信息反馈系统

在产品质量形成的过程中，伴随着大量的质量信息流产生。这些信息流有：市场需求动向、用户意见、产品设计图纸、工艺规程、操作规程、工序质量表、不合格品率、质量成本等。它们是质量保证体系的“神经系统”，是一切质量管理活动的依据。

质量保证体系中信息流的运动，应当通过质量反馈来实现其闭路自动调节高效循环。从信息反馈的范围来看，质量反馈有厂内和厂外之分。厂内反馈，是指企业内部质量信息的传递和流通，如控制过程质量信息向设计过程反馈，制造过程的后道工序的质量信息向前工序反馈等。厂外反馈，是指产品进入流通领域，市场或用户根据产品使用过程的质量状况向生产产品的企业进行质量信息反馈。这两个反馈在统一的质量保证体系内川流不息，循环不止，每经过一次循环，就解决一批质量问题，产品质量就提高一步。

6. 组织外协厂的质量保证活动

随着商品经济的发展和生产社会化程度的提高，工业生产的协作关系越来越密切。各种工业产品无一不是许多企业协作的产物，据国外统计资料表明，现代化产品的外购件及外协件的成本比重一般可达70%～80%。以工业发达国家的汽车工业公司来说，除了涉及主要性能和国家安全法规定的有关零件，总成部分应由本公司自行制造之外，其他凡属自制耗资大，经济效果不如专业厂家生产的零部件和铸造件等，都一概由协作厂生产。所以，组织外协厂的质量保证活动，帮助他们建立质量保证体系，保证提供的外购件和外协件的质量，是建立和健全企业质量保证体系不可缺少的一环。

三、质量保证体系的建立

1. 确定质量目标和制订质量计划

保证和提高产品质量，是全面质量管理的中心目标，企业的质量保证体系就是根据产品质量的这一目标建立起来的。要使质量保证体系协调而有效地运转起来，必须有明确的质量目标和质量计划。

（1）质量目标。企业为了在一定时间内得到预期的效果，在质量上规定一个可用数据表达出来的奋斗目标，就称为质量目标。企业各部门要根据企业质量目标制订本单位的质量目标，每个职工根据单位目标和个人情况制订个人的目标，形成一个自上到下，由大到小的完整目标体系。

（2）质量计划。为了实现质量目标，必须编制措施计划，这种计划称为质量计划。除了针对总目标编制全企业的五年长远规划和年度质量计划外，在螺旋形上升图中涉及到的各个部门，应针对各自的子目标制订不同的部门质量计划。

2. 建立全厂全面质量管理保证系统

全厂全面质量管理保证系统由以下4个方面组成。

（1）思想保证体系。思想保证就是使全体职工真正树立"质量第一"和"一切为用户服务"的思想，其中包括上道工序为下道工序服务的思想，并要有具体衡量标准。

（2）组织体制。组织体制是推行全面质量管理的组织保证。企业一般可从以下几个方面着手建立质量管理的组织体制：

①设立全面质量管理委员会。委员会由厂长、副厂长、总工程师、质量管理部门和其他有关部门的负责人组成。企业的车间和较大的科室，应按照上述的形式建立车间（科室）级的全面质量管理领导小组。日常全面质量管理工作实行厂长、车间主任、班组长三级三长责任制，他们分别对厂、车间、班组的全面质量管理工作负全责。

②设立全面质量管理部门。在工厂全面质量管理委员会下面可以设立专职的质量管理部门。如质量办公室或质量管理科等。这些专职的质量管理部门在质量保证体系中应具有的职责是：组织、协调、督促、检查、考核各部门的质量管理工作，起"两个反馈"的中心及企业领导在质量管理方面的参谋和助手作用。

③企业除设置厂一级专职的质量管理机构外，车间（科室）应设专职（或兼职）的全面质量管理员，在车间主任（或科长）的领导下工作，其职责相当于质量管理办公室。这样从上到下形成一套完整的质量管理组织系统，履行质量保证体系的有关质量管理职能。它是质量保证体系得以协调而有效运转必不可少的组织保证。

（3）生产全过程的质量保证体系。生产全过程的质量保证体系包括从市场调查、产品规划、设计、制造装配、检查试验到售后服务等各阶段的工作。

（4）质量检查体系。有了全面质量管理工作的专门机构，仍需要加强质量检查工作。质量检查要体现以预防为主，不仅需要，而且还要强化；同时要改变传统习惯，即质量检查必须站在用户的立场上，从使用的观点出发，执行用户驻厂质量检查的职能，也就是说检查机构相当于用户驻厂代表，要维护用户利益。为此，有的企业为了强调检查工作的重要性，也把它纳入工厂质量保证体系里。

综上所述，思想体系是基础，组织体制是保证，生产全过程的质量保证体系是核心，检验体系是验证。其具体关系如图4－15所示。

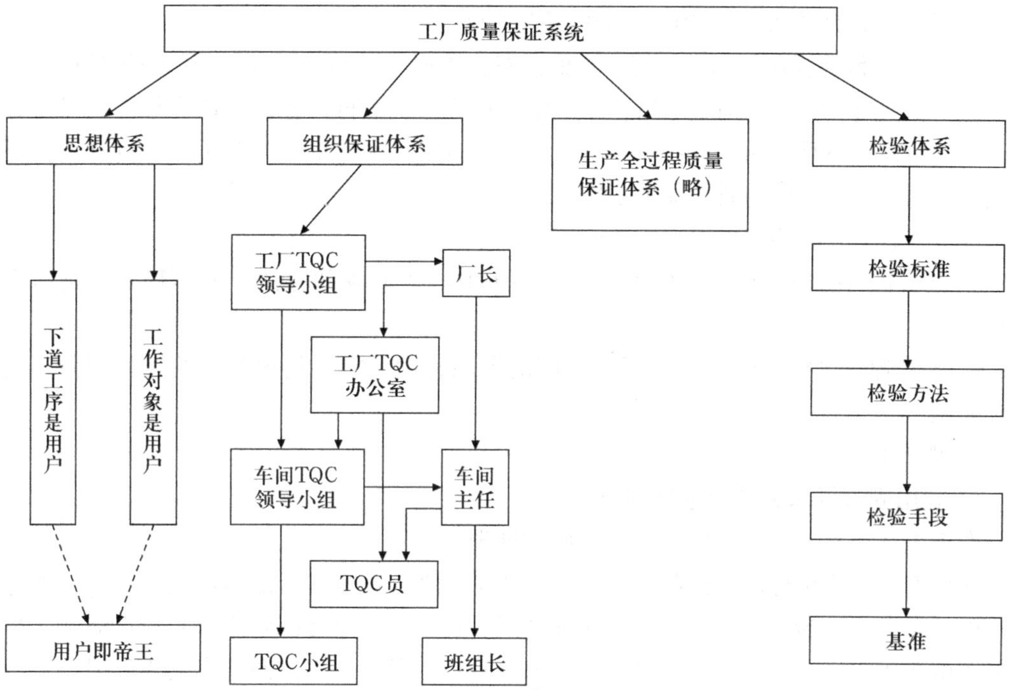

图4－15　质量保证系统

3. 建立产品质量保证体系

产品质量保证体系是企业质量保证的核心，在形成产品的生产过程中是参加人员和部门最多的一个环节，因此建立好产品质量保证体系很重要。

（1）产品质量体系流程。产品质量体系流程应包括：

①产品从原材料进厂、加工、包装、发运的整个工作流程。

②产品工序加工流程经过的各个阶段，各重要环节的管理点、管理内容、管理手段、测定方法、测定记录等，根据产品各项质量特性要求的重点控制工作。

③产品质量保证体系涉及到的有关部门和个人在质量保证方面的职责以及各阶段、各工序应承担的质量任务。

（2）产品质量保证体系中应包括的内容，根据产品的不同各有所异。但所有产品保证体系应遵循产品形成的质量保证规律。因此，其基本内容是 致的。即：

①管理点。如果把一零件每道工序的所有尺寸，所有要求都以同等力度进行检查或控制的话，不仅花费很大的人力，反而抓不住主要矛盾，因此，不能面面俱到，这样就引出了管理点的概念。所谓管理点，就是在质量管理活动中需要重点控制的质量特性、关键部位或薄弱环节。

管理点的设置，主要考虑如下几个因素：

a. 对整个产品的性能、安全、寿命等方面有影响的关键尺寸、关键部位。

b. 工艺基准和下道工序对其有特殊要求或影响的部位。

c. 质量不稳定，出现不合格品较多的尺寸、部位。

d. 用户和定期检查、试验所反馈的不良项目。

e. 工作过程的管理点和设备管理点的设置，参照产品制造过程管理的设置原则。

②质量检查。管理点确立之后，要确定用什么方式进行检查，是抽样检查还是全数检查，是巡回检查还是定期检查；对测量频次、测量记录和测量人以及用不用管理图都要明确规定，这些都是工厂的质量保证手段。

确定检查方式时要考虑下面 4 个因素：

a. 该管理点的稳定状况，如果稳定，则采取抽查监视的方法；如不稳定，则需全数检查。

b. 该管理点对整个产品和对下道工序的影响程度，如果是很关键的尺寸部位，则要严加控制。

c. 测量的难度。

d. 利用固有技术和经验进行判断。

考虑上述因素，根据不同情况做不同的处理。

③生产工序质量标准及控制。生产工序质量标准，就是在产品形成过程中，对每一道工序的质量要求。为了形成产品质量保证体系，在体系形成之前就应当对可能影响工序标准实现的各因素进行分析，并制订管理标准和管理手段，实现以预防为主的管理。

a. 生产工序质量标准。工艺卡片、工装卡片等，都是工序标准。这些标准，根据各企业产品情况而定。

b. 预控因素。影响产品质量的六大原因通常有人、机器、材料、方法、环境和测量等。假若我们在建立质量保证体系的过程中把影响质量的因素先控制起来，就能达到生产工序的质量标准，根据这一原理即可选择预控因素。

④操作标准。操作是对产品质量产生影响的重要因素之一。在体系里一般把操作标准分为两类：一类为操作方法标准，另一类为管理方法标准。其中，操作方法标准包括作业指导书或工序操作规程。

4. 建立各业务部门的工作质量保证体系

产品质量涉及企业各管理部门。为了保证产品质量，有关部门必须提供可靠的工作质量和完善的生产条件，确保所提供的原材料、设备、工装、刀具、测量仪器以至生产组织、劳动组织等的质量良好。为此，所有这些业务管理部门也都要具有各自的质量保证体系。它们的工作质量保证体系主要包括以下几个方面的内容和要求：

（1）设计工作的质量保证体系。这里所指的设计工作是广义的。它包括市场调查、试验研究、产品设计、工艺设计、新产品试制鉴定等，即产品正式投入批量生产前的全部技术准备过程。

设计过程是企业生产活动中最基本的一环，是产品质量的决定因素。“先天不足”（设计过程中存在的种种问题），必然“后患无穷”。产品的生产过程是从设计过程开始的，产品质量满足使用要求的程度，也主要决定于设计过程。因此，设计工作的质量保证是全面质量管理的起点，它是带动其他各个环节的首要一环。

设计工作的质量保证体系，包括以下几个方面：①制订产品的质量目标。②设计工作中的试验研究。③设计审查和工艺验证。④样品和新产品的鉴定。⑤技术文件的质量保证。⑥标准化审查工作。⑦进行产品质量的经济性分析。⑧严格的设计试制工作程序。

（2）物资供应工作的质量保证体系。物资供应包括原材料、辅助材料、外购件、外协件等的供应。这些物资的很大一部分直接构成产品的实体，它们直接影响产品质量。因此，物资供应质量管理的首要任务，就是要保证供应的物资符合规定的质量标准。同时，在物资供应的组织上，还要做到供应及时，方便生产，服务质量良好，并在保证满足生产需要的前提下，减少储备，加速周转等。

为了保证外购物资的质量，目前，一些发达国家的企业，对外购物资、外协件、配套件的质量保证工作的重点不是依靠验收，而是放在协助、监督、帮助供货厂建立健全质量保证体系上面，全面审核供货厂的质量保证状况，其具体考查主要包括以下几个方面：①供货厂的经营管理人员有没有强烈的质量意识，全体职工对质量的重视程度。②质量管理组织的健全程度，质量保证能力的强弱。③标准化规划是否完备及贯彻状况。④图纸、规程、工艺技术文件等的管理状况。⑤管理点、管理内容、检查项目的设置是否得当，各种控制方法的综合运用情况。⑥检测手段是否齐全、完整及技术状况。⑦质量管理信息系统的灵敏度和实施状况。⑧对企业职工培训教育的重视程度和实施状况。⑨基层质量管理的组织制度，质量管理小组活动是否经常并卓有成效。⑩其他。

（3）工具供应工作的质量保证体系。这里所说的工具，包括各种外购的标准工具和自制的工艺装备（如刀具、夹具、量具、模具、模型及其他工具）。

生产中需要大量的非标准工具和各种工艺装备，一般由本企业的工具车间制造。这些自制的工具、工艺装备检验合格后才能入库，一般采取借用的方法，建立工装卡片，不用时经过质量检验和鉴定后退库。凡属损坏和达不到质量要求的，要修复或报废，以保证产品质量。

（4）设备维修工作的质量保证体系。设备（包括各种技术装备）是现代化生产的物质基础，机器设备对于保证企业的正常生产，争取更好的经济效益具有十分重要的意义。产品质量水平在很大程度上直接取决于生产和检验工序采用的设备质量。

为了加强设备的维护保养工作，保持设备的良好状态，除了首先要依靠工人正确使用和认真维护保养外，还要充分发挥专职维修人员的质量保证作用。负责维修的人员必须经常检查和解决设备隐患，指导生产工人正确使用和维修设备，保证修复的机器设备符合规定的质量标准。

（5）使用过程的质量保证体系。使用过程的质量管理是企业质量管理的归宿，又是企业质量管理的出发点。企业产品的质量特性是根据使用的要求而设计的，实际的质量必须在使用过程中才能作出充分的评价。因此，企业的质量管理工作必须从生产过程延伸到使用过程。

使用过程的质量管理主要应抓好以下 3 个方面的工作：①开展技术服务工作。②进行使用效果与使用要求的调查。③认真处理出厂产品的质量问题并实行三包。

5. 建立质量保证体系应注意的问题

（1）严格按照 PDCA 循环（又称戴明环。P 表示计划，D 表示执行，C 表示检查，A 表示处理，应用于持续完善产品质量的过程中。）不断改进和完善质量保证体系。质量保证体系活动的全部过程，也就是质量计划的制订和组织实施的过程。体系的建立不是在短期内就能完善起来的，也不是一成不变的，而是在实施中不断地改进和完善，从低级到高级，从简单到复杂，从局部到整体，不断提高的。

（2）质量保证体系一经制订，就应严格执行。

（3）全厂及各部门，特别是生产制造部门及与产品直接有关科室的质量保证体系图（母体系与子体系）必须吻合。

（4）企业情况不同，质量保证体系图的形式各有不同，应根据自己的特点，自行选择，不必强求一致。

（5）要及时对质量保证体系的实施情况进行考核。

第五节　2008 版 ISO 9000 族标准

随着全球经济的快速发展，世界范围内的经济交流也日益频繁。为了适应国际经贸合作和贸易往来的需要（规范和统一各国质量标准的相关概念、术语），国际标准化组织（ISO）在 1987 年颁布了 ISO 9000《质量管理和质量保证》系列国际标准，几十年中经历了多次修改和完善形成了目前的 ISO 9000 族标准。

一、ISO 9000 族标准在中国

1987 年 3 月 ISO 9000 系列标准正式发布以后，同年 12 月，中国正式发布了等效采用 ISO 9000 标准的 GB/T 10300《质量管理和质量保证》系列国家标准，并于 1989 年 8 月 1 日起在全国实施。

1992 年 5 月中国决定等同采用 ISO 9000 系列标准，发布了 GB/T 19000—1992 系列标准。

1994 年中国发布了等同采用 1994 版 ISO 9000 族标准的 GB/T 19000 族标准。

2000 ~ 2003 年中国陆续发布了等同采用 2000 版 ISO 9000 族标准的国家标准，包括：GB/T 19000、GB/T 19001、GB/T 19004 和 GB/T 19011 标准。

2008 年中国根据 ISO 9000：2005、ISO 9001：2008 版的发布，同时也修订发布了 GB/T 19000—2008、GB/T 19001—2008 标准。

二、2008 版 ISO 9000 族标准的构成与特点

1. 2008 版 ISO 9000 族标准的构成

2008 版 ISO 9000 族标准由四个核心标准、一个支持性标准、若干个技术报告和宣传性小册子构成。如表 4 - 8（GB 等同采用对应的 ISO）所示。

表 4 -8　2008 版 ISO 9000 族标准构成

核心标准	
标准代号	对应中文内容
GB/T 19000—2008 idt ISO 9000：2005	《质量管理体系——基础和术语》
GB/T 19001—2008 idt ISO 9001：2008	《质量管理体系——要求》
GB/T 19004—2009 idt ISO 9004：2009	《质量管理体系——业绩改进指南》
GB/T 19011—2003 idt ISO19011：2002	《质量和（或）环境管理体系审核指南》
支持性标准和文件	
标准、文件代号或名称	对应中文内容
ISO 10012	《测量控制系统》
ISO/TR 10006	《项目管理指南》
ISO/TR 10007	《技术状态管理指南》
ISO/TR 10013	《质量管理体系文件指南》
ISO/TR 10014	《质量经济性管理指南》
ISO/TR 10015	《教育和培训指南》
ISO/TR 10017	《统计技术在 ISO 9001 中应用指南》
质量管理原则	质量管理原则
选择和使用指南	选择和使用指南
小型企业的应用	小型企业的应用

2. 2008 版 ISO 9000 族标准的特点（见表 4 -9）

表 4 -9　2008 版 ISO 9000 族标准的特点

特点	描述
通用性	适用于提供所有产品类别、不同规模和各种类型的组织，并可根据组织及其产品的特点对不适用的质量管理体系要求进行删减
相关性	采用“以过程为基础的质量管理体系模式”，强调质量管理体系是由相互关联和相互作用的过程构成的一个系统，特别关注过程之间的联系和相互作用，标准内容的逻辑性更强，相关性更好
相容性	强调质量管理体系只是组织管理体系的一个组成部分，标准的内容充分考虑了与其他管理体系标准的相容性
有效性	更注重质量管理体系的有效性和持续改进，减少了对形成文件的程序的强制性要求。除了满足标准中规定的需要有的质量管理体系文件外，组织可以根据其自身的产品和过程的特点，结合其实际运作能力和管理水平，确定其策划、实施运行、控制质量管理体系过程所需的文件
一致性	质量管理体系要求（ISO 9001）和质量管理体系业绩改进指南（ISO 9004）两个标准的内容更加和谐统一，使它们成为一对协调一致的标准

三、2008 版 ISO 9000 族中核心标准的主要内容

1. GB/T 19000—2008 idt ISO 9000：2005《质量管理体系 基础和术语》

GB/T 19000—2008 idt ISO 9000：2005《质量管理体系 基础和术语》，起着奠定理论基础、统一术语概念和明确指导思想的作用，具有很重要的地位。

标准的“引言”部分提出了 8 项质量管理原则（见表 4 – 10），标准提供了 12 项质量管理体系基础和 83 个与质量管理体系有关的术语及其定义。

表 4 – 10　8 项质量管理原则

原　则	解　　释
以顾客为关注焦点	把顾客的满意作为核心驱动力
领导作用	领导者确立组织统一的宗旨及方向，以强有力的方式全面推行
全员参与	各级人员都是组织之本，保证所有人员的工作都纳入到标准体系中去
过程方法	将活动和相关的资源作为过程进行管理，可以实现总体质量目标
管理的系统方法	使每个部门、每个岗位和每项工作都纳入到一个有机总体中去实现目标
持续改进	使 ISO 9000 体系成为一项长期的行之有效的质量管理措施
基于事实的决策方法	使标准体系更具有针对性和可操作性
与供方互利的关系	组织与供方是相互依存的，互利的关系可增强双方创造价值的能力

此外，标准提出了质量管理体系的 12 项基础（见表 4 – 11），从质量管理体系角度与本标准的 8 项质量管理原则相呼应。

表 4 – 11　质量管理体系的 12 项基础

基　础	解　　释
质量管理体系的理论说明	质量管理体系能够帮助组织增强顾客满意
质量管理体系要求与产品要求	ISO 9000 族标准区分了质量管理体系要求和产品要求
质量管理体系方法	该 8 个步骤的方法也适用于保持和改进现有的质量管理体系
过程方法	标准鼓励采用过程方法管理组织。由 ISO 9000 族标准表述的，以过程为基础的质量管理体系模式如图 4 – 16 所示
质量方针和质量目标	建立质量方针和质量目标为组织提供了关注的焦点
最高管理者在质量管理体系中的作用	规定了最高管理者的 9 个作用，通过其领导作用及各种措施可以创造一个员工充分参与的环境，质量管理体系能够在这种环境中有效运行
文件	文件是信息及其承载媒体
质量管理体系评价	主要包括：①质量管理体系过程的评价；②质量管理体系审核；③质量管理体系评审；④自我评定
持续改进	持续改进质量管理体系的目的在于增加顾客和其他相关方满意的机会
统计技术的作用	应用统计技术可帮助组织了解变异，从而有助于组织解决问题并提高有效性和效率。这些技术也有助于更好地利用可获得的数据进行决策

续表

基　础	解　　释
质量管理体系与其他管理体系的关注点	质量管理体系是组织的管理体系的一部分，它致力于使与质量目标有关的结果适当地满足相关方的需求、期望和要求
质量管理体系与优秀模式之间的关系	ISO 9000 族标准指出了 ISO 9000 族标准质量管理体系与组织优秀模式之间的关系

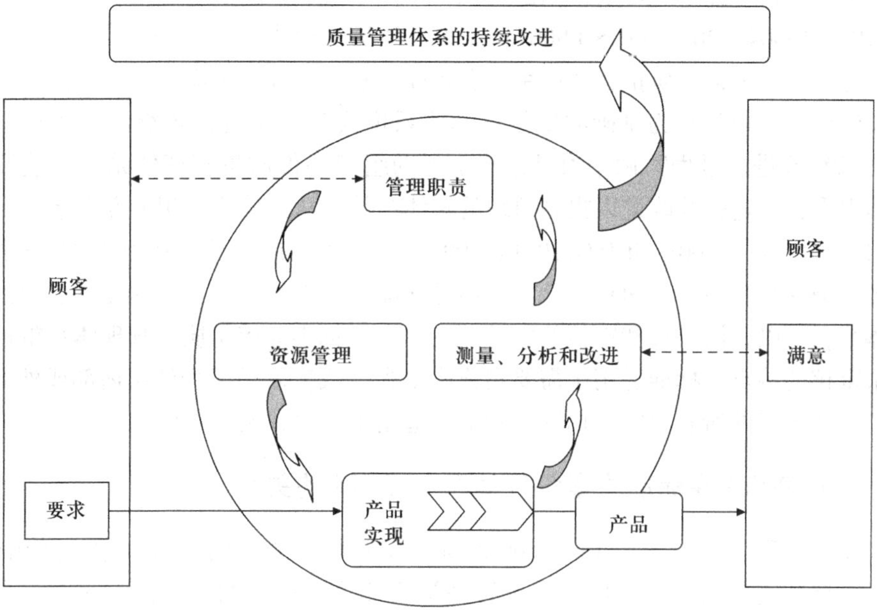

图 4－16　以过程为基础的质量管理体系模式

———→ 代表增值活动；------→ 代表信息流

2. GB/T 19001—2008 idt ISO 9001：2000《质量管理体系要求》

（1）标准规定了质量管理体系的要求，取代了 1994 版 ISO 9001、ISO 9002 和 ISO 9003 3 个质量保证模式标准，成为用于审核和第三方认证的唯一标准。

（2）标准可用于组织证实其有能力稳定地提供满足顾客要求和适用法律法规要求的产品；也可用于组织通过质量管理体系的有效应用，包括持续改进质量管理体系的过程及保证符合顾客和适用法律法规的要求，实现增强顾客满意目标。

（3）标准可用于内部和外部（第二方或第三方）评价组织提供满足组织自身要求、顾客要求、法律法规要求的产品的能力。

（4）标准应用了“以过程为基础的质量管理体系模式（见图4－16）”，鼓励组织在建立、实施和改进质量管理体系及提高其有效性时，采用“过程方法”，通过满足顾客要求增强顾客满意。

（5）标准中“1 范围”给出了 GB/T 19001 标准的适用范围，说明了标准中提出的质量管理体系要求是通用的，旨在适用于各种类型、不同规模和提供不同产品的组织，当由于组织及其产品的特点对标准中的某些要求不适用时，可以考虑对这些不适用的要求进行删减。

（6）如果组织进行删减，应仅限于 GB/T 19001 标准第 7 章的要求，并且这样的删减不影响组织提供满足顾客要求和适用法律法规要求的产品的能力或责任，否则不能声称其质量管理体系符合 GB/T 19001 标准。

（7）标准中“2 引用标准”和“3 术语和定义”说明了 GB/T 19001 标准所引用的标准和采用的术语和定义。

（8）标准中“4 质量管理体系”、“5 管理职责”、“6 资源管理”、“7 产品实现”和“8 测量、分析和改进”对质量管理体系及其所需的过程提出了具体的要求。与 2000 版 GB/T 19001 标准相比，2008 版标准在术语名称上基本没有变化。

3. GB/T 19004—2009 idt ISO 9004：2009《质量管理体系 业绩改进指南》

标准充分考虑了提高质量管理体系的有效性和效率，进而考虑开发改进组织绩效的潜能。标准应用了“以过程为基础的质量管理体系模式”的结构，还给出了“自我评定指南”和“持续改进的过程”两个附录，用于帮助组织评价质量管理体系的有效性和效率以及成熟水平，通过持续改进以提高组织的整体绩效，从而使所有相关方满意。

4. GB/T 19011—2003 idt ISO19011：2002《质量和（或）环境管理体系审核指南》

标准是 ISO/TC 176 与 ISO/TC 207（环境管理技术委员会）联合制定的，以遵循“不同管理体系，可以共同管理和审核的要求”的原则。标准兼容了质量管理体系审核和环境管理体系审核的特点。标准适用于需要实施质量和（或）环境管理体系内部或外部审核或需要管理审核方案的所有组织。标准原则上可适用于其他领域的审核。

四、ISO 9000 族标准质量管理体系与 TQM 的关系

全面质量管理（TQM）与 ISO 9000 族标准是在解决质量问题过程中所运用的方法、手段不断发展和完善的产物。作为质量管理学说体系发展的两个阶段，它们既有内在联系，又有实质区别，如表 4－12 和表 4－13 所示，而明确这种区别与联系，对于指导质量管理工作具有很重要的作用。

表 4－12 ISO 9000 族标准质量管理体系与 TQM 的联系

联系	相关性描述
理论基础一致	质量管理先后经历了质量检验、统计质量控制和全面质量管理三个实践阶段，逐步完善和丰富了质量管理学的基本原理和理论，使其发展成为一门独立的学科，任何一种标准都是理论与实践结合的产物，TQM 与 ISO 9000 族标准的共同基础是质量管理学；ISO 9000 族标准是在质量管理学理论发展的基础上，与 TQM 实践相结合的产物
最终目标一致	两者都突出以一个组织的全员参与使组织（企业）质量提高，达到顾客满意为共同目标
质量改进	强调不断进行质量改进，都认为质量是一个螺旋上升的过程，循环为工作程序，每经过一个循环，质量便提高一次。ISO 9000 族标准中，明确提出质量改进目标、组织、策划、衡量，并提出 11 种工具和技术供使用，因此，两者都注重通过过程质量改进来不断改进产品和服务质量
应用现代统计技术和现代管理技术	两者都强调采用多种方法进行质量管理（含现有的和待开发的技术和方法）。ISO 9000 族标准应用多种统计技术和方法，进行质量改进时，推荐了调查表、因果图、控制图、直方图、排列图等工具和技术

表 4－13　ISO 9000 族标准质量管理体系与 TQM 的区别

区别	描　述
标准属性与理论过程	ISO 9000 族标准作为质量管理和质量保证标准，具有标准属性，实现了质量管理的有序、统一、规范并保持相对稳定性。TQM 则是质量管理学说发展到一定阶段的一种新的理论，是一个实践的、不断改进的过程
符合性与不断改进	ISO 9000 族标准是从顾客角度向企业提出质量管理和质量保证方面的要求，强调符合性。TQM 是从组织（企业）本身的角度出发，动员组织（企业）的各方面参与质量管理工作，强调质量的不断改进
过程与能动性	ISO 9000 族标准重视过程，强调所有工作都是通过过程控制来实现，TQM 重视结果，强调发展的主观能动性和创造性
管理哲理与自主提高	ISO 9000 族标准主要反映欧美的管理哲学，而 TQM 强调在不断变化的客观条件下，其质量管理自主计划、自主实施、自主检查、自主提高

思考题

1. 为什么说包装质量的形成过程呈螺旋形上升循环？
2. 质量管理的发展过程经历了哪几个阶段？什么是全面质量管理？它具有什么主要特点？
3. 数理统计在质量管理中有什么重要作用？常用的数理统计方法有哪些？
4. 分析排列图、因果分析法和直方图法各自依据什么原理？各自的应用特点是什么？
5. 什么是质量保证体系？如何建立企业的质量保证体系？
6. 试述 2008 版 ISO 9000 族标准的构成及特点，其质量管理原则是什么？
7. 分析 ISO 9000 族标准质量管理体系与 TQM 的一致性和区别点。

第五章　包装环境及绿色化管理

在世界环保大潮的影响下，发展绿色包装、生态包装和低碳包装已成为包装行业的首要任务和奋斗目标。为此，包装企业必须大力加强环境管理和绿色化管理。本章主要论述环境管理系列标准，食品包装材料安全性，绿色包装壁垒，绿色包装内涵及定义，包装绿色化的各项技术，包括包装的减量化、低碳化、包装废弃物的回收重复利用、回收再生等内容。

第一节　环境管理系列标准及认证

一、环境管理系列标准 ISO 14000

自工业革命以来，“高生产、高消耗、高污染”的粗放生产模式，实现了国民生产总值的迅速增长，人类生活质量的迅速提高。然而，前所未有的物质财富创造所付出的代价是巨大和惨重的。由于不合理的开发利用资源，不重视治理工业化过程中产生的废气、废水和废物，进入自然生态环境的废物和污染物越来越多，超出了自然界自身消化吸收的自净能力，造成地球资源日益匮乏、能源日益短缺，还造成了一系列生态环境问题，如酸雨、臭氧层破坏、全球变暖、水污染、水体富营养化、光化学烟雾、垃圾堆积等，环境日趋恶化，对人类的生存与健康发展造成极大影响。

面对在人口、资源、环境与经济发展关系方面所出现的一系列尖锐矛盾，人们不得不反思过去所走过的传统工业发展模式，重新审视自己的社会经济行为，探索新的发展战略。经过 20 多年的探索，人们逐渐地找到了一条能够摆脱传统发展模式的发展道路，这就是 1992 年联合国环境与发展会议所确立的可持续发展道路。

随着可持续发展思想向工业系统的不断渗透，全球各领域，特别是工商业界人士逐步意识到可持续发展和保护环境是自身应有的义务和责任。同时，国际上一些发达国家逐渐以环境保护为前提，提出了新的贸易保护条件，使世界贸易逐渐形成了一种不平等的非技术型绿色壁垒，从而导致一些没有满足一定环保条件的企业无法进入国际贸易市场。

于是，制定一份（系列）有关于环境保护的全球认可的管理标准就成为了一个很迫切的发展需求。1993 年 6 月，ISO 成立了第 207 技术委员会（TC 207），正式开展环境管理系列标准的制定工作，以规划企业和社会团体等所有组织的活动、产品和服务的环境行为，支持全球的环境保护工作。1996 年 9 月 1 日 ISO 正式颁布了 ISO 14000 系列标准。

ISO 14000 是一个系列的环境管理标准，它包括了环境管理体系、环境审核、环境标志、生命周期分析等国际环境管理领域内的许多焦点问题，旨在指导各类组织（企业、公司）取得和表现正确的环境行为。ISO 14000 系列标准共预留 100 个标准号。该系列标准共分 7 个系列，其编号为 ISO 14001 ~ 14100，统称为 ISO 14000 系列标准（见表 5 - 1）。其中 ISO 14001 是环境管理体系标准的主干标准，它是企业建立和实施环境管理体系并通过认证的依据。

表 5 -1 ISO 14000 系列标准 标准号分配表

组别	名称	标准号
SC1	环境管理体系（EMS）	14001 ~ 14009
SC2	环境审核（EA）	14010 ~ 14019
SC3	环境标志（EL）	14020 ~ 14029
SC4	环境行为评价（EPE）	14030 ~ 14039
SC5	生命周期评估（LCA）	14040 ~ 14049
SC6	术语和定义（T&D）	14050 ~ 14059
WG1	产品标准中的环境指标	14060
	备用	14061 ~ 14100

SC1 ~ SC6 六个子系统按标准的功能，可以分为两类：第一类评价组织（企业）环境行为和第二类评价产品环境性能：其中，第一类包括：①环境管理体系；②环境行为评价；③环境审核。第二类包括：①生命周期评估；②环境标志；③产品标准中的环境指标。

ISO 14000 系列标准融合了世界上许多发达国家在环境管理方面的经验，是一种完整的、操作性很强的管理体系标准，它主要具有以下特点：

（1）自愿性。该系列标准不带有任何强制性，建立 EMS 体系并申请认证，完全是企业的自愿行动，任何人不能强迫。这为不同层次和技术水平的组织提供了较大的可选空间。

（2）灵活性。标准将建立环境行为标准的工作留给了组织自己，没有规定统一的环境行为标准，而仅要求组织在建立环境管理体系时必须遵守国家的法律法规和相关的承诺。

（3）广泛适用性。任何组织，无论其规模、性质、所处行业的领域，都可以建立自己的环境管理体系，并按标准所要求的内容实施，也可向认证机构申请认证。

（4）强调预防性。这一系列标准突出强调了以预防污染为主的原则，强调从污染的源头削减，强调全过程污染控制。

（5）强调持续改进。该标准没有规定绝对的行为标准，大部分是相对的，但要求企业环境保护逐年有所改进。有计划地实施改进措施，持续改进，不仅包括管理水平的提高，也包含技术工艺的革新，这和我国现在推广的可持续发展和清洁生产战略是一致的。

（6）要求管理过程系统化、文件化和程序化。强调管理行为和环境问题的可追溯性，体现了管理责任的严格划分。

ISO 14000 系列标准的基本思想，就是从根本上解决发展生产与保护环境和资源相结合的有效途径。它的实施对改善组织的生产环境、地区环境以至全球环境均有重大意义。

二、环境管理体系的审核认证

1. 环境管理体系 ISO 14001

ISO 14001 环境管理体系标准作为 ISO 14000 系统标准的核心，是企业建立环境管理体系并开展审核认证的根本准则，也是唯一的能用于第三方认证的标准。目前，国内外进行的 ISO 14000 认证即指 ISO 14001 环境管理体系认证。ISO 14001 标准由环境方针、策划、实施与运行、检查和纠正措施、管理评审等 5 个部分的 17 个要素构成，各要素之间有机结合，紧密联系，形成 PDCA 循环的管理体系，并确保企业的环境行为持续改善。

17 个要素指：①环境方针；②环境因素；③法律与其他要求；④目标和指标；⑤环境管理方案；⑥机构和职责；⑦培训、意识和能力；⑧信息交流；⑨环境管理体系文件；⑩文件控制；⑪运行控制；⑫应急准备和响应；⑬监视和测量；⑭不符合、纠正与预防措施；⑮记录；⑯环境管理体系审核；⑰管理评审。

2. 环境管理体系审核的主要内容

在 ISO 14001 环境管理体系审核程序的标准中，规定了环境管理体系审核的定义，即“环境管理体系审核是客观地获取审核证据并予以评价，以判断一个组织的环境管理体系是否符合环境管理体系审核准则的一个系统化和文件化的验证过程，包括将这一过程的结果呈报委托方。”环境管理体系审核是判定一个组织的环境管理体系是否符合环境管理体系审核准则，进而决定是否给予该组织认证注册的一个重要步骤。所以环境管理体系审核首先应以客观事实为依据，审核证据必须真实可靠，其次审核工作要遵循严格的程序，审核内容应覆盖环境管理体系标准的 17 个要素；最后审核中各个步骤的工作内容都需形成文件，以保持可追溯性。

3. 环境管理体系审核认证程序

环境管理体系认证程序大致上分为以下 4 个阶段：

（1）受理申请方的申请。申请认证的组织首先要综合考虑各认证机构的权威性、信誉和费用等方面的因素，然后选择合适的认证机构，并与其取得联系，提出环境管理体系认证申请。认证机构接到申请方的正式申请书之后，将对申请方的申请文件进行初步的审查，如果符合申请要求，与其签订管理体系审核/注册合同，确定受理其申请。

（2）环境管理体系审核。在整个认证过程中，对申请方的环境管理体系的审核是最关键的环节。认证机构正式受理申请方的申请之后，迅速组成一个审核小组，并任命一个审核组长，审核组中至少有一名具有该审核范围专业项目种类的专业审核人员或技术专家，协助审核组进行审核工作。审核工作大致分为文件审核、现场审核和跟踪审核 3 个步骤。

（3）报批并颁发证书。根据注册材料上报清单的要求，审核组长对上报材料进行整理并填写注册推荐表，该表最后上交认证机构进行复审，如果合格，认证机构将编制并发放证书，将该申请方列入获证目录，申请方可以通过各种媒介来宣传，并可以在产品上加贴注册标识。

(4) 监督检查及复审、换证。在证书有效期限内，认证机构对获证企业进行监督检查，以保证该环境管理体系符合 ISO 14001 标准要求，并能够切实、有效地运行。证书有效期满后，或者企业的认证范围、模式、机构名称等发生重大变化后，该认证机构受理企业的换证申请，以保证企业不断改进和完善其环境管理体系。

三、产品生命周期评价和环境标志简介

企业建立环境管理体系，改善环境行为后，还要实现对产品进行生命周期评价，提高产品环境性能，使产品获得环境标志的目标。

生命周期评价是对一种产品及其包装物在生产工艺、原材料、能源或其他某种人类活动行为的全过程，包括原材料采掘、原材料加工、产品生产、运输销售、产品使用和回收处置的全过程，进行资源和环境影响分析与评价。生命周期评价作为一种环境管理工具，不仅对产品生产过程的环境影响进行有效的定量化分析评价，而且对产品“从摇篮到坟墓”的全过程所涉及的环境问题进行评价，是“面向产品环境管理”的重要支持工具。

ISO 在 1997 年用 ISO 14040 ~ 14043 将生命周期评价规范为四个有机联系的部分。即：目的与范围界定、清单分析、影响评价和结果解释。确定研究的目的和范围是 LCA 的第一步，也是 LCA 最重要的环节；清单分析是指对生命周期全过程各阶段的能源与资源投入以及向环境（大气、水、土地）的废物排放进行识别和量化，并将输入输出的数据以清单形式列表示之；影响评价是对清单分析中列出的各项环境影响数值进行定量或定性的评估，即确定产品系统的物质、能量交换对其外部环境的总影响；结果解释是根据 LCA 前几个阶段的研究和清单分析、影响评价的发现，来分析结果、形成结论、解释局限性、提出建议、完成报告。

环境标志又称绿色标志或生态标志，是一种印贴在产品或其包装上的图形。环境标志制度是指由政府管理部门依据一定的环境标准，向符合环境保护要求的某些产品颁发特定标志的一种环保措施，是一种产品的证明性商标，它标明该产品除在质量方面符合质量标准外，其在生产、使用及回收处置整个过程中也符合特定的环境保护要求，与同类产品相比，具有低毒、少害、节约资源与环境优势。

环境标志有三种类型：Ⅰ、Ⅱ、Ⅲ型。Ⅰ型环境标志：经过第三方认可而颁发的生态标志，它是经科学和严格的评定，符合生命周期评估，是产品质量指标与环境指标双优的标志。Ⅱ型环境标志：经过验证方验证后的企业自我声明的标志，所进行的 12 条环境声明包括：可堆肥、可降解、可拆解设计、延长寿命产品、使用回收能量、可再循环及再循环含量（指产品再循环材料的质量“物理量的比例”）节能、节源、节水、减少废物量。Ⅲ型环境标志：以数字形式表明产品在全生命周期的环境质量。它是经第三方严格按生命周期清单审查、验证、评估认可而向公众提供的环境信息。美国采用Ⅲ型环境标志。Ⅲ型环境标志由于以数字指标表征产品环境质量，与质量指标融为一体，故最先进，它是推动循环经济和可持续发展的市场化手段。

第二节 食品包装材料的安全性及法规

一、食品包装材料对食品安全的影响

近年，食品安全成为全球关注的焦点，食品安全不仅是食品本身的安全，也包括食品被包装后的安全，食品包装材料的安全性是食品安全不可分割的重要组成部分。为保证食品安全，食品包装材料常规性的检测项目有：阻隔性、机械性能、溶剂残留量、密封性、材料爽滑性等。除常规项目外，还有一项危害性更大的潜在性安全危害——迁移。食品包装材料的迁移是指包装材料中化学物质在一定温度、一定时间下，向与食品接触的内表面扩散并被溶剂化或溶解的现象。迁移是一个扩散（动力学因素）和平衡（热力学因素）的过程。迁移物在聚合薄膜中扩散迁移可分为三个相互联系的阶段：渗透质在聚合物内扩散、渗透质在聚合物与食品界面处溶解、渗透质溶入食品。

因食品包装材料中有害成分迁移而引起的食品安全事故近年屡屡发生：如2005年初，甘肃某食品厂生产的薯片包装袋被检查发现印刷油墨的苯残留量是国家允许的3倍，严重超标，存在向食品渗透迁移的潜在危害；同年在超市中又检查出PVC保鲜膜使用有毒性的DEHA作为增塑剂，在高温加热下也会迁移到食品中导致人体得癌；2006年，不良商家用弃旧光盘生产劣质奶瓶，奶瓶中酚的含量值达到0.09毫克/人，超出标准值近一倍，而重金属铅的指标更是超标200倍，酚和铅被人体摄入就会蓄积在各脏器组织内，很难排出体外，当体内的累积达到一定量时，就会破坏肝细胞和肾细胞，造成慢性中毒，甚至致癌；2006年3月，我国出口到欧盟的果汁饮料，在法国抽样检查时发现，包装物中含有一种名为异丙基噻吨酮的化学物，这种有害物质也易迁移而渗入到果汁中，故全部产品遭到退回；2007年，出口国外的PVC塑珠拼图玩具，因氯离子可能向接触的人手迁移，对小孩造成伤害而被迫撤回，给出口商品声誉和经济上都带来严重损失。以上种种安全事故表明对食品包装材料的迁移必须引起高度重视。

食品包装材料的迁移最多发生在以塑料、纸为包装材料的油炸、蒸煮、微波炉食品包装上，陶瓷包装的釉成分也易发生迁移。易迁移的物质有：①塑料原本化学性能稳定，但在聚合合成工艺中，会有一些可能致癌的单体残留，如氯乙烯、苯乙烯等。②聚合物组成成分在某些条件下会降解产生一些低分子物质。③再生食品材料在循环过程中会受到有害低分子物质的污染，在再生生产过程中也会产生一些低分子物质。④为改善聚合物材料的加工和使用性能，需在聚合过程中加入各种添加剂（增塑剂、稳定剂、着色剂、抗氧化剂、润滑剂等），而添加剂均不同程度的存在一些毒性，如DEHA增塑剂、酞酸醋类增塑剂、双酚A等；上述情况的物质在加工、流通、使用的一定条件下，如较高温度（如40℃）、强光、辐射、微波加热、蒸煮和一定的时间下就会从聚合物材料中向与其直接接触的食品迁移。⑤食品包装塑料中的黏合剂和印刷油墨中有机溶剂的有害物在某些条件下会产生渗透，也是迁移的一种形式。

美欧等国高度重视食品包装材料的安全，已将包装材料成分和食品包装材料的迁移列为食品包装材料，尤其是新材料的必测项目。

二、食品包装材料的安全性法规

美欧等国家和地区在20世纪50年代就从数学模型和实验测试两方面对迁移问题进行了研究，并基于迁移试验和数学模型分析所得的数据，通过毒理学试验，相继制定了与食品接触包装材料及器具的安全限量法规，对食品包装材料的成分和可能迁移物质的迁移量进行了严格限制。

1. 欧盟食品接触包装材料及器具关于迁移的安全法规

（1）总体要求。欧盟规定所有食品接触材料与器具必须依据GMP（食品企业良好生产规范）进行生产；对所有食品接触材料与器具实行标签制度；给出允许存在物质的清单和纯度标准以及允许进入食品的迁移极限；并给出食品接触材料和器具成分迁移试验的基本规则（设定了进行迁移测试所用的模拟食物的模拟液体、接触时间和温度）。

（2）总迁移极限和特定迁移极限。总迁移量（总迁移极限）指在一定条件下，污染物从与食品接触的包装材料或容器向食品或食品模拟物中迁移的质量总和。总迁移极限OML要求这个总和不超过60mg/kg（对容器可换算为10mg/dm^2）。特定迁移极限SML（累积饮食浓度，即安全摄入量），适用于某些单独授权的物质，指某种迁移物质在食品或食品模拟物中允许的最大浓度。通常根据容许的日摄入量TDI设定。如体重60kg的人在一生当中每天进食1kg经塑料包装的食品，SML = 60TDI。我国根据国际上通用的安全摄入量规定，以2008年发生的婴儿毒奶粉事件中的三聚氰胺为例，所规定安全摄入量为0. 32mg/kg体重。

（3）关于陶瓷。对陶瓷表面的高毒性金属——铅和镉的释放作了限制，规定了在不同用途下的铅和镉的特定迁移极限：对不可充装的制品或内部深度不超过25mm的可充装制品，铅的比迁移极限为0. 8mg/dm^2，镉为0. 07 mg/dm^2；对其他所有可充装制品，铅的比迁移极限为4. 0mg/L，镉为0. 3 mg/L。

（4）关于塑料。塑料是包装安全法规中最重要也是最复杂的，对所有与食品接触的塑料材料的总体迁移限制为60mg/kg或10 mg/dm^2；对于不可能设立可接受日摄入量或容忍日摄入量的某种物质，其特定迁移限制为0. 01mg/kg；而对有毒性怀疑和缺乏数据的物质，则特定迁移限制为0. 05 mg/kg。允许PVC中氯乙烯的最大单体含量为0. 701mg/kg，且这种材料及制品向食品释放的氯乙烯一定不能以检测极限为0. 01mg/kg的分析方法检测出。允许再生纤维素膜中一缩乙二醇和二甘醇在食物中迁移极限为30mg/kg。对橡皮奶头中的亚硝胺，在使用能够检测0. 01mg/kg亚硝胺和0. 1mg/kg可硝化物质的验证方法时，却不能检测出弹性体或橡皮奶头中有亚硝胺和可亚硝化的物质。

2. 美国食品接触包装材料及器具关于迁移的安全法规

20世纪50年代，美国食品与药物管理局（FDA）第一个颁布了食品接触材料及器具的法令法规，2004年10月美国官方正式公布修订的公示法案《包装中的毒物》，该法案持有与欧共体相同的观点，规定了与欧盟94/62/EC和其修正案2004/12/EC相同的技术指标。为避免包装材料中所含物质向食品过度迁移，尤其是防止有害物质向食品中释放，从而危害消费者的身体健康，美国FDA规定：食品必须在符合卫生要求的条件中包装，食品包装材料的生产必须依据食品企业良好生产规范（GMP）；食品包装材料中的活性物质迁移到食品是造成食品不安全的重要原因，故将其定义为间接添加剂；与食品接触的包装材料及其组成成分必须符合要求，须通过化学成分组成和迁移两种方法的测试；并规定一种与食品接触的物质（包括食品包装材料及器具向食品迁移物）其所致累积饮食浓度（人群对食品污染物的安全摄入量）低于0.5ppb时，认为其对人体是安全的，当其累积饮食浓度大于1ppm时，在其进入美国市场前必须同食品添加剂一样接受FDA法规的约束；食品包装应用安全的材料替代受限制或可疑的材料，其规定同欧盟94/62/EC。

FDA对食品警示标签的规定：对肉禽产品、含铁膳食增补剂、冷藏保存的食品等三种必须有警示标签，所有警示标签均应放置于专门的边框内，以黑体“警告”打头，字体大小及用语须符合相应要求；规定的警示标签大体有3种：一是针对未加工的肉禽产品因储存、解冻、烹饪方法不当可能滋生致病微生物，故要求未经加工的肉禽产品加贴“强制性安全操作说明”标签；二是要求含铁膳食增补剂除在营养标签中明示铁的来源和含量以外，还应有警示性说明，即含铁产品的意外过量服用是6岁以下儿童致命性中毒的重要因素；三是建议将消费者购买后应冷藏保存的食品分别加附不同的警示性标签，标签用语要区分食品冷藏是为了保证安全还是为了保证质量，以特别引起消费者对食品安全问题的重视。FDA还要求食品包装商提交一份“食品接触证明”，凭此判定接触食品的一种材料及其使用方法和相关数据是安全可靠的；向美国进口的食品包装或用于食品包装的材料，都必须符合FDA的严格测试，确保该包装材料满足FDA的规定。

美国2009年还通过《食品安全加强法》，要求食品和药物管理局在2009年12月31日以前要评估双酚A的风险。该国各州将逐步禁止食品和饮品容器中含有双酚A物质。

3. 我国采取的预防食品包装材料及器具迁移的举措

我国近年已对预防食品包装材料的有害成分向被包装食品迁移采取了措施：2006年7月实施“食品用塑料包装、容器、工具市场准入制度及QS认证”，该市场准入制度由生产许可制度、强制检验制度、市场准入标志制度和监督检查制度等四项具体制度构成，规定与食品直接接触的塑料包装、容器、工具等制品的生产加工企业，必须进行必备生产条件、质量安全保证能力审查及对产品进行强制检验，确认其产品具有安全性，企业具备持续稳定生产合格产品的能力，方准许其生产销售产品并进入市场；今后还将相继制定出台纸、金属、玻璃、陶瓷等用于食品的包装、容器、工具的市场准入制度；2007年起又在全国食品包装材料企业进行了“良好生产管理规范（GMP）”和“食品安全QS”认证；2008年我国卫生部表示要尽快建立国家级迁移测试实验室，并制定有关食品包装材料迁移的安全限量标准。

三、食品和包装机械设计制造中的安全卫生规定

21世纪初，国际标准化组织ISO基于近年生产安全和食品安全事件日趋增加的严重性，出台了覆盖食品和包装机械、制药和包装机械等在内的安全卫生规定，世界各国高度重视这一规定，并依据该规定努力避免食品包装机械安全、卫生事故发生，避免不合格食品产生。美欧等工业发达国家和地区近年已在食品包装机械设计中实施了一套严格的安全卫生设计方法，并以保障人类健康、安全、卫生为由，欲将这套产品设计技术及达到的指标转化为标准法规和技术壁垒，以抢占食品包装机械技术制高点。

我国根据 ISO“食品（制药）和包装机械的安全卫生规定”，2007 年对 1997 年制定的 GB 16798—1997《食品机械安全卫生》进行了修订，提出了替代的报批稿 GB 16798—XXXX，报批稿适用于食品机械，也适用于具有产品接触表面的液体、固体和半固体等食品包装机械。其关于食品和包装机械安全卫生的主要要求是：

1. 食品和包装机械安全要求

食品包装机械的安全设计技术包括安全危险及隐患分析，结构工艺安全设计，安全保护装置设计，进行安全风险评价等。

食品包装机械的安全危险隐患源自设备运动部件的动能、势能和不良结构所造成。为此，特别要重视对运动部件的安全设计：对易造成伤害事故的齿轮、皮带、链条、摩擦轮等外露运动部件应设置防护罩，对运动部件的速度、质量、振动和噪声要加以适当限制；要有效控制运动部件之间的最小距离和最大距离，对运动部件与静止部件之间也须设计确保安全的距离，以避免人体受到挤压和剪切危险；为避免超负荷引起的危险，对相应的运动或受力部件应设计超负荷的安全保护装置；为避免运动部件动能引起的危险，对高速旋转的运动部件须进行静平衡试验或动平衡试验；为避免惯性冲击引起的危险，对运动部件要设计可靠的缓冲保护装置，往复运动部件则应限制加速度和安全限位装置。结构设计也应充分重视机械结构的自身安全性；机械结构应具有足够的机械强度和刚度、足够的机械可靠性、足够的抗物理性危害能力；凡人体易接近的外形结构应平整、光滑，不应有易引起损伤的锐角、尖角、突出物、粗糙表面以及可能刮伤身体、扯裂衣服的缺口；提高机械化自动化程度，降低操作者面临危险的概率；操作工作位置应适应人体的心理和生理要求，保证操作人员安全、舒适。对通过设计获得的直接安全措施和利用安全保护装置获得的间接安全措施都无效时的危险，则可通过使用文字、信号、图表等通知使用厂家采取必要的安全措施，包括出现危险时的紧急救援、操作者躲避风险、设备安装和维修的安全措施。

2. 食品和包装机械卫生要求

食品包装机械的卫生设计技术包括卫生危险及隐患分析、结构工艺卫生设计、材质的卫生要求及选用、进行卫生风险评价等。

食品包装机械的卫生危险隐患源自材质选择和结构设计，一是由于机械和包装材料、镀（涂）层上有害化学物质可能向被包装食品“迁移”，或材料滋长微生物、不符合卫生标准而对人体造成伤害；二是由于机械结构设计不合理而导致细菌滋长，或加工过程中人手操作导致加工的食品微生物超标。为此，食品包装机械的卫生设计应从卫生角度出发，要求机械材质符合卫生要求，与产品接触表面的结构材料应无毒、无异味、耐热、耐磨、耐腐蚀、无吸收性、易于清洗和消毒，在工作条件下应具有耐热、耐低温、耐酸碱、耐油的稳定性，能保持其固有形态、形状、色泽、透明度、韧性、弹性、尺寸等特性；同时要求使用的包装材料应符合与国际接轨的卫生标准要求，材料中有害成分含量必须在限定范围内，其潜在的迁移值须符合对总迁移极限和特定迁移极限的规定；包装材料上使用的油墨、黏结剂、涂料须是环保型的。对结构设计则要求机械及其零部件的构造避免凹坑、折痕、断裂、裂缝等缺陷，易于清洗、杀菌、消毒、拆卸和检查，适应在线清洗方式，使之具有足够的可洗净性、可拆卸性宜于卫生检查的方便性；同时要求与食品接触的表面应具有良好的可排放性，防止润滑油和其他污染物混入食品，并防止食品机械加工区微生物产生和从外部环境进入；对设备及加工食品的输送管道和连接部分也不应有凹陷及死角，避免滞留食品；对易产生卫生危险的零部件结构形状应进行危害分析，控制关键部位，单独进行卫生特性设计，采用卫生型传感器和卫生执行器有助于满足卫生特性要求。对上述通过设计获得的直接安全措施无效时的卫生危险，也可通过使用文字、信号、图表等告知使用厂家采取必要的措施，如制定设备规范的清洁、消毒和检查制度以及完整性的定期维护措施。

以安全卫生为首要目标的食品包装机械设计，最后应对反映综合质量的设计效果进行评价。评价体系应包括功能目标、性能目标、安全设计、卫生设计、结构设计、节能减排、外观质量、经济成本等方面，以及向下细分的各指标；评价方法一般采用模糊层次分析法。

四、食品包装的环保油墨标准

食品包装严禁使用含有毒有害成分（重金属残余、甲苯、二甲苯等芳香烃物质和其他挥发性物质）的有机性油墨，提倡使用醇、酯溶性和水性等环保油墨。欧美日各国均对食品包装油墨的有毒有害成分含量及向食品内的迁移量规定了严格限制。

我国于2008年制定了胶印油墨、凹印及柔印油墨环境标志技术要求：

（1）重金属类。铅、镉、六价铬、汞，限值分别为90mg/kg、75mg/kg、60mg/kg、60mg/kg，总量≤100mg/kg。

（2）化学物质类。苯类溶剂、挥发性有机化合物（VOC）含量，苯类溶剂包括苯、甲苯、二甲苯和乙苯，其含量≤1%；热固轮转胶印油墨VOC含量≤25%；单张胶印油墨和冷固轮转胶印油墨VOC含量≤4%（胶印）。卤代烃、苯和苯类溶剂的含量分别≤5000mg/kg、500mg/kg、5000mg/kg；水基凹印油墨VOC含量≤30%，水基柔印油墨VOC含量≤10%；醇基凹印油墨中氨及其化合物的含量≤3%、甲醇含量≤2%，醇基柔印油墨中甲醇含量≤0.3%（凹印及柔印）。

第三节　绿色包装壁垒及绿色包装

一、绿色包装壁垒的形成及特点

绿色包装制度是在20世纪70年代环境危机和90年代世界贸易危机影响下，各国为保护环境及人身健康而逐步建立起来的。绿色包装制度是绿色技术壁垒的一种。绿色技术壁垒和绿色关税制度、市场准入制度、绿色技术标准制度、绿色环境标志制度、环境卫生检疫制度、绿色补贴制度等共同构成了当今世界的非关税的绿色贸易壁垒。

对外贸易和投资、消费被称作拉动经济增长的三辆马车。世界贸易量的迅速增长，成为推动各国经济发展的动力；同时也使经济的发展越来越依靠国际市场。各国经济持续的过热增长，导致了经济“泡沫”现象，在20世纪90年代就出现了全球性的生产过剩，从而使商品过剩，出现全球性商品价格危机，并导致贸易进出口失去平衡，各国进口大量减少，世界贸易出现急剧下滑总趋势，反过来又引起全球性的经济衰退。面对这样全球性的贸易危机，各国采取的对策一是扩大内需，二是采取贸易保护措施，限制进口，保护本国市场。同时，全球性的环境危机引发了全球性的环境保护大潮，人们认识到环境的破坏已影响到人类的生存，因而保护人类生存环境、保护人体健康、发展要与环境相协调、经济应可持续发展得到了普遍赞同；人们环保意识的提高反映在消费行为上，是环保消费心理的增强，在全球掀起了绿色消费浪潮。

正是在上述背景下，工业发达国家纷纷出台绿色包装制度等贸易中的环境保护措施，形成了新的绿色贸易壁垒。1987 年蒙特利尔“保护臭氧层维也纳公约议定书”；1996 年 WTO 乌拉圭回合通过的“卫生与动植物检疫措施协议”建议使用国际标准，并明确规定各国有权采取措施，保护人类和动植物的健康，尤其确保人畜食物免遭污染物、毒素、微生物、添加剂影响，确保人类健康免遭进口动植物携带疾病而造成的损害。1996 年 4 月正式公布的 ISO 14000 环境管理系列国际标准，要求从产品原料选择、生产制造、流通使用到废弃处理的整个生命周期过程，生产环境均应满足环境保护要求，一切不符合环保要求的产品，任何国家都有权拒绝进口。这些国际法规一方面为保护人类的生存环境和健康，解决经济与环境协调发展，为世界各国在统一的环境管理标准下平等竞争提供了条件，但同时也为工业发达国家设置绿色包装制度等绿色壁垒提供了依据。

绿色包装制度在绿色壁垒中尤以其覆盖的广泛性、内容的复杂性和制定国的多样性而最易发生贸易摩擦，故须引起我们高度重视和认真应对。

1. 形式的合法性

工业发达国家制定绿色包装制度，在名义上均以保护本国环境和国家生态安全、保障健康和生命安全、保障消费者利益、资源与能源的合理利用等为主旨，符合国际上保护人类生存环境的有关规定，从而有了国际立法作为依据；同时也迎合了大家关心生态环境、环保消费心理逐步增强的心理。国际上的法规除了上面所述之外，主要还有：1992 年“联合国气候框架公约”，1979 年“长程越界空气污染公约”，1996 年国际法协会第 52 届大会通过的“国际河流利用规则”（赫尔辛基规则），1972 年“防止因倾弃废物及其他物质而引起海洋污染的公约”，1992 年“保护世界文化和自然遗产公约”，1973 年“濒危野生动植物物种国际贸易公约”，1992 年“生物多样性公约 ”，1982 年“联合国海洋法公约”，以及国际社会“对危险物质和活动管理的规定”、“对固体废弃物管理的规定”等。

任何一个国家无权按本国的环保价值观去规定其他国家的国内环境标准，但可以根据自己的选择制定本国的环保标准。因此给绿色包装制度和其他绿色壁垒提供法律支持，各工业发达国家还大力在国内制定环保法律，故所有绿色包装制度和其他绿色壁垒均是以立法形式出现的。

在既有国际法作依据，又有国内环保立法支持，因此在出口国为绿色包装制度而发生贸易摩擦时，就处于被动和弱势地位。1998 年，中国商品木包装上被检出天牛微生物而被美国海关禁止进口，同年美国农业部又签署法令，要求来自中国的木包装，必须要经过蒸煮或热处理杀菌且有检验和检疫标志，否则不能出口到美国。如果违规，整批产品不准进入美国，或者在美国监视下销毁，一切损失由中国负责。这一法令影响到中国对外贸易近 180 亿美元，中国派出代表团去美国抗议谈判，但没有结果。最后还得承认美国贸易保护的规定。

2. 内容的歧视性

发达国家和发展中国家经济发展水平不同，因此由科学技术水平较高、处于技术垄断地位的发达国家单方面制定的绿色包装制度必然对自由贸易会存在不合理的歧视性。表现在：①制定的强制性环保技术标准，都是根据发达国家生产水平和技术水平制定的，对发达国家来说，是可以达到的，但对于发展中国家来说，则很难达到，貌似公平，实际不公平，势必导致发展中国家的产品被拒在发达国家市场之外。②发达国家制定的绿色包装制度是在高科技基础上的检验标准，标准是否科学，发展中国家难以做出判断；尤其是环保标准在量化上具有的不确定性不容讨论，牵涉的面又很广，难于全面顾及，使发展中国家无可奈何，从而导致发展中国家因为达不到高标准而被禁止进口。20 世纪 90 年代初，美国制定陶瓷中对人体有害的重金属铅的限量标准，我国陶瓷制品因达不到要求，使素以“陶瓷王国”著称的我国的陶瓷产品，在美国陶瓷市场的占有份额仅为日本同期同类产品的 1/10。③进口厂商须同该国厂商一样对其包装物进行回收和再利用，不得不依靠当地销售商或废物处理中心来处理包装废弃物，并因此支付高额的费用，从而导致更多的贸易摩擦。

3. 操作上的难适应性

这是绿色包装制度较其他绿色壁垒不同而具有的一项特性。许多国家制定环保包装标准时，往往要考虑其国内的民族习性、颜色图案、市场偏好、废物处理设施等条件。这些条件因国而异，满足了一国环保包装的要求，又可能会受到另一国的限制。为符合不同国家的环保包装要求，进口厂商就必须支付更多包装成本。

二、典型绿色包装制度的主要内容

绿色包装制度是为防止包装材料及其废弃物给人身和环境造成危害，或因包装结构、用材不合理可能损害消费者的利益，而对包装材料的成分、用量、性质及食品包装材料安全性制定的限制性的规定或标准，包括包装材料减量化、成分标准、废弃物的回收、复用和再生、食品包装材料的总迁移极限和特定迁移极限等方面的内容。

各国制定的绿色包装制度很多，典型的有欧盟“94 /62 /EC 关于包装和包装废弃物处理的欧洲议会和理事会指令”，以及前面已介绍的欧盟、美国的食品包装安全法规“食品接触包装材料及器具关于迁移的安全法规”。近年欧盟又制定了若干和包装有关的新绿色壁垒。

三、欧盟 94/62/EC“关于包装和包装废弃物处理的欧洲议会和理事会指令”

欧盟指令 94/62/EC 是一部技术性法规，基本要求具有强制性，是市场准入的第一道技术门槛，只有满足基本要求的产品方可投放市场和交付使用。其基本原则是：①保障健康和生命安全；②保护环境和国家生态安全；③保障消费者利益；④资源与能源的合理利用。其基本要求指产品在以下 3 方面的要求：①对包装和包装废弃物含有害于环境和人身健康的成分进行限制；②降低资源能源（用量）的损耗；③对包装制造及性质的要求。

欧盟指令 94/62/EC 对包装的主要限制有：

（1）在所有包装材料、包装和包装组件中，铅、镉、汞和六价铬的浓度总量最大允许极限为100mg/kg（即100ppm），其目的是为避免含上述重金属的包装材料在焚烧和填埋后的飞灰、烟尘和渗滤液对人体产生伤害、保护地下水源和土壤。包装材料和所有包装中允许最大元素含量如表5－2所示。

限制易挥发、溶出、相溶、与人身体接触的有毒有害有机物（偶氮等）；限制有毒有害散发物（氟、氯、硫、氮等）、有毒有害的重金属渗出物；通过植物卫生检疫措施（SPS协议），限制破坏生态的微生物，以保障环境和生态安全。

表5－2 包装材料和包装中允许最大元素含量

元素	在干燥物质中（mg/kg）	元素	在干燥物质中（mg/kg）
Zn	150	Cr	50
Cu	50	Mo	1
Ni	25	Se	0.75
Cd	0.5	As	5
Pb	50	F	100
Hg	0.5		

（2）用安全的材料替代受限制或可疑的材料。①用PET替代PVC：聚氯乙烯PVC的氯乙烯单体被列为食品、医药以及与儿童接触的产品包装中限制使用的材料。78/142/EEC曾规定用于食品包装材料的氯乙烯单体限制在0.701mg/kg以下。但为了规避风险，欧盟的企业大都采取安全的、低风险的材料替代法。②用PP替代PS：苯乙烯的单体也是有害的，且在常温或需加温状态下容易产生异味，故在某些应用上也被视为不受欢迎的产品，故也常以PP取代PS。③包装用纸以氧化法漂白替代含氯物质漂白：包装用纸相当大的数量是属于一次性的，为避免多氯联苯这种极毒物质对水源的污染，欧盟已普遍采用氧化法制造的漂白浆，其产量已超过60%。

（3）用水溶剂型取代有机溶剂型的黏合剂和印刷油墨。有机溶剂型的黏合剂和印刷油墨中含有易挥发和可溶的甲醛、苯、甲苯、二甲苯和甲醇等有害物质，影响操作者的身体健康，故必须慎重使用，以无毒害的水溶剂型取代之。为避免油墨中有害重金属（如锌铬黄）和苯残留超过限定的量，故切忌过分印刷装潢。

（4）禁用偶氮染料。欧盟规定可释出浓度超过百万分之三十被禁芳族胺的偶氮染料，不得用于与人体长期接触的纺织品或皮革制品的包装（主要是瓦楞纸箱、鞋盒、布袋）上。

（5）限制使用不易回收和不具有商业回收利用价值的包装材料（制品）。①限制使用不易回收利用的热固型塑料包装材料。②复合材料不易回收，故应尽量使用单层薄膜的包装。③发泡塑料缓冲垫由于其收集、分类、运输成本高于回收利用（资源或能源）价值，故被视为不能商业化回收利用的产品，已逐渐退出市场，而以植物纤维缓冲垫、蜂窝纸板或瓦楞纸板（折叠后）加工成型的缓冲垫，或用收缩薄膜或捆扎材将产品固定在纸托盘上代替之。

（6）禁止或限制使用某些原始包装材料，对木质包装须实行强制性措施。为防止包装材料上的病毒虫害对生态环境的破坏，欧盟明令禁止或限制使用原始包装材料，如：木材、稻草、竹片、柳条、麻和以此为基础的包装制品，如木箱、草袋、竹篓、柳条筐篓、麻袋和布袋等；在包装辅料方面，也禁止或限制以纸屑、木丝作为填充料；对上述包装材料及辅料均应先进行消毒、除虫和进行其他必要的卫生处理。

在出口机电、五金商品包装中，木质包装仍占有主要地位。联合国粮农组织规定对包装货物的木质材料必须进行加工处理，力争制止以吞噬木屑为生的各类昆虫通过其寄生的木质出口商品包装材料跨国界蔓延。欧美对进口的木质包装规定（包括木质铺垫材料、支撑材料、托盘等）均须有出口国出入境检验检疫机关出具的已经过热处理、熏蒸处理、防腐剂处理或其他为进口国所认可的处理措施的证明。木质包装容器不应有树皮和 3mm 以上的虫眼。

（7）对玻璃、金属包装容器内壁层的规定。玻璃包装容器应按使用范围（食品、医药、化工）控制可溶性碱性氧化物及砷的溶出量。金属包装容器的内壁和内壁镀膜涂层在保质期内不应与内装物发生化学反应。

（8）对包装减量化，降低资源能源（用量）的损耗的要求。欧盟指令中降低资源能源损耗的措施，首先要实行减量化、防止包装废弃物产生；其次要求再资源化：第一是倡导重复使用（减少废弃物），第二是可循环再生（资源回收），第三是可回收利用（能源回收）。

对减量化的要求是：生产包装时，应使包装的体积和重量限制到最小的适用程度，以便对被包装的产品和消费者保持安全、卫生和可接受的必要水平。最小的适当的重量（体积）的包装，应不危及包装功能和安全，满足达到所有“性能指标”的要求，即：满足产品保护要求；符合包装制造规程；满足包装（充填物）操作要求；满足物流管理要求；满足产品介绍和行销需要；为使用者（消费者）能接受；应开启和再次使用方便；满足提供产品信息的需要；满足安全设计需要；符合法律、法规和国际贸易规则的所有协议；符合有关经济、社会和环境含意的议题要求。

（9）对包装性质的要求。包装设计并商品化时，其性质能重复使用或回收利用、回收再生，当销毁包装废弃物时，使其对环境的影响降到最少。

对包装可重复使用性质规定的要求为：①包装的物理性质和特性应使其在使用条件下，能多次往返使用或循环使用；②在符合对劳动力的健康和安全条件下可以处理用过的包装；③当包装不再重复使用而成为废弃物时，按照可回收利用包装的规定要求处理。上述三条要求必须同时满足。

对包装可回收再利用性质规定的要求为：①材料再生型可回收利用的包装：其包装材料中须含有一定重量百分比的可再生的符合欧共体标准的产品成分；该百分比的确定取决于包装的材料类型。②能源回收型可回收利用的包装：其包装废弃物须具有最低的热值。废塑料最低热值为 7300kJ/kg。③合成型可回收利用的包装：因合成的被处理的包装废弃物须能用手分开，而对有机可降解成分进行堆肥化再利用。④可生物降解的包装：其废弃物须能进行物理的、化学的、受热的或生物的分解处理，在需氧或厌氧的堆肥设备中进行降解试验，且大部分处理完的合成物最终分解成二氧化碳、生物量和水，满足堆肥化再利用要求 。

对凡符合“可以重复使用”和“可以回收再利用”条件的包装，可使用如图5－1所示的标志。

(a) 可重复使用的包装标志　　(b) 可回收再利用的包装标志

图5－1　可再循环利用的包装标志

(10) 实行标志、标签、标记制度。标志有强制性和自愿性的两种。在欧盟市场上强制性的标志有CE认证标志，是工业产品进入欧盟市场的通行证，应用在儿童玩具、家电产品、纺织品、化妆品、医疗设备、易引发爆炸物品、电子电气设备和汽车上。自愿性标志有针对纺织品进入欧洲市场的生态标签（ECO－Label）、绿点标志（Green Point）、单因素环境标志等。

标签是以文字或数字的形式出现，它表达商品的全部信息，如尺寸、体积、价格、产品中可能存在的某种有害物质等；对有些容易引起安全性的产品，标签是强制性的，如化妆品、肉类罐头食品、有机食品和转基因食品都需使用强制性的标签，也是这类食品进入欧盟市场的首要条件。

标识是为了便于包装收集、重复使用、回收利用，而按包装材料性质进行的分类编号。欧盟规定：采用的标识编号对塑料为1～19，对纸和纸板为20～29，对金属为40～49，对木材为50～59，对织物为60～69，对玻璃为70～79。标识体系也可对有关材料采用缩写（例如HDPE为高密度聚乙烯）表示。

四、欧盟的新绿色壁垒

近年，由于欧盟环境保护标准不断提高，对市场准入的限制不断增强；再加之欧元升值及通胀压力，需保护本地区各国的相关产业，导致欧盟对绿色壁垒的设置速度不断加快，力度不断加大，准入门槛不断抬高。相继制定和出台了《关于化学品注册、评估、授权与限制制度》（REACH，2008、6实施）；《用能产品生态设计框架指令》（EUP，2007、8实施“框架指令”，各类产品的具体环保指标在三年时间内先后执行）；纺织化学品生态标签（Oeko－tex Standard 100 2011版本）；欧盟化妆品法规（EC No 1223/2009，2013、7实施）。这些绿色壁垒不仅对相关产品，也对产品包装的环保要求进行了更严格限制，我们必须予以认真研究和对待。

1.《关于化学品注册、评估、授权与限制制度REACH》

REACH法规适用所有含化学成分的材料及产品，包括各类包装材料、包装油墨、黏结剂和涂料。REACH的主旨是在化学品污染增加，使环境和人类健康受到化学品越来越多侵害的大形势下，鼓励使用危险性较小的化学品替代现行危险性较大的化学品，并将其淘汰出市场，从而保证化学品使用安全。REACH收集美国市场上2800种高产量化学品的毒性和生态毒性信息，以及联合国经济合作和发展组织（OECD）对高产量化学品（HPV/ICCA）的筛选信息数据集（SIDS）的试验结果后，提出在化学品管理中采取以注册、评估、许可、限制为主要元素的新框架，以建立起严格的化学品监管新体制。新体制取代了以前欧盟对化学品管理的40余项法规。

“注册”要求无论是已经使用还是新发明的化学品，只要生产或进口量超过1吨/年，生产商或进口商就必须进行产品注册，向REACH中央数据库提供信息，并交纳注册费用。非欧盟企业可以选择以下一种方式进行注册：自设欧盟分公司；合伙设立欧盟分公司；委托欧盟境内或已经在欧盟设立公司的国内代理机构作为“唯一代表”进行注册。

“评估”由企业根据欧盟成员国主管部门提出的问题给予回应或提交进一步的信息。评估分为卷宗评估和物质评估，卷宗评估是防止不必要的动物实验，物质评估则是在怀疑相关物质对人类健康或环境存在风险的情况下进行。

“许可”程序的目的是为了确保危险物质得到充分控制。进口商可从风险、技术和经济方面考察并寻找适当的物质或技术替代危险物质，并取得成员国主管部门许可。

“限制”则是对那些有证据显示对人类健康和环境具有不可接受风险的化学物质，不管是其本身或含在配制品、物品中，均须予以限制；或限制在某些产品中使用；或限制消费者使用或限制所有的用途。

2. 《用能产品生态设计框架指令EUP》

为强化环境保护和降低气候变化带来的负面影响，欧盟继《关于在电子电气设备中限制使用某些有害物质指令》（ROHS）、《关于报废电子电气设备指令》（WEEE）和《关于化学品注册、评估、授权与限制制度》（REACH）之后，又出台了《用能产品生态设计框架指令》（EUP），使机电产品的准入门槛不断抬高。具体产品包括锅炉、热水器、计算机、传真机、复印机、打印机、空调、电视机、电冰箱、洗衣机、照明装置、电动马达、电风扇、洗碗机等用能产品。这一指令使占对欧盟出口机电产品80%的中国企业面临全面挑战。

欧盟表示，推出EUP指令的宗旨在于推广生态设计理念，即产品从设计阶段就应综合考量在生命周期全过程中对能源、资源与环境的影响。用能产品对原材料的消耗和对环境产生的排放都将对环境和气候变化产生严重的负面影响。欧盟认为提高产品环保性能最有效方法就是进行产品生态设计，如对洗衣机设计，就应对其消耗能源、水与洗洁剂的水平，产生噪声的分贝，对废水的回收能力进行综合考量，甚至需细化到洗衣粉添加剂的使用会否导致能耗与水耗的增加，以最大化的保护环境。EUP将在三年内通过对不同类别产品设立具体的环保指标，建立起向欧盟进口的绿色壁垒。不达标的产品（含包装），无论是在欧盟区内还是区外生产的，都将无法进入欧盟市场。

3. 《纺织化学品生态标签Oeko-tex Standard 100 2011版本》

美欧等国对纺织服装品进口均有严格限制，要求服装产品从生产前到制造、销售、使用以及最后处理各阶段都达到ISO 9000系列标准，方可参加举办的展销会；贴上生态标签的纤维、服装方可进入欧盟市场。

纺织化学品生态标签Oeko-Tex standard 100是由“国际生态纺织品研究和检验协会”1992年发布的有关纺织品上有害物质的限定值和检验规则，对纺织品的pH值、甲醛含量、偶氮染料、颜色坚牢度、重金属（铅、镉等）残留物、六种含氯有机农药残留物、防霉变物质、防静电剂等均制定了严格控制标准。每隔二年或一年会对前一年的版本做重要修订，不断提高进口门槛。

2011 版本较 2010 年版本又增加了被检测和禁用的纺织化学品，主要有：在禁用的阻燃剂清单中增加了短链氯化石蜡（SCCP）和磷酸三（-2-氯乙酯）（TCEP），它们用于特殊用途时限值为 0.1%；对于金属组件限量，Ⅰ类从 200mg/kg 减少为 90mg/kg；婴幼儿类产品中的总铅含量限量也有一定的减少。我国许多纺织品（包括包装）过去因使用偶氮染料而被进口国拒之门外，今后将会受到更多的限制。

4. 欧盟化妆品法规（EC No 1223/2009）

该法规规定：严禁使用致癌、诱导有机体突变或对生殖有毒害的物质（CMR 1A、1B 或 2 类物质）；考虑到非常小的纳米材料粒子可能影响其化学甚至毒物学特征，故规定化妆品及其包装中凡使用纳米材料，如包括二氧化钛、氧化锌、二氧化硅、黑烟末、氧化铁和氧化铝等必须经过额外的详细审查。

法规还规定化妆品生产必须严格执行良好生产规范（GMP）；提供涉及化妆品安全性的成分、稳定性、微生物及包装材料等的信息，提供安全评估报告；并具有标明原产国和有效期的标签。

五、绿色包装和生态包装

为应对绿色包装制度对包装材料的成分、用量、性质、安全性等环保性能提出的要求，同时更为了适应世界环保大潮、保护生态环境、减少包装对环境和资源的负面效应、使包装能“可持续发展”，必须大力发展绿色包装和生态包装。绿色象征着生命、生机、是大自然之色，取其生机盎然、可持续发展之意。

1. 绿色包装的概念

目前，在美欧取得的共识是：绿色包装是符合“3R1D”的包装，即：reduce 减量化、reuse 再利用、recycle 再循环、degradable 可降解。这个认识是和绿色包装制度对包装的要求一致的。

为从生命周期全过程评价包装环境性能，科学、严格的绿色包装的定义是：能够重复利用或循环再生或降解腐化，且在产品整个生命周期中不对人体及环境造成危害的适度包装。

为分阶段达到以上要求，可实施分级标准。A 级指废弃物能够重复利用或循环再生或降解腐化，含有毒物质在限定范围内的适度包装。A 级主要是满足 3R1D 要求，即：reduce 减量化、reuse 再利用、recycle 再循环、degradable 可降解。AA 级则指废弃物能够重复利用或循环再生或降解腐化，且在产品整个生命周期中不对人体及环境造成危害的适度包装。AA 级也可称为生态包装，它是绿色包装发展的高级阶段。

2. 生态包装的特点和概念

生态包装是绿色包装发展的高级阶段，在其生产和使用过程中更强调保护生态环境。为此，它较主要达到 3R1D（减量化、再利用、再循环和可降解）要求的绿色包装更具有如下特点：①需从生命周期全过程去考察包装的资环性能。只有在生命周期全过程中消耗资（能）源少、对环境排放“三废”少的包装产品，才能真正做到和生态环境相容，才能最大化地保护生态环境。②追求生态效率（生态文明水平）最高。生态效率是指生态资源用于满足人类需要的效率。其本质是以最少的生态成本（尽量不破坏生态环境的资源）获得最大的经济产出。生态效率 EEI 的测度：EEI = GDP/地区生态足迹（指经济发展对生态环境的总体冲击）。EEI 与 GDP 成正比，与地区生态足迹成反比。③重视包装可持续发展。生态包装的目标是使包装发展与环境保护相协调，使包装可持续发展，故又被称为可持续包装。可持续包含经济、生态和社会三个持续性，而以生态持续为核心，在保护自然资源、不超越生态环境系统更新能力的前提下，以提高人类生活质量为目标，获得经济的最大发展。

由上述特点可导出生态包装的一般定义：在整个生命周期中最大化保护生态环境，资源利用率或循环再生利用率最高，排放的污染物最少的包装。

发展生态包装，需基于生命周期评价 LCA 开展生态设计。生态设计是 EUP 对用能产品最重要的要求，也是今后市场对包装的需求趋势。

六、发展绿色包装需对生命周期全过程实行绿色化管理

生命周期全过程的绿色包装和生态包装是一项以提高产品资环性能为目标，由原材料、结构设计、生产加工、流通消费、回收利用等相互联系又相互制约的环节组成的系统工程。

为使整体目标最优化，需从系统内各环节按照统筹协调、有机配合的原则，在生命周期全过程中除采用无毒无害的绿色包装材料和实施清洁生产外，还需实行减量化及低碳化，对废弃物进行重复利用、回收再生、热能回收、堆肥化等一系列绿色化管理。下节将继续介绍。

第四节　包装的减量化及低碳化

一、包装减量化的主要途径

减量化是降低包装资源能源损耗的首选措施。绿色包装应积极选用成分无毒、易回收再利用、环境负担最小而循环利用率最高的绿色包装材料，如瓦楞纸扳、蜂窝纸板、纸浆模塑、生物降解塑料、植物纤维发泡缓冲材料、纳米包装材料以及水基型的黏合剂、油墨、涂料等，同时在容器结构设计中应大力推行减量化技术，尽力节约资源能源，坚决制止过度包装。常采用的减量化技术有以下几种。

1. 轻量化技术

指在保证实现包装功能所需各项机械力学性能的前提下，减轻包装材料的重量实现轻量化。①玻璃瓶轻量化。它通过调整配方、采用轻量化结构及瓶形的优化设计、实行理化强化工艺和表面涂层强化方法等综合措施实现轻量化，使玻璃瓶从平均壁厚 3.5mm 减薄为平均壁厚 2 ~2.5mm，提高了玻璃在包装材料中的竞争力。②用涂覆纳米涂层的 PET 瓶取代玻璃啤酒瓶。纳米涂层的 PET 瓶盛装啤酒既能减轻重量、又能保持啤酒香味，属于取

代型轻量化技术。③轻量化瓦楞纸板。适当降纸面纸和里纸克重，增加瓦楞芯纸克重，达到降低纸板重量和提高纸板强度的目的，将走俏家电包装。

2. 改进容器结构实现轻量化

①1969 年美国率先推出铝饮料罐以来，轻量化始终是制罐企业和饮料企业追求的目标。如罐盖的直径至今已缩小 5 次，现在的重量与上一代罐盖相比减轻了 15%。罐体重量减少更明显，12 盎司铝罐罐体重量现在比 1970 年时减轻了 40%；百事可乐北美公司对盛装非碳酸饮料的 500 mL PET 瓶通过改进瓶子的结构设计，将冰红茶瓶和果汁饮料瓶的重量从 23. 5g 削减到 18. 6g，减轻了 20% 的重量。②对饮料瓶配套包装产品的改进。美 GCS 推出的“绿色瓶盖”项目，将 30/25 规格的矿泉水瓶盖的重量从 1995 年的 3. 1g 减轻至目前的 2. 3g，而密封性能则更高。百利盖公司最新推出的适用于一次性饮料及牛奶产品的新瓶盖，采用 HDPE 材料，重量仅 2. 5g，它拥有撕拉防盗环和良好的再密封性。③大多数铝饮料罐和 PET 瓶的集合包装采用收缩薄膜，这种收缩薄膜的厚度减少到 40μm 是可行的，不仅减少了材料的使用量，还能够节省存储空间和运输成本，同时二氧化碳的排放量也得以降低。

3. 薄壁化技术

薄壁化技术指在保证实现包装功能所需各项机械力学性能的前提下，通过减少壁厚而减轻包装材料的用量。①北京奥瑞金制罐有限公司通过改进工艺，将三片番茄罐罐身的马口铁薄板从 0. 2mm 减少到 0. 15mm，将番茄罐上下底盖的马口铁薄板从 0. 18mm 减少到 0. 16mm；1 亿个罐共能节约马口铁薄板 412 吨，获得了显著的经济效益。②江苏申达集团开发出仅 0. 7 ~0. 8μm 的超薄型塑料软薄膜，为软包装减量化开辟了新途径。③雀巢公司重新设计瓶装饮用水的塑料瓶，采用更薄塑料制作瓶身，这种新瓶子比旧款轻了 15%，重量从 14. 5g 下降到 12. 4g，这一项改动，就让雀巢公司每年省下 2900 多万斤聚酯原料；通常减少厚度会使圆柱体的瓶身变得不结实，所以对瓶身中部采用了弓形设计增强坚固性；而在瓶子底部的凹凸设计也增强了瓶身的坚固性，横向的“肋骨”除了增加坚固性，也增加了几分设计感；而纵向的凹槽一直通向瓶底，对瓶身起支撑作用。

4. 无包装

日本对除番茄、桃、草莓外，90% 的蔬菜、水果采用冷冻集装箱运输，都可不用包装。这样既省去了特种保鲜功能的包装塑料或纸，又有助保持蔬菜、水果的营养与新鲜。

二、包装低碳化的主要途径

包装减量化促进节能减排。为减少温室效应，尤要重视减少碳排放，即要包装低碳化。包装低碳化最重要的途径是节约能源的消耗。我国能源结构以煤为主，火电装机容量占我国电力装机容量 75. 7%，超过 50% 的煤碳用于发电，而燃煤排放的二氧化碳占我国二氧化碳排放总量的 80%；我国近年由于经济发展迅速，年增速大，故二氧化碳排放量已是全球最大的国家之一，占全球碳排放总量的 20%；而我国包装工业的年增速更高于其他行业，达到 18%，2010 年包装总产值突破 10000 亿人民币，占全国 GDP 的 3%，成为全国各行业中排名 14 的大行业，世界排名第二的包装大国；在看到这些辉煌成绩的同时，也应当看到包装产品使用面广量大，耗材多，生命周期短，70% ~80% 的产品使用一次后即废弃；包装产品消耗的资源：森林、化石矿、金属矿、石英矿又都是十分宝贵或不可再生的资源，影响我国的生存环境和可持续发展；因此包装行业属于资源消耗性产业，资源消耗多必然引起能源消耗多；当总产值基数大，碳排放量也将急剧增大，故包装行业应承担的“碳减排”责任也就更大。

人类为应对气候变化对全人类生存环境的挑战，在2009年12月联合国哥本哈根会议上达成了“减少碳排放、阻止全球气候变暖”的强烈共识，达成了不具法律约束力的《哥本哈根协定》；我国作为负责任大国，承诺2020年单位GDP二氧化碳排放比2005年下降40%到45%，并作为约束性指标纳入国家发展中长期规划。该约束性指标对各行业、包括包装行业均是一个严峻的挑战，考虑到各行业承受的“碳减排”压力，国家的减排指标不会平均分配，对碳减排任务特重的电力、钢铁行业可能会适当减少，而对包装等行业减排指标可能还会有所加大，故包装行业应对此有充分准备，克服困难，承担更大的碳减排任务。包装行业实施“碳减排”的主要途径有以下7种。

1. 针对包装行业的“碳足迹”采取措施

搜寻“碳足迹”是采取“碳减排”途径的先导。如我国传统火电企业碳排放的“碳足迹”来自于燃煤，减少碳排放就要减少燃煤的用量，其两大途径是发展清洁煤技术和改变电源结构，增加水电、核电、风电、太阳能发电、光伏发电等可再生能源比例，后者取代燃煤发电，可实现“零排放”；包装行业也可从纸、塑、玻璃、金属四大包装制品的能源与资源消耗中寻找碳排放的“碳足迹”。如瓦楞纸箱，通过对其生产工艺（包括制胶、压楞、黏合、烘干和分切的制板工序、印刷和模切的印刷工序、粘箱和打包的成箱工序）进行生命周期评价，发现对环境产生的影响主要有化石能源消耗、全球变暖、酸化和富营养化；在各类环境影响中，化石能源的消耗主要是各生产工序中对电和煤的使用；全球变暖和酸化主要是利用燃煤发电的用电和在制板工序的制胶、压楞、黏合各工步中使用燃煤生产蒸汽的过程中所排放的气体所致；富营养化则是制淀粉胶机清洗水和印刷机清洗水的排放造成。依据上述分析，可寻找到瓦楞纸箱的“碳足迹”也有两条：一条是间接的，即利用燃煤发电的用电（包括生产用电和照明用电）越多，间接排放的二氧化碳就越多；另一条则是直接的，由生产过程中以燃煤为能源生产蒸汽所造成的。因此减排途径也主要有两条：一是节约用电，二是节约生产中燃煤。其他各类包装的“碳足迹”，如从获取原材料开始到产品出厂为止的生产过程寻找，也会发现类同瓦楞纸箱的“碳足迹”，也需采取类同的减排途径。

据美国企业对典型包装系统中包装材料碳排量构成的分析，纸包装占的比例最大，其中瓦楞纸箱占到59%，因此依据“碳足迹”分析，对包装系统中用量最大的瓦楞纸箱进行碳减排是包装行业减少碳排放的一项重要任务。

2. 进行产业结构调整是包装行业“碳减排”的当务之急

产业结构系指企业的规模结构、产品结构和生产结构。包装行业由于门槛低，故我国目前包装企业多属民营小企业，数量多、分布散、产品技术含量不高、生产设备落后，带来能耗大、污染重、成本高、产品档次低、相互杀价竞争等一系列弊病，这是造成我国包装行业碳排放量大的主因，也是“碳减排”的最大障碍。为此，必须通过贷款、税收、提高产业门槛等一系列政策引导、并用已建立的20余个包装产业基地作为示范，通过合并、兼并、关停等手段，加大规模结构调整力度。只有企业达到适当规摸，才有能力瞄准国际、国内两个市场前沿，淘汰陈旧产品，生产适销对路的新产品，进行产品结构调整；才能投资技改，淘汰落后产能，改进生产工艺，进行生产结构调整；才能加强企业环境管理和污染治理，通过 ISO 14000 认证；从而实现减少碳排放和其他有害成分的排放，发展包装低碳经济。

3. 发展节能包装

根据对包装的“碳足迹”分析，包装的碳排放主要是由能源中用电和生产中用煤所造成，因此节约用电、减少用煤是包装“碳减排”的最重要举措，应通过设计节能、工艺节能、设备节能、办公节能、用燃油锅炉代替燃煤锅炉、使工艺水循环利用等一切手段，最大限度地减少能源和燃煤消耗。如某厂生产纸浆模塑制品，用阳光（20℃以上）代替烘干生产线（74kW/h）烘干，每天烘干同样数量的产品可节约 300kW 的电量，而且晒干的产品比烘干的变形小、质量好。

4. 发展减量包装

减量化通过原材料选择、结构设计、工艺设计等各个环节，减少对主材料和辅助材料（包括衬垫、油墨、黏合剂等）的用量，从而减少对资源和能源的消耗，故减量化是包装绿色化、也是包装“碳减排”的首选。包装减量化要求选择包装材料和设计包装制品在厚度上要薄壁化，如瓦楞纸板能用三层就不要用五层，对塑料薄膜、金属薄板也应在保证强度前提下尽量用薄的；在重量上则通过原料配方和形状结构设计使制品轻量化，如轻量化玻璃瓶等；对工艺设计则要求通过采用先进设备和优化工艺过程，减少产品资源消耗，国外制罐铝板材料每减薄 0.01mm，每千罐可节省原材料价值 0.22 美元，如某纸箱厂将瓦楞纸箱边角余料从 15% 下降到 10%，使纸板材料重量减少 $25g/m^3$。

5. 发展回收再利用包装

发展回收再利用包装不仅具有节约资源、保护环境、发展包装循环经济的重要意义，而且直接减少了能源消耗，是包装碳减排的重要手段：回收废纸制浆较木材制浆能节约能源和水资源 50% ~70%；回收废塑料制成包装容器较用树脂制成新包装节约能源 85% ~96%；回收铝两片罐比从开采铝钒土矿制成新罐能节约能源 95%；回收废铁桶罐和玻璃容器制成新包装也比用铁矿石和石英砂生产包装节约能源 50% ~75%。因此工业发达国家均高度重视包装废弃物回收再利用，欧盟、德国对塑、纸、金属、玻璃废弃物回收利用率均在 60% 以上，美国、日本对瓦楞纸板回收率达到 85%；我国与之相比差距还很大，除纸、易拉罐回收率高一些，超过 50% 外，其他均还较低，尤其是塑料废弃物，除用于垃圾焚烧场回收能源外，回收再生率仅为 10% 左右，这是和我国至今尚无一部强制性的包装废弃物回收利用法（核心是生产者为废弃物回收付费）和尚无一个规范性的回收利用网络有关。

6. 发展代木包装

森林资源是陆地生态系统的主体，具有多方面保护生态系统的重要作用，而且能吸收固定大量的碳，减少碳排放，具有重要的“碳减排”意义。我国在世界上属于森林覆盖率小的国家，因此保护森林资源、发展代木包装对我国具有特别重要的意义。代木包装可以纸代木（瓦楞纸板、蜂窝纸板箱）、以塑代木（塑料周转箱、塑木包装箱）、以钢代木（集装架、集装箱）、以土代木（菱镁土包装箱）、以竹代木（竹胶板箱）等，但从节约资源和保护环境的角度看，以我国具有丰富资源的竹或其他植物纤维取代木纤维具有重要意义，我国纸包装中现使用非木材浆的已为数不少，占世界上非木材浆的80%～90%，这些非木材浆的原料是稻秆、麦秆等农业废弃物，焚烧这些农业废弃物将全部转化成二氧化碳；若将这些农业废弃物用来制浆生产包装，则至少可少排放一半以上的二氧化碳，所以今后进一步扩大利用竹或其他植物纤维制造非木材浆的纸包装、用高强度竹胶板箱取代木包装箱对"碳减排"具有十分光辉的前景，也是我国包装对减少全球碳排放做出的一大贡献。

7. 引进碳排放权交易、积蓄碳汇，是包装碳减排的重要途径

《京都议定书》规定：应对气候变化由发达国家带头减排、发展中国家无须强制减排（即"共同但有区别"原则），发达国家须在2008～2012年间将二氧化碳、二氧化硫等五种温室气体排放水平在1990年的基础上平均减少5.2%。由于发达国家在现有基础上进行碳减排的成本比发展中国家高5～20倍，所以单靠自身减排能力很难满足《京都议定书》设定的目标，于是《京都议定书》同时规定发达国家可以通过资金援助和技术转让的方式在没有减排指标的发展中国家实施环保项目，通过购买经认证后的减排量来履行减排义务。这种方式形成的市场运作机制称为清洁发展机制，由此产生了碳排放权交易（碳汇）市场。

包装引进碳排放权交易，积蓄碳汇，赚取碳汇的途径有很多：

（1）植树造林。森林的光合作用能吸收固定大量的碳，减少碳排放。人工林固碳定量虽比原始林低很多，但只要提高蓄积量，注意保护生物多样性，人工林还是很好的碳固定载体。目前，我国已有一些省市通过植树造林减少碳排放，与买方进行了森林碳汇贸易。中国绿色碳基金会确定每吨二氧化碳的吸收指标可卖178元。重庆森林工程拟建5500万亩森林，每年可吸收二氧化碳2750万吨。

（2）发展代木包装。巴西政府在哥本哈根大会上推出"通过减少砍伐和毁坏森林而减少碳排放计划"，以保证森林可持续发展，我国生产出口的竹地板就受到巴西政府的推崇和奖励；我国多年在代木包装发展上取得令人瞩目的成就也可能成为一种碳汇形式。

（3）从发达国家引入先进技术进行技术改造、淘汰高能耗设备和落后产能，将经认证后的碳减排量再卖给对方，也是一种互利的碳汇方式。如我国钢铁行业积极依据联合国提倡的清洁发展机制，从工业发达国家引入干熄焦余热发电、小高炉发电、燃气/蒸汽联合循环发电等项目，再将减少的二氧化碳排放量卖给需要的发达国家，从而在获得收益的同时加快了淘汰落后产能的速度。

第五节　包装废弃物的回收再利用

包装废弃物的重复利用、回收再生、热能回收及堆肥化均属于回收再利用范畴。回收再利用和开发绿色包装材料是发展绿色包装的两个主要举措，从节约资源、保护环境、降低耗能比、发展循环经济的大局看，前者更重于后者。实施包装废弃物回收再利用和再循环，关键是要做好国家立法、建立回收利用网络、发展回收处理处置技术三项工作。其中

尤以建立回收利用网络最为关键。

(1) 国家立法。回收利用包装废弃物要经过收集、运输、分选、再生等工序，成本较高，故企业主动回收积极性不高，需要国家制定强制性的立法，如德国、日本、欧盟均制定有《包装废弃物限制法》、《循环经济法》等法规，立法原则是“生产商付费”。

(2) 建立网络。回收利用网络首推运行效率最高的德国以绿点为回收标志，由 95 家包装企业、销售企业发起建立的绿点公司（DSD），DSD 公司按包装材料重量及回收难易程度向生产商收取回收费用，同时向企业授予绿点标志使用权，凡印有绿点标志的包装产品均由 DSD 公司负责回收；DSD 公司不直接进行回收再利用，而是按合同委托各地回收站、点、再生加工公司负责回收和再生利用，从而建立起全国的废弃物回收利用网络。韩国由行业协会牵头，形成了金属罐的回收—分检—物流—加工链的回收利用网络，取得了很好的经济社会效益。我国一些城市在改造个人承包回收利用体制的基础上，建立起由社区网络回收—集散市场交易—加工利用中心“三位一体”的回收利用体系，也取得了较好的运作效果。

(3) 发展回收处理处置技术。回收处理处置技术目前有填埋、焚烧、堆肥化、回收复用和回收再生五种，应重点发展焚烧、回收复用和回收再生技术；欧洲对废弃物实行层次管理原则体现了上述重点，层次管理的排序是：减量化——→重复利用——→循环再生利用（含堆肥化）——→焚烧、回收热能或发电——→最终处理即卫生填埋。在回收再利用之前必须先经过预处理，预处理技术包括：分选，按材质或容器结构（瓶、罐、盒、袋）分开回收；清洗，有水池搅拌和超声波清洗两种方式，分为型材清洗或碎材清洗；分离，材料单一，纯度越高，则再生后材料性能越好，目前的分离技术有密度（比重）分离、漂浮分离、静电分离、光学分离干燥，在干燥机或干燥隧道中加热，去除水分；破碎，回收的废弃材料再作原料用，必须用破碎机先破碎；压实，为减少废弃物容积，便于运输，需在压实机、捆扎机上压实。

一、包装废弃物的重复利用

1. 包装废弃物重复利用的主要途径

(1) 选用易多次重复使用的材料（制品）。国务院办公厅 2008 年已下发《关于限制生产销售使用塑料购物袋的通知》禁止生产、销售、使用厚度小于 0.025mm、供一次性使用的塑料袋；倡导能多次使用的环保纸袋、布袋和厚塑料袋；使用卫生、方便、多次反复使用的食品周转箱；凡能满足使用功能，就应不使用不易分离回收的复合薄膜材料包装。

(2) 建立存储返还制度，使用清洗、灭菌、杀毒技术。主要针对玻璃瓶、啤酒瓶、饮料瓶或聚酯瓶，通过押金制度实行有偿回收，回收后经水洗（清除瓶壁黏附的异物）—灭菌—杀毒，达到卫生合格标准后，采用新瓶盖、瓶塞，方能投入市场使用；瑞典 PET 瓶可重复使用 20 次，德国碳酸酯瓶更可重复使用 100 次以上。

(3) 翻修复用技术。日本对 200L 钢桶或储罐实行复用技术，通过整形—除锈—洗涤—烘干—喷漆后也可多次重复使用；瓦楞纸箱回收复用，须保持箱身坚硬、不脱层，含水率达到 10% ~18%，抗压强度等达到标准要求；木箱（指用木材、胶合板、纤维板制成的包装和木制托盘等）回修复用，允许采用挖、补、拼，确保箱身、箱盖、附件应完好无缺、牢固。

2. 包装废弃物重复利用对容器结构设计的要求

（1）大型包装容器采用模块化、可折卸设计。使在整件不能使用时，仍能将可再次使用的部件利用起来，以延长容器的生命周期，提高资源利用率。

（2）采用可多次重复利用的物流包装容器。中国移动将移动通信设备由原来的木箱包装改成可多次重复使用的、可拼装的集装周转架包装，每年减少木材消耗5.7万立方米，相当于每年少砍伐森林670公顷；同时每年还减少运输燃油消耗137万升，节约电能393万度，折合减少二氧化碳排放12万吨；取得了突出的生态、环境和经济效益。

（3）采用钢铁包装。钢铁包装能最大限度、多次反复利用自然资源，从而降低二氧化碳排放量，欧洲委员会已为此提倡可持续消费和生产行动计划。

二、包装废弃物的回收再生

1. 塑料包装废弃物回收再生的方式

塑料包装废弃物回收再生有材料直接再生、材料改性再生、化学物回收再生、能源回收再生4种方式。

（1）材料直接再生造粒。该再生技术较简单，再生后获得原材料颗粒，目前应用最多；但再生制品质量较差，且要求塑料品种纯粹单一。

（2）材料改性再生造粒。借助混炼、交联、接枝等工艺对塑料废弃物进行改性，可提高原材料的强度和韧性等性能，获得质量较好的再生制品。

（3）材料能源再生。利用塑料热值高的特点，通过焚烧产生热能，用于发电或供热。

（4）化学回收再生。这是一种最具潜力的回收再生方式，通过对废弃塑料进行热分解还原反应，将其化学成分分解还原出来，可用以获得石油、天然气，或制作新合成树脂或化工原料。这种方法不必对塑料废弃物分类，再生的原料与新原料不分上下，真正形成了资源化，是较理想的回收再生技术，但是投资大，设备昂贵，技术要求高，工业发达国家由于石油资源紧缺，已有较多采用。我国也已成功采用，北京盈创再生资源公司采用世界先进的化学回收再生技术，将废PET瓶加工成食品级的树脂颗粒原料，取得了十分突出的成绩，成为国家级的循环经济示范企业。

对食品包装塑料的回收再生必须十分谨慎。目前食品包装塑料主要有PE、PP、PS、PVC、PET等。当回收再生塑料用于与食品接触的包装上时，必须严防在回收再生塑料上有污染物质，它可能会迁移到食品中。美国食品药品管理局FDA对此制定了专门规定，要求生产单位必须证明再生材料对食品没有污染，通过测试证明采用的再生过程可以去除可能存在的污染，再生材料方能用于食品包装。

2. 塑料包装废弃物的自行降解

（1）可降解塑料的开发背景及难度。可降解性材料是在大自然中能自行消融而不污染环境的材料。塑料是高分子化合物，化学性能稳定，不能自行降解，200年不腐烂，故易对环境造成“白色”污染。为了消除或减少塑料包装废弃物对环境的污染，人们想到了开发可降解塑料。近年，在包装、医药、垃圾处理等领域对降解塑料需求越来越大，故美国、德国、意大利、日本等国的多家石化公司均加大了对降解塑料，特别是完全生物降解塑料的研发力度，取得了重要进展。

可降解塑料开发的难度在于要恰当地协调其在使用和废弃后在性能上存在的矛盾。使用时要能满足强度等功能需求，而在废弃后又能在生物、光、水作用下迅速降解，不对环境造成污染，因此可降解塑料涉及高科技技术多，开发难度大，故许多国家研发可降解塑料取得的成果和进展不太理想。能工业化生产的完全降解塑料还不多，目前最成功的是以玉米淀粉为原料开发而成的完全生物降解塑料——聚乳酸 PLA，但因价格较高尚不宜作包装袋。我国目前市场上多数是不完全生物降解塑料，价格便宜，但降解不彻底，对环境仍有污染。

（2）可降解塑料的定义及类型。美国材料试验学会 ASTM 定义：可降解塑料是指在特定时间内造成性能损失的特定环境下，其化学结构发生变化的一种塑料。可降解塑料是在一般塑料中加入降解剂而获得，其类型主要有：生物降解塑料、光降解塑料、光/生物降解塑料。

除研发可降解塑料外，利用天然材料的可降解性和来源又丰富的特点，研发以天然材料如植物纤维材料（秸秆等）、天然高分子材料（淀粉）、甲壳类物质（虾、蟹、蚌、蛎）为原料，制作可降解性的缓冲包装材料及薄膜包装材料，也是当前研发绿色包装材料的一大热点。

（3）生物降解塑料。生物降解塑料是利用细菌、微生物作降解助剂，而使塑料可自行降解的塑料。它又可分为不完全生物降解塑料和完全生物降解塑料。

不完全生物降解塑料是在普通塑料 PE、PP 中掺合上生物降解剂淀粉（或纤维素），淀粉在微生物作用下能迅速降解成葡萄糖，最终分解为 CO_2 和 H_2O，而高聚物 PP、PE 不能生物降解，因而最后结果是崩裂分解成碎片。优点是价格便宜，也减小了包装废弃物容积，缺点是碎片对土壤、大气环境仍有一定污染。

完全生物降解塑料能最终完全分解为 CO_2 和 H_2O，可以通过植物的光合作用进行再循环，不会对环境造成任何污染，是最符合环保要求的可降解塑料。随着科学研究的进展，它又可细分为以下类型：

①可完全生物降解的微生物合成脂肪聚酯塑料。通过微生物发酵、聚合，而成为一种能生物降解的脂肪聚酯可降解塑料。如 PHB（聚羟基丁酸酯），PHBV（羟基丁酸和羟基戊酸共聚酯）。但因强度还需提高，故目前在包装上使用不多。

②可完全生物降解的人工合成高分子塑料。代表产品是聚乳酸（PLA）（用玉米而不是石油制作的可降解塑料）。美国已建成年产 14 万吨以淀粉为原料的由乳酸聚合成聚乳酸的装置，其成本下降可和包装产品的主流原料 PET、PP 价格相媲美，最具包装实用价值。

③利用合成高分子与天然高分子共混型的完全生物降解塑料。如淀粉/聚乙烯醇、淀粉/脂肪族聚酯等。淀粉/聚乙烯醇具有水和生物降解特性，美一化学家发明一种工艺，将书封面不降解的聚酯酸乙烯覆膜改性为能溶于水的淀粉/聚乙烯醇共混型塑料，从而使美国纸的回收利用率由 50% 提高到 60%，获得 2006 年美国总统化学奖；北京奥运会也采用了澳大利亚淀粉/聚乙烯醇共混型可堆肥完全生物降解塑料袋，作为奥运村内垃圾袋和废物袋。

完全生物降解塑料，尤其是节约石油资源的共混型完全生物降解塑料、用天然高分子

（农副产品玉米、马铃薯、大豆、秸秆等）作原料的完全生物降解塑料将是今后可降解塑料的主要发展方向。

（4）光降解塑料。在普通塑料 PE、PP 中加入合适的光敏剂（一般是过渡金属化合物，如硬脂酸铁、乙酰基丙酮铁等），这类塑料在光照下，4～18 个月可降解成粉末。

目前，对光敏剂是否在降解过程可能产生有毒成分尚有争议，故不能作食品包装材料，限制了使用。

（5）光/生物降解塑料。在普通塑料中掺入生物降解剂淀粉和光敏剂，这类材料能在光和生物双重作用下具有协同降解效果。其质量优于不完全生物降解塑料，但也不能用作食品包装。

对降解塑料的生物降解塑料、光降解塑料和光/生物降解塑料 3 种主要类型，我国均已有生产，目前在市场上大量流行的是在普通塑料 PE、PP 中掺合上生物降解剂（淀粉或纤维素）的不完全生物降解塑料，废弃后可崩裂分解成碎片，优点是减小了包装废弃物容积，缺点是对环境仍有一定污染；我国完全生物降解塑料，如聚乳酸、聚己内酯、聚羟基烷酸酯、缩聚型聚酯等已通过中试鉴定，性能达到国际同类产品的水平，并具备了规模化生产能力。

3. 纸、金属、玻璃包装废弃物回收再生的主要途径

（1）废纸再循环。废纸回收后，一般可通过机械制浆法再生出瓦楞纸板面纸；如是回收木浆纸，则通过化学制浆和加入适量的原生木浆，则可生产出高档次的纸（如新闻纸）。回收废纸也可通过立体造型，制出纸浆模塑制品，如蛋托、水果托、一次性快餐盒等。我国目前是纸模制品产量最大的国家之一。

世界各工业发达国均高度重视纸包装废弃物的回收再生。英国用废纸回收生产出再生纸，可作包装纸和纸板，已占全部生产纸和纸板总量 55%、包装纸制品的 80%；日本废纸回收率已达到 80%，用以生产再生纸，英、日分居再生纸第一、第二大产业国；美国也高度重视对瓦楞纸板和废纸回收，瓦楞纸板回收率在 85% 以上，废纸回收率超过 60% 以上。

（2）废金属再循环。废金属一般均通过回炉熔融，制成钢锭（铝锭）。

（3）废玻璃再循环。废玻璃一般作为原料加入新原料中，通过熔融，吹制成玻璃制品，可大量节约能源和资源。日本加入的废玻璃碎粒可达原料总量的 20%～30% 以上；我国原来只占到 3%，但经过改革开放 30 多年后，深圳等地引进先进技术，已可使废玻璃碎粒原料占到总量的 80%。

三、包装废弃物热能回收的特点、原理及应用

国外对无害化和资源化的焚烧技术最为关注，对垃圾进行焚烧并回收热能的发展最为迅速。欧盟、日本、美国都已开始大量使用，产生了很好的环保效益和经济效益。德国甚至关闭所有垃圾填埋场，而代之以焚烧作为主要处理手段。目前，对垃圾焚烧技术开发研究做得最好的是德国、法国、美国和日本。

1. 焚烧技术的概念及优点

（1）焚烧技术的概念。垃圾焚烧是将城市垃圾进行高温热处理，在 800～1000 ℃的焚

烧炉炉膛内，垃圾中的可燃烧成分与空气中的氧进行剧烈的化学反应，放出热量，转化为高温燃烧气和量少而性质稳定的垃圾残渣。燃烧气可以作为热能回收利用，性能稳定的残渣可直接进行填埋。

（2）焚烧技术的优点。①经过焚烧，垃圾中的细菌、病毒被彻底消灭，带恶臭的氨气和有机质废气被高温分解，因此使燃烧过程中产生的有害气体和经处理化的烟尘达到排放要求。无害化的程度高。②减容效果好。垃圾中的可燃烧成分被高温燃烧分解后，一般可减容 80% ~90%。焚烧筛上物效果更好，因而可节约大量填埋场占地。③可以充分实现垃圾处理的资源化。焚烧产生的高温烟气，其热能可被废热锅炉吸收而转变为蒸汽，用来供热和发电。在焚烧前还可分选出磁性金属资源。④垃圾焚烧场占地面积小。尾气、烟气经处理后污染较小，一般无恶臭。因而，可以靠近市区建厂。这样既节约用地又缩短了垃圾的运输距离。这点对经济发达城市尤为重要。⑤焚烧处理垃圾可全天候操作，不像填埋受天气影响。⑥随着对城市垃圾填埋的环境措施要求提高，焚烧法的操作费用将会低于填埋。

因此，用焚烧法处理城市生活垃圾能快速地实现无害化、稳定化、减量化和资源化。焚烧法广受工业发达国家的欢迎。

（3）焚烧法的缺点。①投资大，占用资金周期长，资金回笼较慢。②焚烧垃圾有选择，要求其热值不低于 3360kJ/kg（800kcal/kg），限制了应用范围。③焚烧过程中，可能产生严重的致癌物“二噁英”。因此，对烟尘必须投入很大的资金进行处理。

2. 垃圾焚烧的环保要求

（1）大气排放要求。垃圾焚烧排出烟气主要成分为 CO_2、H_2O、O_2、N_2 等。但同时也产生一些有害物质，包括烟尘、酸性气体（HCl、HF、SO_2）、NO_X、CO、多环碳氢化合物，重金属（Pb、Hg），二噁英（PCDD/PCDFS）等，对这些有害物质须通过适当处理、降低其浓度，达到环保标准要求。

（2）水质要求。垃圾焚烧后排放的水随排放去处不同（如河流或下水道）而有所不同，一般对水质规定了 BOD、COD 及金属含量等指标。

（3）噪声要求。垃圾焚烧引起噪声主要是焚烧机械设备，如投料门、出渣出灰装置、送风机、引风机等产生噪声。

（4）振动要求。焚烧厂中振动较大的设备很少。

3. 垃圾焚烧烟气（除尘、脱硫）和二噁英处理

垃圾焚烧烟气的主要有害物质是颗粒物、酸尘性气体、重金属和有机污染物四大类。颗粒物主要指能被吸入人体肺部的烟尘颗粒；酸尘性气体指氯化氢、SO_2 等酸性气体；重金属类污染物主要有 Hg、Pb、Cd；有机污染物中人们最为关心的是毒性极强的二噁英。二噁英毒性是氰化物的 1000 倍，只要有“氯”元素和有机物质存在，燃烧过程中就会产生此类物质。为此发达国家和我国都制定了烟气排放标准，其规定越严格，烟气处理设备费用就越昂贵。

（1）垃圾焚烧烟气（除尘、脱硫）处理。常用的烟气处理系统有：干法 + 除尘器；干法 + 除尘器 + 湿法；干法 + 除尘器 + 湿法 + 脱氮塔。

（2）控制二噁英的方法（“3T”）。温度（temperature）：保持炉温 800 ~900 ℃，二噁

英可完全分解；时间（time）：保证足够的烟气高温停留时间，一般须在1～2s以上；涡流（turbulence）：优化炉形和二次空气的喷入方法，充分混合搅拌烟气达到完全燃烧。如二噁英已产生，可喷入粉末活性炭或设置活性炭塔吸收二噁英。

4. 焚烧能源的回收利用

城市生活垃圾应作为一种新型能源加以开发利用，既解决了垃圾的污染，又获得了宝贵的资源。随着生活水平提高，垃圾中有机物含量越来越高，热值也逐年升高。热能利用形式有供热（蒸汽或热水）、供电或者电热联供。所产生蒸汽热能可供厂内辅助设备自用，也可就近区域性供热；还可供应附近发电厂作辅助蒸汽，配合发电。

（1）直接热能利用系统。即将垃圾焚烧的烟气通过余热锅炉转换为蒸汽或热水、热空气，通过集汽箱后供应用户产生80～120℃热水，进入区域性热水管网络中；或直接以热蒸汽进入地区热能供应热交换器，产生热能取暖。这种形式热利用率高，设备投资省，尤其适合于小规模（日处理垃圾量不大于100t/d）的焚烧设备和垃圾热值较低的小型垃圾焚烧厂（见图5-2）。

（2）余热发电。将垃圾焚烧炉和余热锅炉连成为一个整体，主要燃料是生活垃圾，转换能量的中间介质为水，垃圾焚烧产生的热量为介质所吸收，未饱和水吸收烟气热量成为具有一定压力和温度的过热蒸汽。通过热蒸汽驱动汽轮发电机组，热能转换为电能。

（3）热电联供。在热能转变为电能的过程中，热能损失较大，热效率仅有13%～22.5%，因此可将发电与区域性供热或工业供热结合起来，则可将热利用率大大提高到50%～70%。这就是热电联供，由余热锅炉送出的蒸汽送至发电机组（汽轮机）以及各用户供汽站。

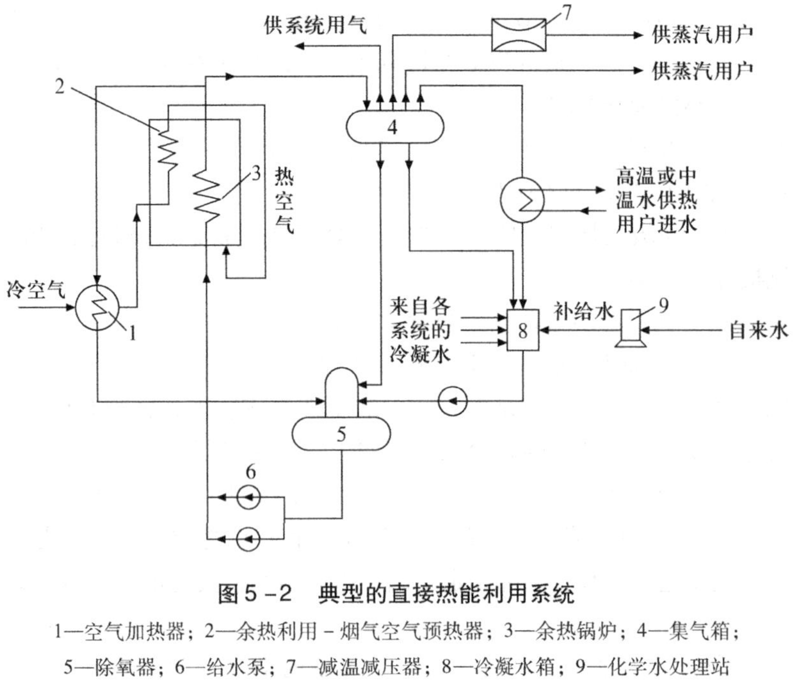

图5-2　典型的直接热能利用系统

1—空气加热器；2—余热利用-烟气空气预热器；3—余热锅炉；4—集气箱；
5—除氧器；6—给水泵；7—减温减压器；8—冷凝水箱；9—化学水处理站

四、包装废弃物堆肥化的用途及原理

1. 堆肥化的概念及用途

堆肥化就是城市生活垃圾利用自然界中广泛存在的细菌、真菌等微生物，将可被生物降解的有机物（有机可腐物）转化为土壤需要的腐殖质或有机营养土的生物化学过程。

堆肥化的产物是堆肥，是一种有机肥料，它和黏土结合形成了腐殖土。通过堆肥化，可以将有机物垃圾转变成有机肥料，这种有机肥料作为最终产物不仅稳定，而且不危害环境。因此，堆肥是包装废弃物等有机垃圾的一种无害化的、稳定的形式。

原始的堆肥化技术仅仅为满足农业需要，早在几个世纪以前，世界各地的农村就将落叶、野草、秸秆、动物粪尿等有机物垃圾堆积一起使其发酵，取得肥料；1925 年英国人霍华德开发了工厂化堆肥方法；1933 年丹麦推出利用回转窑发酵仓进行好氧发酵的方法，在西欧、日本得到了广泛应用；1940 年美国推出机械化发酵槽，实行快速堆肥，将发酵时间从 6 个月以上缩短至 1 ~ 3 个月；在 20 世纪 60 年代，堆肥化技术在世界各国迅速发展；但进入 70 年代后，由于塑料和有机织物等无法生物降解，且化肥大规模使用，价格又低，同时堆肥养分含量低，堆肥设备故障又多，易产生强烈臭气，故使堆肥化技术的发展受到了严重的冲击；近年由于填埋易形成二次污染，寻找其场地也十分困难，同时大量使用化肥也使土壤板结、降低肥力，故堆肥化技术又受到重视和肯定。欧美国家近年已认可堆肥化是处理大规模城市固废物的可行性方法，从仅仅满足农业需要转向处理日益增多的城市垃圾的重要手段之一；欧共体更将堆肥化认可为回收利用有机包装材料（塑料、纸等）废弃物、重新改良质量逐渐下降的欧洲大陆质量的有效方式。

2. 堆肥化的原理及分类

在自然界中，很多微生物具有氧化、分解有机物的能力。堆肥就是利用微生物在人工控制的条件下使有机物发生生物化学降解，其实质是一种发酵过程，形成一种稳定的腐殖质物质，可用作肥料和改善土壤，腐殖质和黏土结合就形成了易于耕作的腐殖土。

堆肥技术的分类：按堆肥方式可分为间歇堆积法和连续堆积法；按原料发酵所处状态可分为静态发酵法和动态发酵法；按堆制过程的需氧量可分为好氧堆肥和厌氧堆肥，这是常见的分类法；按堆肥的工艺方法分有露天堆肥法、快速堆肥法、半快速堆肥法。

好氧堆肥是在有氧（通风）的条件下，借助好氧微生物的作用来进行，好氧微生物通过自身的生命活动——氧化还原和生物合成过程（发酵），把一部分被吸收的有机物氧化成简单的无机物，并释放出生物生长活动所需要的能量，把另一部分有机物转化合成新的细胞物质，使微生物生长繁殖，产生更多的生物体，获得人工腐殖质。

厌氧堆肥即在无氧条件下，厌氧微生物对有机物进行厌氧分解，经历酸性发酵和碱性发酵两个阶段，获得人工腐殖质。

3. 好氧快速堆肥工艺

传统的堆肥技术采用厌氧的露天堆积法，这种方法占地大、时间长。现代化的堆肥生产一般采用好氧快速堆肥工艺。现代化好氧快速堆肥的生产通常由前处理（破碎、分选、筛分废弃物）、主发酵（一次发酵、获得腐殖质堆肥制品）、后发酵（二次发酵、将有机物进一步分解）、后处理（研磨、造粒，打包）、贮存（发酵池中堆存或装袋）5 个工序组成。主发酵多在发酵装置内进行，通过翻堆或强制通风向堆肥的堆积层供给氧气，由于堆肥原料和土壤中存在的微生物作用，因而开始发酵，导致有机物原料分解，产生 CO_2 和

H_2O，同时产生热量，使堆温上升，获得腐殖质。

案例分析：包装绿色化管理

案例1：IKEA（宜家）对产品及包装原材料的绿色管理

IKEA（宜家）是全球最大的家居用品发售商，在全球共有180家连锁商店、7万多员工，在全球最有价值品牌中排名第44名。该集团十分重视环境保护，对原材料、运输、营销等环节实施绿色供应链环境管理。尤其重视从源头对产品及包装原材料的选择和投入上强调环境友好与消费者权益的保护，不选择对消费者健康构成潜在威胁的材料，如纺织和皮革制品不选用会释放出对健康有害的芳基胺的偶氮染料，禁止在产品和包装中使用重金属镉作原材料添加剂，禁止在产品和包装中使用破坏大气臭氧层的氟氯烃物质CFC和HCFC，枕头和被子的填充物不取自活的禽类，而是家禽业的副产品。

宜家家居产品的原材料中大多使用木纤维，为了保护森林资源，要求宜家产品及包装生产制造的木质原材料均应取自经林业监管专业委员会认证的林带，不得采用来自于原始天然林或具有高保存价值的林带木材。

宜家对包装材料要求可以回收利用或二次重复使用，尤其关注产品单位包装数量，如豪特茶壶，利用产品外形将其中几个倒转放置，一个包装就可以从6件提高到容纳10件，从而节省了包装材料和运输空间。

案例2：SHARP公司的绿色包装行动

设计易于再循环的包装容器和采用再循环包装材料是SHARP绿色物流行动的重要内容。

SHARP公司调研中发现电器类商品的垃圾一般都来自于包装里的减震物，减震物原来均是采用不降解的发泡塑料，对环境造成的污染大；为此，公司组织开发用易降解、易再生的瓦楞或蜂窝纸板制作缓冲材料，有效地减少了对环境造成的污染。目前，SHARP生产的液晶电视除型号特别大的以外，几乎全部采用了纸板减震缓冲材料。

SHARP公司花了大量精力改进外贸包装，采用可以反复使用的安全气袋作为包装的减震衬垫，取得了很好效果，使聚苯乙烯消耗量每月减少$216m^3$。另外，对于木包装，一般均采取修复后再用的措施。

用户对纸包装使用完后希望能折叠，以便储存；或包装使用完后，其废弃物在返回物流中也希望能折叠，以减少运输空间和费用；为此，SHARP公司设计了一种特殊结构的纸箱，这种纸箱用来包装音频产品，用完后它可以轻松地折叠成体积较小、便于处理的形状，而且可不需用绳子捆绑，而靠自身结构实现固定，便于下次再使用。SHARP公司还在扬声器包装结构中使用再生纸和再生纸板作包装，不仅节约资源、且非常环保，从而获得日本包装大赛的奖项。

思考题

1. 制定环境管理系列标准 ISO 14000 的目的是什么？它包括哪些组成部分？

2. 企业应如何进行环境管理体系认证？

3. 什么是生命周期评价？其技术框架由哪几部分组成？

4. 什么是环境标志？ISO 14000 对环境标志分为哪几种类型？各有什么特点？

5. 为确保食品包装材料的安全性，需检测哪些项目？迁移的物理本质是什么？哪些物质最易发生迁移？

6. 欧盟“食品接触包装材料及器具关于迁移的安全法规”总体要求有哪些？

7. 什么是绿色包装制度？它有哪些特点？试述欧盟“94/62/EC”法令对包装有哪些主要限制。

8. 试述绿色包装的定义；为什么说生态包装是绿色包装发展的高级阶段？

9. 包装在生命周期全过程中实行绿色化管理，应抓哪些绿色化措施？

10. 塑料包装废弃物回收再生的方式有哪几种？哪一种方式最具有发展潜力？

11. 回收包装废弃物热能焚烧技术的优缺点是什么？对其有哪些环保要求？

12. 什么是堆肥化？如何利用堆肥化处理包装废弃物？

第六章　包装物流管理及 CPS

物流是企业继“资源”和“人力”之后创造生产财富的“第三利润源”，现代物流管理正向着实现供应链管理的方向发展。包装是物流的重要环节，是贯穿物流全过程的商品载体。本章着重介绍包装的物流功能，物流环节对包装的要求，整体包装解决方案，以及条码技术、电子监管码 RFID 标签在物流管理上的应用。

第一节　包装的物流功能与合理化

一、物流与包装的物流功能

1. 物流与物流系统

物流是物品从供应地向接收地的实体流动过程。根据实际需要，将运输、储存、装卸、搬运、包装、流通加工、配送、信息处理等基本功能实施有机结合。

物流管理包含两个方面：一是物流活动的主要环节，包括包装、运输、装卸、储存、流通加工、配送、物流信息七个环节；二是物流系统的要素，包括人、财、物、设备、方法、信息六要素。现代物流管理的发展方向是实现供应链（由供应商、制造商、仓库、配送中心和渠道商等构成的物流网络）管理。现代物流活动已不是物流系统中某单个生产、销售部门或企业的事情，而是包括供应商、批发商、零售商等关联企业在内的整个统一体的共同活动，因而现代物流通过供应链强化了企业之间的关系；供应链通过企业计划的联结、企业信息的联结、在库风险共同承担的联结等有机结合，包含了流通过程的所有企业，从而使物流管理成为一种供应链管理。供应链管理通过对整个供应链系统进行计划、协调、操作、控制和优化的各种活动和过程，其目标是要将顾客所需的正确的产品（Right Product）能够在正确的时间（Right Time），按照正确的数量（Right Quantity）、正确的质量（Right Quality）和正确的状态（Right Status）送到正确的地点（Right Place），并使总成本达到最佳化。

物流系统包括物流的主要环节，即包装、运输、装卸搬运、储存保管、流通加工、配送、物流信息及客户服务等。为求得物流系统功能的最优化，必须使物流活动各主要环节合理化，如包装合理化、运输合理化、仓储合理化、装卸合理化、流通加工合理化、配送合理化，再通过系统化和集成管理，最终实现物流系统的最优化。

2. 包装的物流功能

包装是物流系统的一个重要环节，是贯穿在物流全过程中的商品载体。包装在物流中的主要功能如下：

（1）效率功能。商品在物流过程中的包装，使清点方便，也方便了装卸，提高了装卸效率；同时更重要的是提高了在集合包装和运输工具中的装载容量，提高了装载效率，后者主要得力于实现了包装尺寸系列化。包装尺寸系列化是以集装基础模数尺寸为基数，按倍数分割而得到的。

欧洲的包装标准尺寸，是以符合欧洲托盘尺寸（800mm × 1200mm）和 ISO 的标准托盘尺寸（800mm × 1000mm 和 1000mm × 1200mm）为基础，取其 95%（即 760mm、950mm、1140mm）为基数，用2、3、4 等整数来除，然后把各个商数组合起来，即为有效地装在托盘上的包装容器的长、宽标准内侧尺寸。取 95% 的原因是考虑到将包装材料厚度取为 5% 的缘故。对作为外包装的包装容器再以整数来除，所得的商数的组合又可作为内包装的外侧尺寸，用此办法即可得到系列化的包装尺寸。通常标准的包装尺寸对长、宽尺寸予以规定，而把高度定为自由尺寸，否则难以适从。我国也通过这种方法对包装尺寸进行了系列化（模数化），而且对联运平托盘、叉车、吊车等均按集装基础模数进行了标准化。

包装尺寸系列化后，即可把商品整理成为适合使用托盘、集装箱、货架或载重汽车、货运列车等运载的单元，这也称为包装的成组化功能。

（2）保护功能。这是包装最重要的功能，对物品起保护作用，物品在流通过程中，因外力、气候、虫害而使商品可能产生破损和变质。

外力环境最易引起货物损坏的原因是震动、碰撞、挤压和刺破。震动常见于运输过程中，碰撞在运输和搬运过程中都可能发生，刺破一般在搬运作业场地受尖锐硬器而损坏，挤压则主要发生在堆垛时，过高的堆垛会使底层货物受压变形甚至压碎。对此，包装必须按流通环境选用适合的包装技术，如防振包装、缓冲包装等，以及须具备足够的强度、刚度和材料的戳穿度。

气候环境主要指温度和湿度等因素。有些物品在高温下会软化融解、分解变质、变色；而有些物品则在低温下会爆炸、变脆或变质；时鲜果蔬则会因过高的温度发生变质变味；另外水和蒸汽对物品的损害也很大，危害性要超过温度，几乎绝大多数货物在潮湿的环境中都会受到不同程度的损害，如生锈、霉变、收缩变形，严重的会发生腐蚀、潮解；其他因素如空气中有害化学物质对物品也有影响，还有些物品怕光，见光则会变色变质。对此则根据不同的自然气候环境选用适合的包装材料，选用适合的包装技术，如防霉、防锈、防爆、防水、保鲜等包装，有时仅包装技术还不够，还需在运输和储存条件等方面采取必要的措施。

虫害、鼠害环境主要发生在仓储过程中，对此要采用防虫、防鼠包装，同时在仓库中采取灭虫、灭鼠等必要措施。

（3）方便功能。货物的形态是各种各样的，有固体、液体、气体之分，有大小，有规则与不规则，有块状与粉末状，有硬与软等各种特性，而装卸、运输的工具式样要少得多，为了提高处理的效率，也必须对货物进行包装。良好的包装能有利于物流各个环节的处理方便。如对运输环节来说，包装尺寸、重量和形状，最好能配合运输、搬运设备的尺寸、重量，以便于搬运和保管；对仓储环节来说，包装则应方便保管、移动简单、标志鲜明、容易识别、具有充分的强度。流通管理工作中的劳动生产率指标一般都用包装后所组成的货物单元来描述。

（4）促销功能。包装在装潢后能起到美化及广告宣传作用，吸引顾客激发其购买欲望，成为产品推销的一种主要工具和有力的竞争手段；同时精美的包装还不易被仿制、假冒、伪造，有利于保护企业的信誉。

（5）信息功能。包装上印有包装储运图示标志，如小心轻放、禁用手钩、向上、怕热、怕湿、远离放射源和热源、禁止滚翻、堆码重量极限、堆码层数极限和温度极限等，在运输、装卸、仓储过程中传达到了商品需要保护的信息和应该注意的事项；包装上印有的条码更使在收货、储存、取货、出运等过程中能供电子仪器识别，起到跟踪商品的作用，从而使生产厂家、批发商和仓储企业迅速采集、处理和交换有关信息，加强了对货物的控制，减少了物品在流通过程中的货损货差，提高了跟踪管理的能力和效率。

（6）环保功能。包装废弃物已占到城市固废物的1/3，且随着经济的发展和人民生活水平的提高，还在以每年10%的速度递增，对城市环境已造成严重污染，尤其是不可降解的塑料废弃物造成的“白色污染”已成为社会环境的一大公害。有鉴于此，今后发展的包装必须具备不污染环境的环保功能，即绿色包装。在世界环保大潮和世界贸易绿色壁垒的冲击下，对环境造成污染的包装将被淘汰，绿色包装已成为世界包装的必然发展趋势。发展具有环保功能的绿色包装关键是采用和研发易减量化、再利用、再循环、可降解的绿色包装材料和对包装废弃物进行回收利用。

鉴于上述包装在物流中的主要功能，因此用户选用包装，尤其是运输包装应遵循以下主要原则：选用的包装材料需具有足够的拉伸和扭转强度，适合于机械化流水生产；包装尺寸应尽量符合国家标准，以在物流过程中有最大装载容量；满足对商品保护、方便和促销功能；有利于包装使用后回收利用废弃物，不对环境造成污染。

二、物流（运输）包装系统的合理化

包装按照用途一般分为运输包装和销售包装，运输包装重在保护和方便功能，销售包装则重在促销功能。在物流中应用的主要是运输包装，运输包装是商品在整个物流过程中的载体，运输包装为适应物流的需要，近年在材料、技术、容器和集合包装等方面均有很大的发展。

1. 包装材料

包装材料是构成包装实体的主要物质。由于包装材料的物理力学性能和化学性能各不相同，因而包装材料的选择对在物流中保护商品有着重要作用。

最早使用的包装材料主要是草类包装材料（草袋、草席、草筐）和木制包装材料（木箱、木筐），前者由于防水防潮能力差、强度低，已逐渐被淘汰，后者由于森林资源有限和保护森林、保护环境也已很少使用；现代使用的包装材料主要有纸、塑料、金属、玻璃陶瓷四大类。瓦楞纸板箱、塑料托盘和金属集装箱（袋）大大促进了运输包装发展；随着保护环境、节约资源的绿色物流发展的需要，各类绿色包装材料如植物纤维、纸浆模塑、降解塑料、可食性包装薄膜和废弃包装材料的回收再利用获得了迅速发展。

2. 包装技术

为保护商品在经济流通过程中，不因外力、气候、虫害、生物等外界环境条件作用而破损和变质，相继发展了许多包装技术，如缓冲包装、防振包装、防潮包装、防锈包装、防虫包装、防菌包装、保鲜的真空包装、充气包装，为适应托盘集合包装又发展起收缩包装、拉伸包装等技术。

3. 包装容器

包装容器即由四大类包装材料制成的包装箱、盒、桶、罐、瓶、袋等。随着现代物流量大和降低包装成本、提高物流效率的需要，迅速发展起托盘集合和集装箱（袋）的集合包装。目前运输包装的包装程序一般是：

个包装⟶内包装⟶外包装⟶托盘集合包装⟶集装箱⟶运输工具

个装是指商品按个进行的包装，目的是为了提高商品价值或保护商品。内装是个装的集合，目的是防止水、湿气、光热和冲击对商品的破坏。外装则是内装的集合，将内包装的商品放入箱、盒、罐等容器中，并标上标记、印记等，目的是便于对商品进行运输、装卸和保管，保护商品。托盘集合包装则是将外包装商品进行单元化的集合，目的是便于装入集装箱，入库储存时也便于清点。托盘集合包装和集装箱的出现大大提高了现代物流中运载和装卸的工作效率，下面将分别进行详细介绍。

4. 托盘集合包装

集合包装就是把货物集合为一个整体进行包装，主要是托盘和集装箱。集合包装使包装单元化，便于清点数量，便于装卸，可高层堆码，更能保护商品使之不易破损，提高运输能力和运输效率，因而在现代物流中获得了广泛的应用。

托盘集合包装是把包装件按一定方式（简单重叠、交错式、纵横式、旋转式）在托盘上堆码，然后通过用收缩薄膜、拉伸薄膜、捆扎、胶合、护棱等将包装件固定而形成搬运单元，便于机械化装卸、储运，效率提高 3 ~ 8 倍；托盘包装整体性能好，堆码稳定性高，可避免散垛摔箱等问题。

（1）托盘的分类。在物流中使用量最大的是平托盘，如图 6 – 1 所示。平托盘按材料分类可有木制平托盘、钢制平托盘和塑料平托盘；按叉入形式可分为单向叉入型、双向叉入型、四向叉入型。其他还有柱式托盘和箱式托盘，但应用均较少。

（2）托盘装载模式。托盘装载模式是指外包装件（通常是瓦楞纸箱）在托盘平面摆放和空间堆码的方式。为在确保装载物品强度，承受堆码负荷的前提下，最大限度地利用托盘表面和堆码空间，以便托盘装载的包装件放到最多，具有最好的经济性，则称为托盘装载模式的优化。托盘装载模式的优化对提高托盘集合包装的经济性和安全性有很大影响，优化装载模式，能改善托盘平面和高度与运输工具及仓库的适应性，增多装载包装件数量，从而减少运输和储存成本，使流通总成本降低；优化装载模式，还能降低瓦楞纸箱的材料成本，也使流通总成本降低。据德国人 Janer/Graefentein 设计法则，托盘的体积利用率增加 5%，包装总成本就可降低 10%。

优化托盘装载模式，可从两个方面进行研究：一是对于给定的包装纸箱尺寸研究如何提高其装载能力，即从里到外，如图 6 – 2 所示，包装产品在生产车间被单独地包装为小

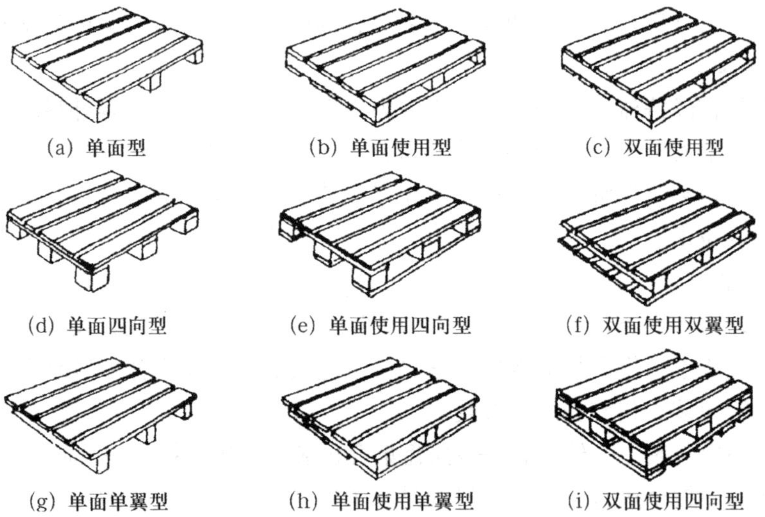

图6－1　各种平托盘形状构造

包装件，然后将多件小包装装入外包装瓦楞纸箱，再将选定的瓦楞纸箱在托盘上进行集合包装，最后上集装箱或运输工具运输到用户。由于尺寸一定的瓦楞纸箱在托盘平面上的摆放方式和空间堆码层数有很多种，这就需要对各种方式进行比较，选择最优者，这是优化的任务；二是根据标准托盘尺寸，为提高装载能力，需如何优化选择外包装的瓦楞纸箱及内包装的小包装件，即从外到里，如图6－3所示，先根据标准托盘尺寸模数分割出外包装的瓦楞纸箱尺寸作为标准瓦楞纸箱，企业产品的内包装的小包装件应以所分割出的瓦楞纸箱作为外包装，而不应根据产品设计任意尺寸的瓦楞纸箱。只有这样才能充分利用托盘表面积，提高托盘装载能力，并且有利于瓦楞纸箱的标准化和批量生产，降低瓦楞纸箱生产成本。

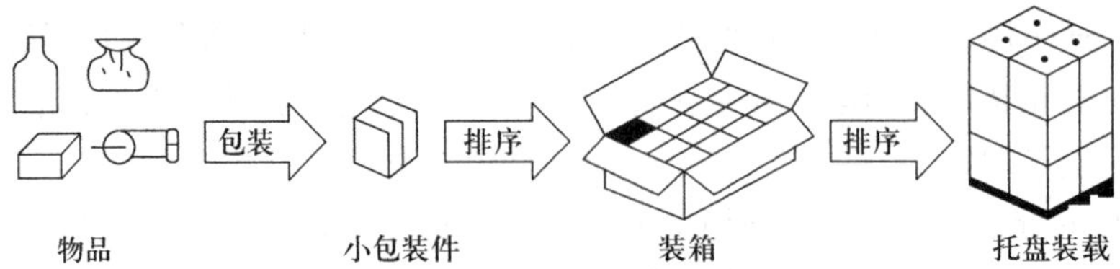

图6－2　“从里到外”托盘集装过程

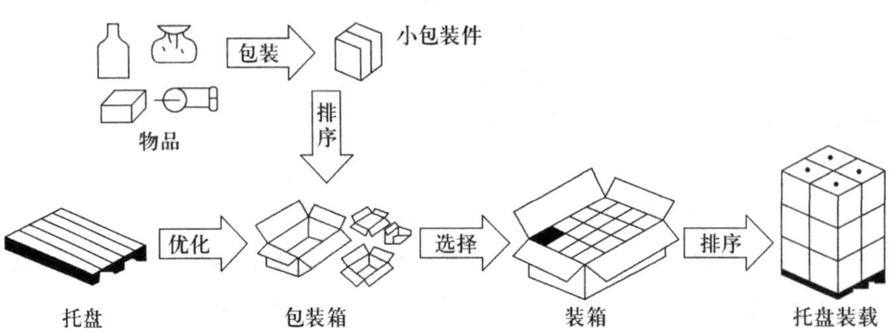

图6－3　“从外到里”托盘集装过程

（3）物流基础模数尺寸和托盘标准化。为使集合包装的物流系统中的各种因素，包括包装、托盘、集装箱、装卸机械、搬运机械和货车、卡车、轮船等运输工具的内装尺寸能相互匹配而有最大的装载容量，以使物流成本降低，需要对它们实行标准化，而标准化的基础是物流基础模数尺寸，物流基础模数（或称物流模数）是指为了物流的合理化和标准化而以数值表示的物流系统各种因素的内装尺寸和标准尺度，它的作用和建筑模数尺寸的作用大体相同，考虑的基点主要是简单化。由于物流标准化较其他标准化系统建立晚，因此确定物流基础模数尺寸主要考虑了现有物流系统中影响最大而又最难改变的运输设备，采用“逆推法”由运输设备的尺寸来推算最佳的基础模数，欧洲各国和 ISO 中央秘书处已基本认定 600mm × 400mm 为物流基础模数尺寸。

在物流基础模数尺寸上可推导出各种集装设备的基础尺寸，称为集装基础模数尺寸，即最小集装尺寸，也即托盘标准尺寸，以此尺寸作为设计集装设备三项（长、宽、高）尺寸的依据。在物流系统中，集装起贯穿作用，集装尺寸必须与各环节物流设施、设备、机具相匹配，整个物流系统设计均需以集装基础模数尺寸为依据，决定各设计尺寸，集装基础模数尺寸是影响和决定物流系统标准化的关键。

集装基础模数尺寸，可以从 600mm × 400mm 按倍数系列推导出来，也可以在满足 600mm × 400mm 基础上，从卡车或大型集装箱的“分割系列”推导出来。集装基础模数尺寸，也即托盘标准尺寸以 1000mm × 1200mm 为主，也允许 800mm × 1200mm，考虑到铁路车皮和载重卡车车厢的通用标准尺寸为 2300mm，故托盘尺寸也允许 1100mm × 1100mm。我国联运平托盘外部尺寸系列规定优先选用 TP2—800mm × 1200mm 和 TP3—1000mm × 1200mm 两种尺寸，也可选用另外一种尺寸，即 TP1—800mm × 1000mm；托盘高度基本尺寸为 100mm 与 70mm 两种。

物流基础模数尺寸与集装基础模数尺寸的配合关系，可以集装基础模数尺寸的 1000mm × 1200mm 为例说明，如图 6 – 4 所示。

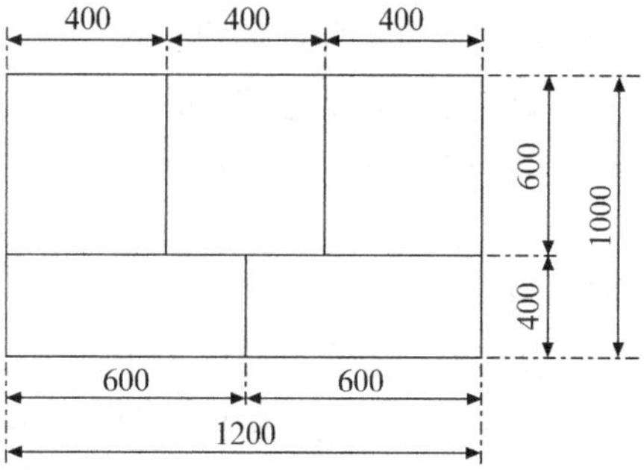

图 6 – 4　物流基础模数尺寸与集装单元基础模数尺寸的配合关系图例（单位：mm）

5. 集装箱

现代物流运输广泛采用集装箱进行产品或包装件的成组运输，已经实现了集装箱标准化与管理。集装箱运输具有足够强度，可保证产品或包装件运输安全，使产品破损降至最低程度。

（1）集装箱的分类。按材质可划分为铝制集装箱、钢制集装箱和玻璃钢制集装箱，如表 6 – 1 所示。

表 6 – 1　按材质集装箱的分类

项　目	质量	强度	加工性	耐腐蚀性	价格
铝制集装箱	轻	小	好	差	高
普通钢制集装箱	重	大	好	差	较低
不锈钢制集装箱	重	大	好	好	太高
玻璃钢制集装箱	重	大	好	好	一般

按集装箱使用性能又可划分为：散装集装箱，适用运输散装的粉状和颗粒状产品；通风集装箱，适用运输新鲜食品及易腐食品等；通用集装箱，适用于工业产品或包装件的运输等。

（2）集装箱的规格。集装箱已经标准化，为了发展国际物流，应积极贯彻 ISO 标准，优先选用 1AA、1CC、1OD、5D 型四种规格的集装箱。1AA、1CC 适用于国际运输，1OD 和 5D 型用于国内运输。

三、物流环节对包装合理化的要求

1. 运输对包装合理化的要求

（1）具有合理的强度。进行包装结构设计时，必须详细了解运输过程中的流通环境，防止运输过程中的振动和冲击，避免产品破损。采用纸箱包装时，要质量坚韧，能承担所载货物重量，货物装箱后堆码高度为 2.5m 时纸箱应不变形；采用木箱包装，则应对价值高、容易散落丢失的货物使用密封木箱；对重量较大、较长的货物则应增加箱档和箱板厚度等。

（2）采用集合包装时，包装应完整，标志清楚。为能充分利用运输工具的有效容积和载重量，包装尺寸应标准化、系列化，同时采用集合包装技术，实现集装化运输；货物的运输包装应完整、满装、成型、内装货物应均匀分布装载，排摆整齐，压缩体积、内货固定、重心位置居中靠下，对庞大的产品则应考虑折装，以满足运输工具装载的规定；包装箱应印刷必要的标志，方便理货，对某些有防潮、易碎、易燃等防护要求的包装件，则应根据相应标志进行合理的操作。

2. 装卸对包装合理化的要求

①采用托盘集合包装或集装箱，便于机械装卸，提高装卸效率，同时减少商品破损。②掌握运输和装卸实态，按照缓冲包装设计原理。务使商品允许的最大冲击加速度（线冲击速度）小于装卸时产生的最大冲击加速度（线冲击强度），避免商品因装卸中跌落冲击而产生破损。

3. 仓储对包装合理化的要求

（1）堆垛对于包装结构的要求。商品在仓库内的保管费用，取决于商品在仓库内的占地面积，所以仓库内的商品通常堆叠很高，为此商品的包装结构需要有足够的强度，以使压在底层的货物不被上层货物压坏或变形。因此设计包装结构时必须了解流通过程中各仓库的具体高度。仓库堆叠高度与商品抗压强度之间的关系式为：

$$P = aw\left[(H/h) - 1\right]$$

式中 H——仓库的可能堆叠高度，m；

h——包装容器的高度，m；

w——货物的重量，kg；

α——安全系数，通常取为 3 ~5，木箱取为 3，压楞纸箱在梅雨季节时要取为 5；

p——最下层容器承受的货物重量，kg。

对瓦楞纸箱的安全系数还要考虑温度与湿度，纸板强度因印刷而变劣和搬运时动负荷等因素的影响，在温度、湿度分别高于测量瓦楞纸箱抗压强度的 20℃ 和 65% 时，或因印刷强度变劣情况越严重以及动负荷越大时，安全系数越应趋于上限。

（2）堆垛稳定性对包装结构的要求。①在容器的上表面不应有突起物和起鼓现象，应与上面所堆叠的容器底面成平面接触。②设计包装结构时，要使荷重均匀地分布在底面上。③如果商品本身有偏重，就应在容器外表面作出明显标志。④要明确表示堆垛的方向。⑤选择包装材料和进行结构设计时，应使容器具有能承受高层堆叠的强度。

在堆垛实践中，如在堆叠很高的货物若干层之间加一层隔板（托盘），可提高堆垛的稳定性，减少坍塌损失。

（3）仓库环境位置对包装结构的影响。仓库靠近海岸或有海风刮进来，库房物品会因盐分而引起生锈现象，故需采取防锈措施；如向东南亚或中东出口商品，因一天可能受到几次暴风雨袭击，商品往往又露天堆放，故须采取防水包装。

（4）仓库自动化程度高对包装形态的要求。包装的形态因仓库的规模与设备的不同而发生很大的变化。自动化程度高的仓库，采用了非常先进的仓库管理系统，被装在运载托盘上的货物，在仓库的入口处，由管理人员按动选择开关，自动地把货物搬运到保管场所。故从货主方面接收入库的货物，都采用了符合该仓库尺寸的集合包装形式。而且集合包装的尺寸又能与仓库托盘尺寸相配，能充分利用托盘的有效尺寸。这种现代化的仓库，把仓库的设备与包装、运输结合成了一个整体。

（5）仓库装卸作业对包装结构的影响。合理的包装结构需要有按规范操作的装卸作业：①堆叠的层数不能高于规定的极限层数。②铺设地板，在地板上装卸。③遵守包装容器上的包装储运图示标志的要求。④不得从垫板或运载托盘上抽出货物进行堆叠。⑤要在货物上面铺上胶合板后，方可进行货物装卸作业。⑥在拐角处堆叠的包装容器要铺上保护板，防止叉车作业时碰坏。⑦不得在仓库内洒水，必须洒水时务必不要淋湿货物，并考虑必要的通风。⑧高层堆叠时，隔一定层数须使用托盘垫底，以保证堆垛的安全与稳定。

四、物流包装系统合理化的措施

为能很好实现包装在物流中的各项功能，满足物流主要环节对包装的要求，同时又能使包装成本最低，须使包装合理化。合理包装的具体要求一般应包括：对内容物的保护要适当；包装材料与容器要安全；包装费用与内容物价值要相适应；包装重量与体积要恰当；包装废弃物要易予处理和再资源化；包装设计要着眼物流的全局，使物流总成本降至最低。物流包装合理化的主要措施如下。

1. 掌握流通实况，发挥最经济的保护功能

包装的保护功能应使商品承受流通过程中各种环境的考验，只有通过测试和实地调查或查阅有关流通环境资料确切掌握运输、装卸、仓储的流通实况，才能合理选用包装技术及包装材料，进行合理的包装结构设计，发挥应有而经济的保护功能。

2. 包装设计标准化、系列化

个体包装（包括内包装、外包装）设计应尽量采用标准化尺寸，按 GB 4892－1985 硬质直方体运输包装尺寸系列选用适合的长、宽尺寸（高度尺寸有推荐值，也可自由选择），这样设计出的包装尺寸才能和托盘、集装箱尺寸匹配，也能和运输车辆、搬运机械的尺寸匹配，从而能在集合运输包装中获得最大装载容量，提高装载效率，降低物流成本。

3. 包装材料减量化、轻薄化

包装对商品能起保护作用，而对其使用价值却无任何意义，因此在强度、寿命、成本相同的条件下，应尽量减少材料用量，采用更轻、更薄的包装，这样不仅降低了包装的成本，而且从源头减少了废弃物的数量，并提高了装卸搬运的效率。

4. 树立环境意识，减少包装污染

在当今世界环保大潮和绿色贸易壁垒的冲击下，发展无公害的绿色包装已成为包装工业的必然趋势。发展绿色包装的主要途径有两条，一是研发绿色包装材料，二是大力进行包装废弃物的回收利用。

绿色包装材料已成为当前一个研发的热点，已开发的有纸浆模塑、蜂窝纸板、植物纤维、可降解塑料、可食性包装材料、代木包装材料、甲壳素生物包装材料、转基因植物包装材料、水溶剂型的黏合剂及涂料、油墨等，以上材料可自行降解、不污染环境。

对包装废弃物回收利用是当前发展绿色包装的最主要方向，其途径是减量化，重复利用和再生利用。回收利用包装废弃物的重要意义不仅是保护环境、减少污染，而且能资源循环利用、节约资源，是建立包装循环经济的重要手段。

5. 包装设计应注意装卸开箱的方便性

商品在物流过程中需多次装卸，因此包装设计必须考虑便于装卸。为此，凡手工装卸的货物应重量适当，为使人的疲劳程度最小，每一包装单位重量限于20kg，体积限于长×宽×高＝700mm×800mm×400mm为宜，连续装卸重量不宜超过人体的40%，对于大型容器和包装，其重量和体积应与所采用的装卸机械相适应，如用叉车装卸，包装件厚度应与叉车高度相适应；用船吊装货物，重量不超过3t。

包装设计时，还应注意开箱方便，对木包装尤其须注意。

6. 设计销售包装（或个包装）时，包装费用与内容物价值应相适应

当前国内销售包装多有过分包装，甚至是欺诈包装，这是应当引起重视的。国际上为杜绝过分包装，规定流行包装费用占内容商品的价值应有一定的比例，如酒类、罐头占18%～25%，儿童食品可占到40%，一般食品仅占20%。

第二节　基于供应链管理的整体包装解决方案CPS

一、整体包装解决方案的新理念

进入21世纪，世界经济日益重视环境保护、降低成本、大力发展现代物流，世界包装市场全球化竞争也日益加剧，国际包装业为适应这种新形势，提出了“整体包装解决方案”（Complete Packaging Solutions，简称CPS）新理念。“整体包装解决方案”，就是包装供应（制造）商向用户提供的从包装材料的选取，到包装方案设计、制造，到物流配送直至面向终端用户的一整套系统服务。其内容涵盖了包装设计、包装制造、产品包装、物流运输、仓储直到包装废弃回收利用的各个环节。

新理念是系统工程思想和供应链管理在包装行业中的应用，新理念将包装与物流作为一个整体系统全面考虑，追求包装物流系统总成本最低，以增强包装产品的市场竞争力。

该理念起源于美国，流行于发达国家，不少跨国公司借助“整体包装解决方案”供应商，实现产品包装系统的整体和全过程的交付委托，由此来压缩包装系统的成本，而将主要精力集中到自身的核心能力上。该先进理念随着近年国外大型企业的进驻已被引入我国沿海城市，目前沿海城市包装订单的一个明显特点就是要提供包括包装物流在内的完整包装解决方案。“整体包装解决方案”必将成为今后包装设计和包装供应的潮流和趋势。

二、整体包装解决方案的策划目标和原则

1. 整体包装解决方案策划目标

策划整体包装解决方案有两个目标：一是经济性，通过选择适合的运输方法及仓储方案，缩减运输时间，减少存货成本及空间，减少订单过程中的有关费用，使流通总成本最低；二是绿色性，提出方案的过程应和实施包装绿色化的措施相结合，策划的包装解决方案在生命周期全过程中应有利于节约资源和保护环境，故应同时以经济和环境最优为追求目标，而不能单纯以经济最优为追求目标，否则将是适得其反的结果。

2. 整体包装解决方案策划原则

（1）整体并行策划原则。整体包装解决方案有别一般包装设计的不同点，就是对产品的包装从原材料选用、包装结构设计、运输仓储设计，直至包装使用完后的回收再利用均要围绕实现双目标进行整体思考，采用并按设计方法进行，而不能按传统习惯顺序进行。不这样，就不能很好实现经济性和绿色性的双目标。

（2）包装总成本最低原则。这是为实现经济性而须遵循的策划原则。整体包装解决方案要考虑的成本，不仅是包装制品的生产成本，而是包括包装生产成本、包装使用成本、使用包装后的流通成本在内的总成本。包装生产成本指包装原料和加工成制品的成本；包装使用成本指用户使用包装制品包装产品的作业过程成本和获得包装制品的配送成本；使用包装后的流通成本则指包装件在托盘集装、运输、仓储及废弃包装回收等流通过程中所付出的成本。策划整体包装解决方案必须使用系统工程的思想和方法，使包装总成本最低，而不是其中一项最低。

（3）包装材料“3R1D”原则。它指包装材料减量化（含无毒害）、再复用、可再生，这是实现绿色性须遵循的策划原则。实行上述原则的重要意义是：①实施包装材料和制品减量化，可反对过度包装，节约资源，保护环境。②可减轻包装制品重量，提高运输装载量，降低流通总成本。因此，包装材料（制品）轻量化、薄壁化，研发高强度低克重纸板、高强度轻量化玻璃瓶，减少钢板、铝板、马口铁薄板厚度，减少塑料薄膜厚度已成为当今包装材料的发展趋势。③适应了国际贸易绿色包装制度的要求。绿色包装制度的主要要求有：一是严格限制包装材料的有毒有害成分，如铅、镉、汞和六价铬等重金属，多氯联苯、苯残留、含氯物质、含氟物质等的浓度总量，四种重金属应达到国际上 100mg/kg（即 100ppm）的标准；食品包装材料（包括主材、添加剂、色素、以及黏合剂、油墨、涂料等助剂）则应按塑料、纸、陶瓷、橡胶、马口铁等大类符合欧美“食品包装安全法规”中有害元素限量及比迁移极限的类别安全标准；二是减量化，禁止过度包装。欧盟“94/62/EC 指令”考虑到适度包装的多种属性，提出需从满足保护功能、制造要求、填充灌装需要、物流管理要求等 10 种性能指标来判断包装是否“过度”；三是为使废资源再利用，

促进绿色包装、绿色物流和包装循环经济发展。包装或包装材料的性质须是可重复利用或可回收再生的；若包装废弃物不能回收利用，则其材料需能自行降解。

实行再复用、可再生原则，除适应国际贸易绿色包装制度的要求外，主要目的是废资源再利用，促进绿色包装、绿色物流和包装循环经济发展。若包装废弃物不易再复用和再生，则为保护环境，应选用能自行降解的材料制作包装。

三、整体包装解决方案的策划（设计）方法

策划（设计）整体包装解决方案，需要并行考虑材料选择、选用适宜的包装技术、进行包装结构设计或选用适宜的包装、进行物流设计等各环节，联系密切、又有交叉。其策划（设计）的方法一般应以运输包装设计为主干来考虑，从技术路线讲可划分为如下六步。

1. 分析产品的特性

在进行整体包装解决方案策划（设计）时，分析产品特性是首要的一步。产品特性包括产品的固有特性、市场定位特性和结构特性。

产品的固有特性指产品的强度、刚度、脆值、固有频率，产品的重量、重心、轮廓尺寸，产品表面的耐磨度、防潮防锈性能等。其中最重要的就是产品的脆值和固有频率。这两个性能参数是包装设计师进行运输包装防冲击、防振动设计的必要条件。

产品的市场定位特性决定了产品内包装（销售包装）的档次、选材和装潢。对于市场定位较高、较贵重的高档化妆品、高端手机，包装材料选用高档材料，且采用精美装潢；而对于一般通用的产品，则包装材料选用成本较低的材料，进行一般装潢或不装潢。

在包装设计时，认真分析产品的结构特性对改进产品不合理结构，或寻找可支撑部位，进行包装的支撑设计都具有重要作用。缓冲包装六步设计法就十分重视在发现产品脆值偏低时，需对过于脆弱的零部件进行重新设计，以提高整个产品的脆值；而对一些形状异形复杂的产品，为设计出合理的包装，对其结构进行受力分析和支撑部位设计就显得更为重要。

2. 掌握产品流通环境信息

产品流通环境信息是对产品进行安全性包装设计的必要条件。也是整体包装解决方案中所需的最重要基础信息。从将包装材料（制品）配送至产品企业和产品下线开始包装至产品流入客户手中的全过程。其中的流通环节包括配送、包装、集合包装（托盘集合、集装箱）装卸、运输、仓储等。

产品流通的环境信息包括气象性环境、生化环境、力学环境和电磁性环境四大类，具体包含：包装材料（制品）向企业配送的距离、时间、安全备存量，产品包装的操作难易度，产品仓储的温湿度极限、仓储空间、仓储时间、堆码高度、虫害，产品装柜的托盘尺寸、集装箱尺寸、堆码高度、装卸起吊能力，产品的运输工具、最大装载量、运输路线、距离、时间、价格，产品运输起点至终点的路况、可能发生的冲击和振动、气候环境及温湿度，产品包装的拆卸难易度，产品的上架要求等所有与产品包装有关的流通环境信息。

3. 掌握包装材料（制品）的有关信息

产品的包装材料（制品）信息是对产品进行包装设计的必要条件，是整体包装解决方

案中所需的另一最重要基础信息。

产品的包装材料（制品）信息包括材料（制品）的生产厂家、尺寸规格、型号、化学成分和性能信息；性能信息又指材料有无超过规定的毒害成分、能否自行降解、是否易于回收再利用或回收再生、防湿防锈能力、防静电能力、阻隔性能（透水、透湿、透氧、透二氧化碳等），以及各类力学性能；力学性能包括抗压强度、密度、缓冲系数曲线、加速度—静应力曲线、应力—应变曲线、传递率曲线等；常用的瓦楞纸板的信息包含用纸克重、瓦型、边压、耐破性等；食品包装材料还要包括有毒有害成分允许渗透和迁移量的信息。

4. 进行整体包装物流策划

在分析产品的特性、市场定位、掌握产品流通环境和包装材料（制品）信息后，采用“并行”设计方式，同时考虑流通各环节进行内包装及外包装（含装潢）的结构设计和物流设计。内外包装设计时要综合运用保护商品的各项技术，如缓冲、防震、防潮、防锈、防静电、真空、气调等包装技术，但运输包装通常以缓冲包装设计为主干技术。

设计的主要内容有：

①根据产品特性、流通环境条件及绿色包装制度要求选用包装材料，确定内外包装需用的包装技术。

②按照与流通过程中托盘、集装箱、运输工具、仓库尺寸相匹配原则确定内外包装外尺寸，提倡选用标准的系列尺寸，以提高流通过程的装载容量。

③进行内包装的包装技术及结构设计。内包装通常是纸板箱、瓦楞纸箱、塑料容器等；内包装或里面的小包装采用的包装技术则视需要分别采用真空、充气、气调、无菌、防潮、防锈等。按市场定位确定内外包装的装潢档次。

④进行外包装的包装技术及结构设计。外包装通常是纸板箱、瓦楞纸箱、蜂窝纸板箱、木箱、金属及塑料容器等，外包装容器需进行堆码后抗压校核；同时按照六步法设计缓冲衬垫，并进行防振校核；以及进行其他需用的包装技术（防振、防潮、防锈、防静电等）设计。

⑤进行物流设计。为用户包装的产品选择适合的运输方法及仓储方案，追求供应链系统最大效率化，为客户提供增值服务。具体包括确定最佳运输路线、运输工具，选用集合运输包装的托盘及集装箱，选用适宜的物流中心，物流中心应着重空间陈列、布置、进仓、搬运，以期发挥最佳的效果，最后还要考虑废弃包装的收集及返回运输。

以上各步要求设计师在“双目标”、“ 三原则”的指导下，作为一个有机整体进行策划，而后再分工设计。

5. 进行整体运输包装使用总成本分析

整体包装解决方案的包装使用总成本包括包装生产成本、包装使用成本、使用包装后的流通成本在内的总成本。计算时尤要重视对包装容器的选用，包装容器的变动带来的容器成本变动，同时也带来运输成本变动、人力成本变动和容器管理成本变动。

各方案应进行综合分析比较，兼顾经济成本和资源环境效益，择优选择之。

6. 进行整体运输包装测试

整体运输包装测试是对整体包装解决方案策划（设计）成败的验证。测试内容根据采用的包装技术而定，一般有跌落测试、振动测试、堆码测试、防潮防水测试等。

测试数据采集完毕后，需由专业技术人员对测试数据进行分析评定，目的是判定所设计的整体运输包装的合格性。如发生破损或其他不合格情况，则需重新设计或采取有关措施。如测试合格也需对设计方案进行全程跟踪，以进一步精确判定设计方案的合理性。

第三节　条码技术在物流信息管理中的应用

条码（条形码）表示物流和商品的信息，条码技术是一种借助扫描阅读器和微型计算机进行信息数据自动识读和自动输入计算机的自动识别技术。信息是物流管理的基础，没有物流的信息化，就没有现代化的物流管理。物流信息按作用分类有订购信息、库存信息、生产信息、送货信息和物流管理信息。后者是物流管理活动中，物流管理部门进行管理和控制物流活动的最重要的信息。它借助印刷在包装表面上的条码，追踪和控制商品的物流活动。

一、条码的概念与类型

1. 条码是一种编码

编码是一种信息表现形式，编码对事物或概念赋予一定规律的数字，也即用一定的符号体系把事物或概念表示出来，以取代用太长的文字描述来表示事物或概念。编码的直接结果是形成代码。编码的另一重要优点是可对文字信息进行字符化处理，使之量化，从而便于利用各种通讯设备进行信息传递和利用计算机进行信息处理，因而是一种进行信息交换的技术手段。

为了保证编码具有信息表现和信息交换的一致性，信息编码必须遵循以下基本要求：①编码的唯一性。一种事物或概念只能与一个编码相对应，否则将出现混乱。②简短性。代码应尽量简短。③易识别性。代码应尽可能反映编码对象的类别和特性。④易扩展性。为适应编码对象发展的需要，代码结构设计上要留有足够的备用码空间。⑤操作方便。尽可能减少人工和机器的处理时间。

标准化的信息编码与标准化的信息分类有密切的联系，分类是编码的基础，编码是分类的体现。信息分类结构与信息编码结构之间有一定的对应关系。

2. 条码是一种自动识别技术

自动识别技术是一种信息数据自动识读、自动输入计算机的重要方法和手段，随着计算机和通讯技术的发展出现了智能化、无线化、微型化的趋势。物流信息化就须对供应链中物品信息进行实时采集，从而对其进一步传输和处理，因此如何简便标识和快速识别物品信息是物流信息化首要解决的问题，条码正是为物流信息化能进行快速识别的自动识别技术。

目前，主要自动识别技术有：①光学字符识别 OCR，它可通过机器扫描并识读全部字母与数字符号及图像字符，条码技术即属这类识别。②磁卡。③光学记忆卡片。④IC 卡。⑤射频识别技术。今后自动识别技术的发展趋势有生物测量，语音识别技术，机器视觉识别等。

3. 条码的定义

我国国家标准 GB 12905—1991 给条码的定义为：由一组规则排列的条（线条）、空

(空白) 及其对应字符组成的标记，用以表示一定的信息（字母、数字等）。

条码是一种特殊的代码。条码中的条、空分别由两种不同深浅的颜色（通常为黑、白色）表示，并满足一定的光学对比度的要求。在进行辨识的时候，是用光学扫描阅读器对条码进行扫描，得到一组反射光信号，此信号经光电转换后变为一组与线条、空白相对应的电子讯号，经解码后还原为相应的数字，再输入机算机，即可查阅条码表示的有关信息。

条码下面的字符（数字）供人直接阅读，或通过键盘向计算机输入数据。

条码技术已相当成熟，辨识的错误率约为百万分之一，首读率大于98%，是一种可靠性高、输入快速、准确性高、成本低、应用面广的自动识别技术。

4. 条码的码制

码制即指条码条和空的排列规则。一般可分为一维条码和二维条码、复合码三类。在商品销售、图书管理、工业生产、机票管理上广泛应用的是一维条码；近年为了增大商品信息容量和增强保密防伪性，发明了功能更强的二维条码，为了标识微小物品及表述附加商品信息，以及采集和传递更多的物流运输信息，又发明了复合码。

(1) 一维条形码。只是在一个方向（一般是水平方向）表达信息，而在垂直方向则不表达任何信息，保持一定的高度通常是为了便于阅读器的对准扫描。一维条码种类达225 种左右，主要应用在商品上，故被称为商品条码。典型的码制如：EAN 码、UPC 码、39 码、25 码、交叉 25 码、128 码、93 码、库德巴码（Codebar）和 PDF417 码等。此外，书籍和期刊也有国际统一的编码，特称为 ISBN（国际标准书号）和 ISSN（国际标准期刊号），不同的码制有各自的主要应用领域。

①EAN 和 UPC 码是由世界上有两大编码组织所制定的，一个是国际物品编码协会(IAN/EAN)，制定了 EAN 码，主要应用在欧洲；另一个是美国统一编码协会（UCC)，1973 年在世界上率先建立了 UPC 码，主要应用在北美。为了保证编码的唯一性，其他各国各地若要使用 EAN 和 UPC 码，必须向 IAN/EAN 和 UCC 提出申请，成立分支组织，方可使用。我国的中国物品编码中心已通过申请参加了两大组织，成为 IAN/EAN 和 UCC 的会员，获准使用 EAN 码和 UPC 码，今后我国出口欧洲的商品应使用 EAN 码，而出口北美的商品则可使用 UPC 码。EAN 和 UPC 码均是一种长度固定，无含意的条码，所表达的信息全部为数字，主要应用于销售、贸易的商品标识。

②39 码和 128 码是为企业内部自定义码制，可以根据需要确定条码的长度和信息，它编码的信息可以是数字，也可以是字母，主要应用于工业生产线领域、图书管理等。

③93 码是一种类似于 39 码的条码，其密度较高，能够替代 39 码。

④25 码主要应用于包装、运输以及国际航空系统的机票顺序编号等。

⑤Codebar 码应用于血库、图书馆、包裹等的跟踪管理。

(2) 二维条形码：二维条码可以分为层排式和矩阵式两种。

层排式二维条形码形态上是由多行一维条形码堆叠而成，具有代表性的层排式二维条形码包括 PDF417、Code49、Code16K 等，其条形码中包含附加的格式信息，信息容量可以达到 1K。例如 PDF417 码可用来为运输/收货标签的信息编码，它作为美国国家标准协会 ANSI MH10. 8 标准的一部分，为“纸上 EDI（纸上电子数据交换)”的送货标签内容编码，这种编码方法被许多的工业组织和机构采用。层排式二维条形码可用一维的线性扫描阅读器或 CCD 二维图像式阅读器来识读。

矩阵式二维条形码以矩阵的形式组成，在一个规则的印刷（格子）内用点（方形或圆形等）的出现表示二进制“1”，点的不出现表示二进制“0”，通过多个“1”与“0”的组合来表示信息。如 Code one、Aztec、Data Matrix、QR 码等。

矩阵式二维条形码具有更高的信息密度，可以作为包装箱的信息表达符号，在电子半导体工业中，将 Data Matrix 用于标识小型的零部件。矩阵式二维条形码只能被二维的 CCD 图像式阅读器识读，并能以全向的方式扫描。

二维条形码能够将任何语言（包括汉字）和二进制信息（如签字、照片）编码，并可以由用户选择不同程度的纠错级别以在符号残损的情况下恢复所有信息。

（3）复合码（CS）。1999 年国际条码协会颁布新的复合码标准，是对现有商品条码标准的有效补充和完善。它是一种由一维条形码和二维条形码不同的两种条形码叠加在一起而构成的一种新的码制，以实现在读取一维条形码所表示的商品单品识别信息的同时，还能够通过读取二维条形码来获取更多描述商品物流特征的信息，主要用于物流及仓储管理。复合码是一种全新的适于各个行业应用的物流条形码标准，有利于加强对物流商品的单品管理，提高物流管理中商品信息自动采集的效率。

二、条码的结构

1. 条码的符号结构

一个完整的条码符号由两侧静区、起始字符、数据字符、校验字符（也为数据符）和终止字符组成，如表 6－2 和图 6－5 所示。

表 6－2　条码的符号结构

静区	起始字符	数据字符	校验字符	终止字符	静区

图 6－5　条码组成

（1）静区：指条码左右两端外侧与空的反射率相同的限定区域，它能使阅读器进入准备阅读的状态，当两个条码相距距离较近时，静区则有助于它们加以区分，静区的宽度通常应不小于 6mm（或 10 倍模块宽度）。

（2）起始/终止符：指位于条码开始和结束的若干条与空，标志条码的开始和结束，同时提供了码制识别信息和阅读方向的信息。

（3）数据符：位于条码中间的条、空结构，它包含条码所表达的特定信息。

构成条码的基本单位是模块，模块是指条码中最窄的条或空，模块的宽度通常以 mm 或 mil 为单位。构成条码的一个条或空称为一个单元，一个单元包含的模块数是由编码方式决定的，有些码制中，如 EAN 码，所有单元由一个或多个模块组成；而另一些码制，如 39 码中，所有单元只有两种宽度，即宽单元和窄单元，其中的窄单元即为一个模块。

2. EAN 码结构

通用商品条码 EAN 是世界上应用最广泛的条码，它有商品销售包装 EAN 条码和商品运输包装 EAN 条码两大类。商品销售包装 EAN 条码又分为标准式和短式两种，标准式由 13 位数字符号组成，称为 EAN－13 条码，短式由 8 位数字符号构成，称为 EAN－8 条码。

（1）EAN－13 条码。

EAN－13 条码结构如图 6－6 所示。

图 6－6　EAN－13 条码结构

①左侧空白区。位于条码符号超始符左侧的无印刷符号且与空的颜色相同的区域，其最小宽度为 11 个模块宽。

②起始符。位于条码符号左侧，表示信息开始的特殊符号，由 3 个模块组成。

③左侧数据符。介于起始符和中间分隔符之间的表示 6 位数字信息的一组条码字符，由 42 个模块组成。

④中间分隔符。在条码符号中间位置，是平分条码符号的特殊符号，由 5 个模块组成。

⑤右侧数据符。中间分隔符右侧的条码字符，表示 5 位数字信息，由 35 个模块组成。

⑥校验符。最后一个校验符字符，由 7 个模块组成，表示校验码。

⑦终止符。位于条码符号右侧，表示信息结束的特殊符号，由 3 个模块组成。

⑧右侧空白区。位于终止符之外的无印刷符号且与空的颜色相同的区域，其最小宽度为 7 个模块宽。

EAN－13 条码符号所包含的模块总数为 113 个。

EAN－13 条码的前置码不用条码符号表示，不包括在左侧数据符内。左侧数据符是根据前置码所决定的条码字符构成方式（奇排列和偶排列）来表示前置码之后的 6 位数字的。

（2）EAN－8 条码。

EAN－13 条码由 13 位数字构成，它们分别代表：

①国家代码。由 3 位数字构成，称为前缀码，用以标识国家或地区，由 EAN 组织统一分配，中国的前缀码目前有 3 个：690、691、692。

②厂家代码。由 4～5 位数字构成，用以标识厂商，由中国物品编码中心统一分配。

③商品代码。由 4～5 位数字构成，用以标识商品的特性和属性（如重量、颜色、价格等），由制造厂商或物品编码机构分配。

④校验码。由 1 位数字构成，用以检验国家代码、厂家代码和商品代码的正确性。

EAN－8 条码构成与 EAN－13 的不同之处，主要是减少了表示数据字符的条码字符数量，其结构如图 6－7 所示。

图 6－7　EAN－8 条码结构

EAN－8 条码的左侧空白区的宽度为 7 个模块宽；左侧数据符由 28 个模块组成，右侧数据符由 21 个模块组成；起始符、中间分割符、校验符、终止符及右侧空白区的构成与 EAN－13 条码相同。EAN－8 条码所包含的模块总数为

81 个。

EAN－8 条码由 8 位数字构成，它们分别代表：

①国家代码。由 3 位数字构成，中国是 690、691、692。

②商品代码。由 4 位数字构成，由国家条码组织分配。

③校验码。由 1 位数字构成。

EAN－8 条码的使用是有限制的，按照《商品条码管理办法》的规定，商品条码印刷面积超过商品包装表面面积或者标签可印刷面积四分之一时，才可申请使用短式商品条码。

三、条码的识读原理与设备

条形码阅读器是用于读取条形码所包含编码信息的识别设备，其结构通常由光源、光路装置、光/电转换部件、电路放大整形器件、译码电路和计算机接口组成。

1. 条形码识读原理

由光源发出的光线经过光学系统照射到条码符号上，反射光经过光路装置反射在光/电转换器上，按美国信息交换标准代码 ASCII，对应转换成二进制脉冲电信号，该信号经过电路放大后的模拟信号与反射光的强弱成正比，再经过滤波、整形，形成与模拟信号对应的方波信号，最后经译码器 A/D 转换成为计算机可以直接识别的数字信号。由此可见，对条形码识读的过程可分成光电扫描与译码两大部分组成。

2. 条形码阅读器的光电扫描原理

通常对条码的识读采用以下 3 种类型的条形码阅读器：光笔、CCD、激光。

（1）光笔的光电扫描原理。光笔使用时，操作者需将光笔接触到条形码表面，通过光笔的镜头发出一个很小的光点，当这个光点从左到右划过条形码时，在条形码浅色条纹“空”的部分，光线被全部反射；而在条形码深色条纹“条”的部分，光线将被吸收，几乎没有反射光，从而使得强弱不同的反射光折回光笔内部的光敏二极管，使其产生一个高低变化的电压，这种电压变化经过放大、整形后再经译码器转换为计算机可以直接识别的数字信号。

光笔的主要优点：接触阅读，能够明确哪一个是被阅读的条码；阅读条码的长度可以不受限制；与其他的阅读器相比成本较低；内部没有移动部件，比较坚固；体积小、重量轻。缺点：使用光笔会受到各种限制，比如在一些场合不适合接触阅读条形码；另外只有在比较平坦的表面上阅读指定密度的、打印质量较好的条形码时，光笔才能发挥它的作用；而且操作人员需要经过一定的训练才能使用，扫描速度、扫描角度以及使用的压力不当都会影响它的阅读性能；最后，因为它必须接触阅读，当条码在因保存不当而产生损坏，或者上面有一层保护膜时，光笔都不能使用；光笔的首读成功率低，误码率较高。

（2）CCD 阅读器的光电扫描原理。CCD 亦称电子耦合器件（charge couple device），是一种间接的自动扫描阅读器。CCD 条形码阅读器采用一排或多排组成阵列形状的发光二极管的泛光源（LED）照明整个条形码符号，通过由平面镜、透镜与光栅组成的光学系统将整个条形码符号映像到由一排或多排光电转换组件（光电二极管）组成的探测器陈列上，经过探测器的光电转换系统，对探测器阵列中的每一个光电二极管依次采集信号后再经合成，从而间接地实现了对条形码符号的自动扫描。

CCD 阅读器的优点：与其他激光阅读器相比，CCD 阅读器的价格较便宜，容易使用。

它的重量比激光阅读器轻，而且不像光笔一样只能接触阅读。缺点：CCD 阅读器的局限性在于它的阅读景深和宽度，在需要阅读印刷在弧型表面的条形码（如饮料罐）的时候会有困难；在一些需要远距离阅读的场合，如流水线、仓库储存的物品也不是很适合；CCD 的防摔性能较差，因此产生的故障率较高；而采用阵列式 LED 的条码阅读器中，任意一个 LED 故障都会导致阅读出错；大部分 CCD 阅读器的首读成功率较低且误码率高。

（3）激光扫描仪的光电扫描原理。激光扫描仪是一种自动扫描条形码阅读器。

激光扫描仪以激光作为扫描光源，激光束射在旋转棱镜上，通过棱镜的转动产生扫描光束，反射后的光线穿过阅读窗照射到条形码表面，并依次由条码的一侧扫描至另一侧，光线经条形码条或空的反射后折回阅读器，通过一个光路系统进行汇集、聚焦，再经过光电转换器转换成电信号，该信号通过译码器还原成数字信号。

激光扫描仪分手持与固定两种形式，手持激光枪使用灵活，固定式激光扫描仪适用于条形码阅读量很大、条形码较小或物品运送过程时的实时采样场合，无须人工干预。

激光扫描仪的优点：激光扫描仪适用于非接触扫描，通常情况下，在阅读距离超过 30cm 的情况下激光阅读器是唯一的选择；激光扫描仪阅读条码密度范围广；可以阅读不规则的条码表面或透过玻璃或透明胶纸阅读；由于是非接触阅读，所以不会损坏条码标签；因为有较先进的阅读及解码系统，首读识别成功率高、识别速度相对光笔及 CCD 更快，而且对印刷质量不好或模糊的条码识别效果好；误码率极低（约为三百万分之一）；激光阅读器的防震防摔性能好，如：Symbol LS4000 系列的扫描仪，可在 1.5m 高水泥地防摔。激光扫描仪的唯一缺点是它的价格相对较高。

3. 条形码译码技术

条形码阅读器的光电扫描部分将条码符号转换为数字脉冲信号，而译码过程则是将光电扫描得到的数字脉冲信号再还原成条形码符号字符所表示的数据，再输入计算机进行处理。条码阅读器译码方式分为硬件译码和软件译码两种。

硬件译码方式通过数字电路的功能逻辑来完成对数字信号的译码，这种方式具有译码速度快的优点，但是其灵活性和适应性较差，电路的功能逻辑一旦固定，再要改变只能重新设计译码电路的逻辑线路，比较麻烦。

软件译码方式通过固化在 ROM 中的译码程序来完成译码，这种译码方式的适应性和灵活性好，但译码的速度较慢。

因此，一个实用的条码器在译码过程中往往同时采用硬件译码及软件译码两种方式，并利用这两种方式的不同特点，分别完成一定的译码功能，以提高译码的准确度。

四、条码技术在商品销售和物流中的应用

1. 在大型超市商品销售中的应用

在大型超市中广泛应用条码销售信息系统 POS（Point of sale），它是在商品上贴上条码标志，应用该系统就能准确、快速地利用计算机进行配送和销售管理，清楚了解货品的进、销、存和流向等资料，对掌握超市的季节性变化至关重要，对商品销售的实时性收集，更会加快超市的运作效率，精确了解商品销售的各项数据。

整个销售信息系统包括收货、入库、点仓、出库、查价、销售、盘点等环节，各环节

顺序操作如下。

（1）收货。收货部员工手持无线手提终端，通过无线网与主机连接的无线手提终端已有本次要收的货品名称、数量、货号等资料，通过扫描货物自带的条形码，确认货号，再输入此货物的数量，无线手提终端上便可马上显示此货物是否符合订单的要求。如果符合，便把货物送到入库。

（2）入库和出库。它们其实是仓库部门重复收货/退货的操作步骤，增加这一步骤仅仅是为了管理的需要，可以落实各部门的责任，也可防止有些货物收货后需直接进入商场而不入库所产生的混乱。

（3）盘点。它是仓库部门最重要的环节。原来进行盘点时，必须暂停营业进行手工清点，而大型超市的盘点方式已进行改进和完善，主要分为抽盘和整盘两部分。抽盘是指每天的抽样盘点，每天分几次，理货员只需手拿无线手提终端，通过无线网按照计算机传输过来的主机指令，到指定货架扫描指定商品的条形码，确认商品后对其进行清点，然后把资料通过无线手提终端传输至主机，主机再进行数据分析。整盘就是整店盘点，是一种定期的盘点，将超市分成若干区域，分别由不同的理货员负责，通过无线手提终端得到主机上的指令后，按指定的路线、指定的顺序清点货品，然后，不断把清点资料传输回主机，盘点期间不会影响超市的正常运作。

（4）查价。它是超市的一项烦琐的任务。因为货品经常会有特价或调整的时候，混乱也容易发生，所以售货员手提无线手提终端，腰挂小型条形码打印机，按照无线手提终端上的主机数据检查货品的变动情况，对应需变化的物品，马上通过无线手提终端连接小型条形码打印机打印更改后的全新条形码标签，贴于货架或货品上。

（5）销售。它是超市 POS 系统应用条码进行销售的最主要的场合，在结账时收款员通过扫描商品上的条形码，并根据商品条形码的编号检索商品数据库，显示该商品的品名、单价，收款员输入数量，并逐一完成全部商品的扫描和输入，即可通过电脑进行小计、打印票据、收款结账。在销售的同时，还可以收集包括商品、收款员、商品供货商、顾客等多种信息，是商场的管理决策内部信息源提供的主要来源。

2. 在物料搬运系统中的应用

物料搬运系统的特点是货品种类繁多，信息量大，包装规格不一，常常不能确定条码标签的方向和位置。以机场的旅客行李为例，行李有长有短，有大有小，有的竖立，有的平躺，行李标签在行李上的位置是不确定的，而行李在运输机上的位置也是不确定的。货品通过扫描器的速度比较快，随着流通量的不断增大，运输机的速度不断提高，货品通过扫描器时的相对速度比较高，可达 2. 5m/s。

因此，物料搬运系统的条形码扫描技术与常用的技术有所不同，具有十分鲜明的特点：每秒扫描至少 500 次以上，由于条码标签与激光束形成一角度，一条激光束不能扫描到完整的条码，为此开发了数据重组技术 DRX，因货物是不断移动的，激光束的每次扫描都会有新增的数据，DRX 技术的核心是把每次扫描所得的数据与上一次扫描的数据进行比较，找到相同的中间部分，然后添加新的内容，最终得到完整的信息；采用激光束呈 X 图案的全方位扫描器（X、双 X、四 X 图案扫描器）；同时激光扫描器的光学系统采取可调焦距的双景深、三景深、动态调焦技术；采用多路器传递多台扫描器的信息，提高自动识别系统的可靠性；当包装箱内装不同规格尺寸物品（如鞋子）时，每双鞋子盒上都有各自的条码标签，这时可采用矩阵扫描技术，用扫描器对排成矩阵的条码逐个识读，从而检验包装箱内是否符合订单的要求。

3. 二维条码在物流中的应用

20 世纪 90 年代发明的二维条码，能够表示商品在物流中的全部重要信息，具有信息容量大、可靠性高、保密防伪性强、易于制作、成本低等优点，满足了人们“资讯跟着商品走”的需求，如在运输行业中，典型的运输业务过程是供应商→货运代表→货运公司→货运代理→客户，在每个环节过程中都牵涉到发货单据。发货单据含有大量的信息，包括发货人、收货人、货物清单、运输方式等，往往各个环节都要使用键盘重复录入，效率低、差错率高，已不能适应现代运输业的要求。同时，对于货运商来说往往还出现货到而单证未到或晚到的情况，以至于因不能及时确认装箱单内容而影响了货物运输和正式运单的形成。

二维条形码在这方面提供了一个很好的解决方案，按照美国货运协会（ATA）提出的纸上 EDI 系统的做法：发送方将 EDI 信息编成一张 PDF417 二维条形码标签提交给货运商，通过扫描条形码，信息立即传入货运商的计算机系统。这一切都发生在和货物同步到达的时间和地点，使得整个运输过程的效率大大提高。

4. 复合码（CS）在商品销售及物流管理中的应用

随着商业及物流管理的发展，提出了标识微小物品及表述附加商品信息，以及更多的运输物流信息的需求，为此，2000 年 EAN 和 UCC 联合公布了将条码和二维条码组合成复合码的应用标准，复合码采用 EAN/UCC 128 一维条码和 PDF 417 二维条码多种灵活的组合编码方式，成功地解决了散装食品，蔬菜水果、医疗保健品及非零售的小件物品的标识和传递更多的物流运输信息等问题。

（1）在商品销售中的应用。在零售业中，复合码的应用首先解决了微小物品的条码标识问题。利用原有的 EAN/UCC 条码标识微小物品时，只能用 8 位 EAN/UCC 缩短码，所表述的信息仅为商品唯一编号（8 位数据）。这种缩短码由于信息容量小，占用面积大，号码资源紧张等原因，给商业用户带来了诸多不便。采用复合码以后，有效地增大了单位面积条形码的信息容量。其次，复合码的出现，为商店散装商品及蔬菜水果等的条形码标识提出了理想的解决方案。借助于复合码，不但可以表示商品的单品编码，还可以将商品的包装日期、最佳食用日期等附加商品信息标识在商品上，便于零售店采集，以对保质期商品实施有效的计算机管理和监控。

（2）在物流运输中的应用。在物流系统中，越来越多的应用证明，采集和传递更多的运输单元信息是非常必要的。而目前现有的 EAN/UCC 128 码受信息容量的限制，无法提供满意的解决方案。

物流管理所需要的信息主要可分为两类：运输信息和货物信息。运输信息包括交易信息，诸如采购订单编号、装箱单及运输途径等。复合码中包含这些信息的好处在于供应链的各个环节都可以随时采集所需信息而无须在线式数据库。将货物本身信息编在二维条形码中是为了给电子数据交换（EDI）提供可靠的备份，从而减少对网络的依赖性。这些信息包括包装箱及所装物品、数量以及保质期等，掌握这些信息对混装托盘的运输及管理尤其重要。

采用复合码以后，这种以 EAN/UCC 128 码及 PDF 417 二维条形码构成的复合码将

2300个字符编入条形码中，从而解决了物流管理中条码信息容量不足的问题，极大地提高了物流及供应链管理系统的效率和质量。

第四节　RFID标签在包装箱流通管理上的应用

一、基于RFID标签的包装箱管理系统的功能

随着信息化进程的推进，现阶段包装箱的管理方式的局限性日趋明显，主要体现在：

①现阶段包装箱信息传递主要依靠装箱单。装箱单只记录了包装箱及其产品的基本信息，以文字记录为主，信息量较小，表现方式单一。

②不能够记录包装箱在运输和存储过程中各种信息，并且装箱单容易损坏。

③自动化管理实现困难。采用信息化办公软件对包装箱进行数字化管理，要对包装箱相关内容进行人工输入备案，耗费人力，占用资源。

针对以上缺点，国内已开发了基于RFID技术的包装箱管理系统。该系统能够对包装箱装箱、运输、入库和储存管理等各个物流环节进行跟踪和记录，实现包装箱的实时信息化管理。

二、RFID标签的工作原理

RFID（Radio Frequency Identification）标签俗称电子标签。它是一种利用射频通讯实现的一种非接触式的自动识别技术。基于RFID技术的包装箱管理系统由电子标签，后台数据库软件和粘贴有电子标签的各种载体，如包装箱、托盘等构成。

电子标签（RFID）系统由读写器（阅读器）、标签和天线3部分组成（图6-8）。其中标签由耦合元件及芯片组成，每个标签具有唯一的电子编码，数据储存容量大、可读写、可随时更新，它附着在目标对象上；读写器系读取标签信息的设备，有手持式及固定式；天线在标签和读取器之间传递射频信号。电子标签系统即通过射频信号自动识别目标对象并获取相关数据，其基本原理是利用射频信号的空间耦合（电感或电磁耦合）传输特性，实现对被识别物体的自动识别。

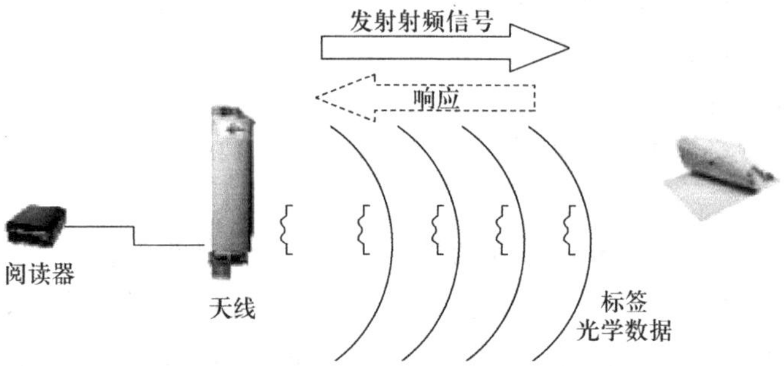

图6-8　电子标签系统示意图

后台数据库软件完成对电子标签系统采集到的信号进行管理，其软件由阅读器管理，

计算机操作和通信三部分软件组成。图 6－9 便是阅读器管理软件的首页，图 6－10 为计算机数据列表。阅读器和计算机之间通过 USB 端口传输数据，实现数据同步和共享。在物流的各个环节，实现对包装箱的管理和操作。

电子标签系统与条码技术比较，其专用芯片寿命长、抗恶劣环境，具有更大的储存容量，读写速度更快，且可多目标识别、运动识别，故更适用包装箱的流通管理。

图 6－9　阅读器操作软件

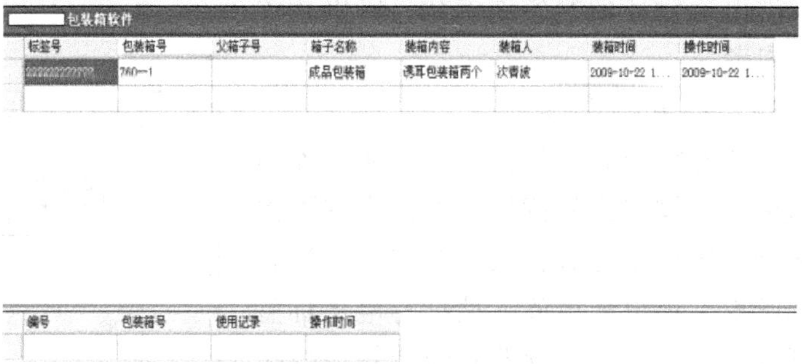

图 6－10　计算机数据列表

三、RFID 标签在流通管理上的应用

1. 装箱起运阶段

该阶段指生产厂家将产品装箱起运时，对电子标签所进行的操作。

首先，进行装箱操作，并确定包装箱和产品在起运前状态；将状态数据和 RFID 标签进行绑定，如图 6－11 所示。

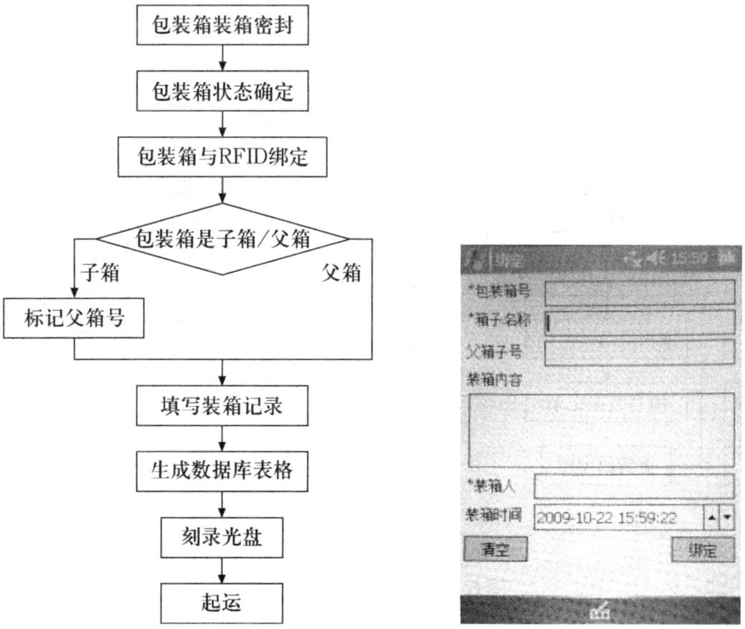

图 6－11　装箱起运阶段流程图

当完成一批产品包装箱与 RFID 的绑定任务后，将阅读器上的数据与计算机数据库软件同步，在计算机上生成数据库表格。图 6－11 便为数据库表格样图。将数据库数据刻录光盘协同包装箱交付使用单位。

2. 包装箱运输阶段

该阶段可以开发利用 RFID 系统的全球定位系统，对产品进行全程跟踪，甚至可以反馈出运输环境的各项参数，以供相关人员参考。

3. 包装箱入库阶段

装载着货物的包装箱入库。在仓库口设置由一台固定式阅读器，可以实现不停车批量阅读电子标签，从而对包装箱进行初步筛查。将包装箱放入粘贴有电子标签的托盘。通过手持阅读器对包装箱所放位置进行记录，同时将其同步输入计算机系统，及时更新数据库（见图 6－12）。

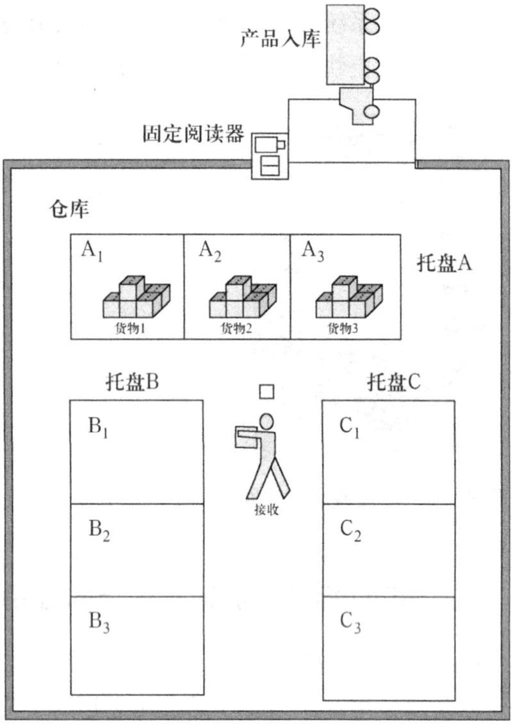

图 6－12　包装箱入库

4. 包装箱存储管理阶段

包装箱入库后，RFID 系统同样可以对包装箱查询、使用、出库和报废处理等各个环节进行监控，记录各个环节信息。下面重点论述各个环节 RFID 系统的不同功能（图 6－13）。

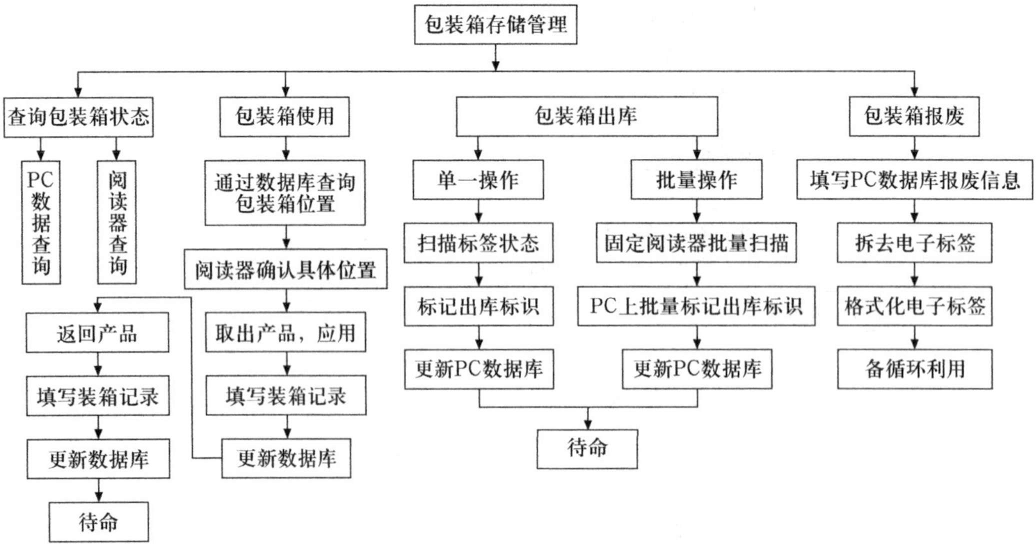

图 6－13　RFID 系统功能

（1）查询包装箱状态。管理员能够时刻查询包装箱的存储状态。通过两种方式进行查询：计算机数据库查询和阅读器查询。计算机数据库查询操作较为灵活，可以进行模糊查询、自定义条件查询、批量查询等。用户以数据库任何一栏的数据为依据进行查询，例如包装箱号、装箱人、操作时间等条款。并且可以对数据库信息进行排序、函数计算、图标生成等操作。阅读器查询对单一模糊查询或者自定义条件查询较适用。

（2）包装箱使用。若使用存放在仓库中的包装箱，先要“查询包装箱状态”确定其存放位置，管理员在仓库通过手持阅读器确认具体位置。开箱取出产品，并且通过阅读器填写装箱记录，数据与计算机同步。产品返回时，进行类似操作，填写装箱记录，数据与计算机同步。

（3）包装箱出库。包装箱小批量出库可以通过手持或者固定式阅读器进行操作。首先扫描 RFID 标签，确认合格。标记出库标识，更新计算机数据库。若为批量出库操作，使用固定阅读器先批量扫描标签，在计算机上对扫描的标签进行批量标记出库标识工作，再更新阅读器数据库，完成操作。

（4）包装箱报废。包装箱报废要在数据库中标识报废信息。但是 RFID 标签进行格式化后可以重复使用。

4. 数据库同步机制

计算机数据库和阅读器数据的同步是 RFID 管理系统操作的关键步骤之一。系统实现同步控制的方法有：

（1）软件同步机理控制。在软件系统中设置时间句柄，在各个环节的操作过程中，每次数据库数据的改变都会同时改变时间句柄中的时间（查询功能不会改变该句柄），同步功能同步数据的第一步要判断计算机和阅读器两个时间句柄的时间是否一致，若一致则断定数据库没有更新，停止更新操作。若不一致则根据时间句柄中的时间判断最新数据库，从而进行数据更新。在通讯机理上保证数据的一致性。

（2）完善的管理机制与之相适应。管理人员和操作人员严格按照 RFID 系统操作流程进行电子标签操作。建立监督机制，确保每次数据库数据改变之后，有人监督，有人执行同步，保证数据库的健康平稳运行。

案例分析：整体包装解决方案

案例 1：中国移动采用可拼装钢制周转架的 CPS

中国移动原来采用木箱运输通讯设备，大量耗用木材，回收利用率低，流通总成本高。2006 年，中国移动与合作伙伴为减少木材消耗、降低流通总成本，依据整体包装解决方案新理念、联系物流全过程考虑新的运输包装方案，设计出和运输工具、托盘、集装箱相匹配，且能多次反复使用，可拼装的钢制周转架，从而建立起可重复利用的物流体系。该物流体系每年可减少木材消耗 5.7 万立方米，相当于每年少砍伐森林 670 公顷，减少运输燃油消耗 137 万升，节约电能 393 万度，折合减少二氧化碳排放 12 万吨；同时由于可拼装减少了使用包装的人工费；又由于可多次反复使用，减少了每次使用的成本费；且可回收，减少了对环境的污染；从而实现了整体包装解决方案降低包装总成本和提高包装绿色性的双目标。

案例 2：速冻食品采用耐低温瓦楞纸箱的 CPS

速冻食品指采用新鲜原料，经过适当的前处理，在 –25℃以下和极短的时间内（15 min 以内）急速冷冻，再经过包装，在零下 18℃以下的连贯低温条件下送抵消费点的低温食品。速冻食品外包装一般采用普通瓦楞纸箱，普通瓦楞纸箱的材料由于是纸质材料，吸水后强度急剧下降，甚至破损，从而影响到被包装商品的安全保护性。国家标准委 2009 年批准发布的《冷冻食品物流包装、标志、运输和储存》（GB/T 24616—2009）物流国家标准，要求冷冻食品运输途中箱体温度应保持在 –18℃以下，装卸时短期升温温度不应高于 –15℃，并在装卸后尽快降低至 –18℃以下，产品运送到销售点时，产品温度不应高于 –12 ℃。由于速冻产品在低温下储存、流通，周转过程中，很容易出现回温情况，此时空气中的水蒸气会在纸箱上形成水膜，使纸箱在短时间内吸潮，抗压强度急剧下降，产生卧箱，产品受压破损或变形。为此，河南省产品质量监督检验院和郑州三全食品股份有限公司使用双面施胶高强度瓦楞原纸、双面施胶箱板纸，提高了纸箱的耐水防潮性能，通过在纸箱内四个竖压线内侧增加“L”型护角和延长纸箱顶部两个内摇盖长度的方法提高了纸箱的抗压强度，成功研制出速冻食品专业耐低温瓦楞纸箱，为速冻食品推行整体包装解决方案 CPS 解决了关键技术。

试验证明，采用了耐低温瓦楞纸箱后，在 –18℃连贯低温环境下储存 6 个月仍保持良好的抗压强度，避免了在整个储运和销售过程中最底层纸箱破损；同时也避免了因冷链中断或者温度失控，引起升温或者解冻，使残存微生物急剧繁殖增生，造成食品安全隐患；从而保证了速冻食品的安全性和品质。

思考题

1. 物流系统包括哪些主要环节？如何使物流系统功能最优化？现代物流管理的发展方向是什么？
2. 包装具有哪些物流功能？运输包装的一般包装程序是怎样的？
3. 什么是托盘集合包装？托盘有几种类型？如何优化托盘装载模式？
4. 集合包装物流系统中各种包装用具、机械和运输工具的内装尺寸是如何相互匹配而具有最大装载容量的？
5. 托盘和集装箱各有哪些主要尺寸规格？
6. 物流系统的主要环节对包装各有什么要求？
7. 为使包装物流系统合理化，应采取哪些主要措施？
8. 什么是整体包装解决方案？其策划目标、原则是什么？其策划方法包含哪些内容？
9. 什么是条码？按码制有哪些主要类型？EAN 码的结构包含哪些内容？
10. 试述条码的自动识别原理和在超市、物料搬运系统中的应用。
11. 试述二维码、复合码以及 RFID 标签的使用特点，以及 RFID 标签的工作原理。

第七章　包装成本管理

企业管理是一个过程，这一过程不断地进行着周而复始的运动，形成管理循环。发展循环经济的直接目的是改变高消耗、高污染、低产出的传统经济增长模式，走新型工业化道路，突破资源约束，消除环境污染，实现经济社会的全面协调和可持续发展。成本管理研究与技术经济分析将为循环经济实现最大的效益做出重要贡献。本章主要介绍包装企业成本管理概述，成本预测和成本计划，成本分析和成本控制，技术经济分析方法。

第一节　包装企业成本管理概述

我国的成本管理经过50多年的发展，取得了很好的成绩。1984年3月5日国务院颁布了《国营企业成本管理条例》，充分说明我国企业成本管理一直处于十分重要的地位。由于情况的变化，原有规定已不适应经济形势的发展。1993年7月1日起，国家颁布实施《企业财务通则》，对企业成本管理制度进行了多方面的改革，主要的是实行制造成本法。这项改革开创了成本管理的新局面：①实现成本管理从传统成本管理向现代成本管理转变；②从财务会计成本管理向技术经济成本管理转变；③从滞后型成本管理向超前型成本管理转变；④从小成本管理向大成本管理转变；⑤从自我成本管理向法制成本管理转变。

一、成本管理的概念、任务和要求

（一）成本管理的概念

成本管理，就是对企业在进行产品生产和经营过程中所有费用的发生和产品成本的形成所进行的预测、计划、控制、分析、考核和核算等一系列的科学管理工作。成本管理工作，是通过成本管理的诸环节来实现的，成本管理的环节及运转如图7－1所示。

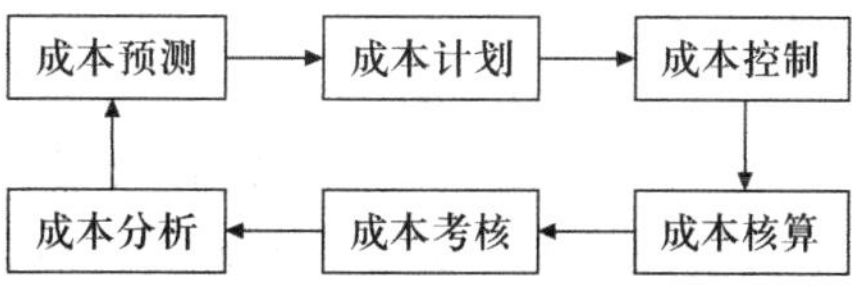

图7－1　成本管理的环节及运转

在图7－1的6个环节中，成本预测是成本管理的首要环节，它是进行成本计划的前提。成本计划既是进行成本管理的准则，又是控制成本开支和成本分析的依据。成本分析和考核是对成本计划的执行情况进行总结的过程，并为编制新的成本计划提供依据。成本核算是对成本计划的执行情况所进行的经常性、系统性和全面性的反映和监督。

（二）成本管理的基本任务

成本管理的任务应根据整个财务管理的要求来确定，并受成本管理内容的制约。包装企业的成本费用管理实质上是对生产经营过程劳动耗费的管理。因此，要从包装产品的设计、试制、生产到销售的全过程进行管理。对生产费用的发生，产品成本的形成，要有组织、有领导地进行科学管理，具体讲，包装企业成本费用管理的任务包括以下内容。

（1）搞好成本预测，参与经营决策。成本预测是企业经营决策的重要内容，企业进行经营决策时，必须考虑投入产出之比。对不同方案的成本水平进行预测，比较各方案的成本水平，确定最佳成本方案，从这个意义上讲，成本预测也是企业进行经营决策的重要方法。

（2）正确计划、反映和监督生产经营活动中的劳动耗费。财务管理的计划性，决定了生产耗费也必须有计划进行。这种计划使生产耗费得到事前控制，也为成本分析和考核提供了依据。所以，依据财务制度，企业计划、定额对生产耗费进行反映和监督也是成本管理的任务，并为成本分析和考核提供依据。

（3）降低成本费用，提高经济效益。这是成本管理的中心任务。因为这是成本预测、计划、控制、分析、考核和核算等一系列工作的最终和基本的目的。降低成本，意味着生产过程中物化劳动、活劳动的节约，这就可以在其他条件不变的情况下增加赢利，减少资金占用量和降低产品价格。

（三）成本管理的基本要求

严格执行成本费用开支范围和成本费用开支标准；正确核算成本费用，不断提高经济效果；实行全企业、全过程和全员性的全面成本管理。此外，成本控制在实践中的潜力很大，如邯钢的经验是抓住“成本”这个“牛鼻子”不放松，抓住“成本否决”这个关键不留情。现在理论界提出战略成本管理与价值链，不同竞争战略指导下的成本管理系统，价值链管理扩大了成本下降的空间，使企业更好地实现竞争优势。

二、理论成本、实际应用成本和产品成本

（一）理论成本

马克思价值理论学说中的成本，指生产商品的价值中物化劳动的价值和活劳动价值的货币表现，用公式表示为：

$$\text{商品的价值} = C + V + M$$

其中 $C + V$ 就是用以补偿消耗的生产资料和活劳动，构成商品的成本价格，也就是 $C + V$ 的货币表现。M 为剩余价值，转化为税金和利润，不包括在成本之内。产品成本与商品价值和价格的关系如图 7－2 所示。

由图 7－2 可见，三者的关系是，产品成本仅是商品价值的一个组成部分，但它是制定产品价格的基础。一般说来，商品价格的确定是以它的价值为基础的；商品价格确定下来以后，价格减去成本，就是税金和利润。也就是说，在商品价格不变的条件下，产品成

本越低，企业的利润越多。

马克思学说中的成本概念是测算理论价格的依据，可以称为理论成本。理论成本是广义的，通常是指在正常生产、合理经营条件下的社会平均成本。因此，理论成本可作为预测产品成本水平高低的标准，衡量社会产品经济效果尺寸的参考。

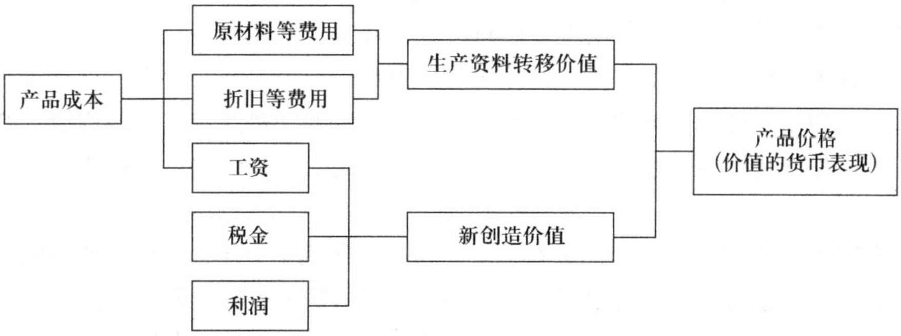

图7－2　产品成本与商品价值和价格的关系

（二）实际应用成本

与理论成本相对应的是实际应用成本，它是按照现行制度有关成本开支范围的规定，以正常生产经营活动为前提，根据生产过程中实际消耗量和实际价格计算出来的。它是成本概念的具体化。实际应用成本除考虑一般性理论成本中的共性的消耗外，还要考虑生产过程中的特殊性消耗，如利息支出、税金等。按成本项目的划分，它一般包括原材料、燃料及动力、工资及福利费、车间经费、企业管理费等，它比理论成本包括的范围广，比理论成本复杂。

（三）产品成本

无论是理论成本还是实际应用成本，指的都是产品成本。产品成本一般是以产品为成本核算对象，核算企业在生产产品过程中所支出的物质消耗、劳动报酬以及有关费用支出。产品成本是综合反映一个企业经营管理水平的重要指标，原材料和能源消耗的节约和浪费、劳动效率的高低、产品质量的优劣等，都可以通过产品成本表现出来。这一指标对于加强企业经营管理，降低成本，提高经济效益有重要意义。具体地讲，产品成本的作用在于：它是反映和监督劳动耗费的工具；是补偿生产耗费的尺度；是制订产品价格的依据；产品成本可以综合反映企业工作质量，是推动企业提高经营管理水平的重要杠杆。

三、包装工业企业的生产费用分类

企业为进行生产所发生的一切费用称为生产费用。生产费用是形成产品成本的基础，为了加强对生产费用的管理，生产费用应按照一定的标准进行分类，并且明确产品成本和生产费用的区别和联系。

（一）生产费用分类

(1) 按生产费用的经济性质（经济内容）分类，称为生产费用要素。原则上可按照劳动对象、劳动手段和劳动力分为三要素。常用的生产费用要素有：外购材料、外购燃料、外购动力、工资、提取的职工福利费、折旧费、利息支出、其他支出等。这种分类的作用在于：①可以反映消耗了多少物化劳动和活劳动；②可以分析各项生产费用要素的比重；③是核定流动资金的依据；④考核生产费用计划（预算）的执行结果；⑤为计算工业净产值和国民收入提供数据和资料。

（2）按生产费用的经济用途分类。这种分类可分为成本项目和期间费用，成本项目是指构成产品成本的具体项目。包括直接材料、直接人工、其他直接费用、制造费用。期间费用是指不计入产品生产成本，而直接计入当期损益的费用。期间费用包括管理费用、销售费用和财务费用。这种分类的作用在于：①可以清楚地反映产品成本的构成；②可以体现产品成本同生产费用的关系；③可以考核各种费用支出的节约与浪费；④可以正确地确定当期损益。

（3）按费用支出与产品生产的关系分类。这是按照成本费用计入产品成本的方法所进行的分类，分为直接费用和间接费用。直接费用是指根据原始凭证能够直接计入某一种产品成本中去的费用，如直接材料、直接人工、其他直接费用。间接费用是指不能直接计入某一种产品的成本，必须采用一定的分配办法，分摊到有关产品成本中去的费用，如生产单位的管理人员工资，机器设备的折旧费等。这种分类的作用在于：①有利于在计算成本时合理确定间接费用的分配方法；②有利于正确核算产品成本和进行成本分析；③有利于分析企业的管理水平。

（4）按费用与产品产量之间的关系。分为变动费用和固定费用，变动费用是指发生总额随着产量的增减变动而按比例变动的费用，如原材料、燃料、动力费用等；固定费用是指一定期间和一定产量范围内，其发生总额不随产量增减变动而相对固定的费用，如管理人员工资、办公费等。另外，有些费用虽与产量有联系，但费用总额并不随产量增减而成比例变动，称为半变动费用，如运输费、设备维修费等。这种分类的作用在于：①寻求降低产品成本的途径；②分析产品成本升降的原因。

（5）生产费用按是否可控分类。分为可控费用和不可控费用，可控费用是指某一单位的权责范围以内，能够直接控制并影响其发生数量的费用，如某车间的管理人员工资等；不可控费用是指在某一单位的权责范围以内，不能直接控制、也无法影响其发生数额的费用，如材料价格差异等。这种分类的作用在于：①加强成本费用管理；②贯彻经济责任制；③挖掘生产消耗的潜力。

（二）生产费用与产品成本的区别和联系

两者的区别在于：①生产费用按照费用的经济性质分类，而成本项目则按照经济用途分类；②两者在计算时间上不同；③两者的结果与最后的归宿不同。但两者的联系是都属于生产经营过程中的资金耗费，是同一事物的不同反映，经济内容是一致的，所以通过调整分析两者相等。

（三）制造成本的内容

企业生产过程中实际消耗的直接材料、直接工资、其他直接支出和制造费用，计入产品制造成本。

（1）直接材料。包括企业生产经营过程中实际消耗的原材料、辅助材料、备品配件、外购半成品、燃料、动力、包装物及其他直接材料。

（2）直接工资。包括企业直接从事产品生产人员的工资、奖金和补贴。

（3）其他直接支出。包括直接从事产品生产人员的职工福利费等。

（4）制造费用。包括企业各个生产单位（分厂车间）为组织和管理生产所发生的生产单位管理人员工资、职工福利费，生产单位房屋建筑物、机器设备等的折旧费、租赁费（不包括融资租赁费）、修理费、物料消耗、低值易耗品、取暖费、水电费、办公费、差旅费、运输费、保险费、设计制图费、试验检验费、劳动保护费、季节性、修理期间的停工损失以及其他制造费用。

差旅费标准由企业参照当地政府规定的标准，结合企业的具体情况自行确定，并报主管财政机关备案。

（四）期间费用

期间费用是企业生产经营过程中发生的各项耗费，它包括销售费用、管理费用和财务费用，现分述如下。

1. 销售费用

工业企业的销售费用，是指在销售产品、自制半成品和提供劳务等过程中发生的各项费用以及专设销售机构的各项经费，包括应由企业负担的运输费、装卸费、包装费、保险费、委托代销手续费、广告费、展览费、租赁费（不含融资租赁费）和销售服务费用，销售部门人员工资、职工福利费、差旅费、办公费、折旧费、修理费、物料消耗、低值易耗品摊销以及其他经费。

2. 管理费用

它是指企业行政管理部门为管理和组织经营活动所发生的各项费用。工业企业的管理费用包括：

（1）公司经费包括工厂总部管理人员工资、职工福利费、差旅费、办公费、折旧费、修理费、物料消耗、低值易耗品摊销以及其他公司经费。

（2）工会经费指按照职工工资总额2%计提交给工会的经费。

（3）职工教育经费指企业为职工学习先进技术和提高文化水平而支付的费用，按照职工工资总额的1.5%计。

（4）劳动保险费指企业支付离退休职工的退休金（包括按照规定交纳的离退休统筹金）、价格补贴、医药费（包括企业支付离退休人员参加医疗保险的费用），职工退职金，6个月以上病假人员工资，职工死亡丧葬费补助费、抚恤费，按照规定支付给离退休人员的各项经费。

（5）待业保险费指企业按照国家规定交纳的待业保险基金。

（6）董事会费指企业最高权力机构（如董事会）及其成员为执行职能而发生的各项费用，包括差旅费、会议费等。

（7）咨询费指企业向有关咨询机关进行科学技术、经营管理咨询所支付的费用，包括聘请经济技术顾问、法律顾问等支付的费用。

（8）审计费指企业聘请中国注册会计师进行查账验资以及进行资产评估等发生的各项费用。

（9）诉讼费指企业因起诉或者应诉而发生的各项费用。

（10）排污费指企业按照规定交纳的排污费用。

（11）绿化费指企业对厂区进行绿化而发生的零星绿化费用。

（12）税金指企业按照规定支付的房产税、车船使用税、土地使用税、印花税等。

（13）土地使用费（海域使用费）指企业使用土地（海域）而支付的费用。

（14）土地损失补偿费指企业在生产经营过程中破坏国家不征用的土地所支付的土地损失补偿费。

（15）技术转让费指企业使用非专利技术而支付的费用。

（16）技术开发费指企业研究开发新产品、新技术、新工艺所发生的新产品设计费，工艺规程制定费，设备调试费，原材料和半成品的试验费，技术图书资料费，未纳入国家计划的中间试验费，研究人员的工资，研究设备的折旧费，与新产品试制、技术研究有关的其他经费，委托其他单位进行的科研试制的费用以及试制失败损失。

（17）业务招待费指企业为业务经营的合理需要而支付的费用，在下列限额内据实列入管理费用：全年销售净额在1500万元（不含1500万元）以下的，不超过年销售净额的5%；超过1500万元（含1500万元）但不足5000万元的，不超过该部分的3%；超过5000万元（含5000万元）但不足1亿元的，不超过该部分的2%；超过1亿元（含1亿元）的，不超该部分的1%。

3. 财务费用

财务费用指企业为筹集资金而发生的各项费用，包括：

（1）利息支出指企业向银行和其他金融机构支付的借款利息、商业汇票贴现利息和债券利息、应付票据利息等。企业的利息收入冲减利息支出。

（2）汇兑损益指企业在月份、季度或年度终了时，将外币现金、外币银行存款和以外币结算的各种债权、债务账户的期末余额，按期末国家外汇牌价折合为人民币为外币账户期末人民币余额，调整后的各种外币账户人民币余额与原账面余额之间的差额。汇兑收益指当调整后的外币账户人民币余额大于原账面人民币余额时，该差额即为企业的汇兑收益；汇兑损失指当调整后的外币账户人民币余额小于原账面人民币余额时，该差额即为企业的汇兑损失。

企业为购建固定资产而发生的汇兑损益，在固定资产尚未交付使用或虽已交付使用但尚未办理竣工决算之前发生的，应当计入固定资产的购建成本，不作为汇兑损益处理。

当企业发生的汇兑损益较小时，可将其并入财务费用进行核算；当企业发生的汇兑损益较大时，可将其单独作为一项进行核算。

（3）外汇差价指在外汇调剂中心买入外汇现汇和额度的企业，用其偿还债务应分摊的外汇价差。

（4）金融机构手续费指企业支付银行和其他金融机构的手续费。

（5）其他。以上各项没有包括的其他财务费用，如发行债券的印刷费等。

四、制造成本法的特点及与完全成本法的比较

（一）制造成本法的特点

制造成本法是目前世界各国普遍采用的一种方法，其特点是把企业全部成本费用划分

为制造成本和期间费用两个部分，企业成本核算到制造成本为止，企业期间费用直接体现当期损益。实行制造成本法是成本管理制度的一项重大改革，它不仅有利于企业生产经营决策，减少企业成本核算的工作量，而且有利于正确核算、反映企业生产经营成果，在一定程度上解决企业潜亏问题。

（二）制造成本法同完全成本法的比较

制造成本法同完全成本法在产生背景、成本核算的用途、理论基础、成本项目的设置和具体内容，以及产生的影响等方面具有不同点，现列表 7－1 进行比较。

表 7－1　制造成本法与完全成本法比较表

比较项目	制造成本法	完全成本法
产生背景不同	1889 年产业革命时期英国会计学家诺顿提出将商业账户与工厂的生产记录分别进行核算，以适应市场竞争的需要	20 世纪 50 年代，我国从前苏联学来，以加强计划经济体制下国家对经济的计划领导
成本核算的用途不同	通过制造成本信息的归集，满足企业预测和决策的需要	实现传统核算方法的一般性反映和监督职能
理论基础不同	强调成本发生与产品生产的相关性：凡是与产品生产直接有关的费用，作为产品制造成本，凡是与产品生产无直接关系的费用均记入销售（货）费用、管理费用和财务费用，作为期间费用处理，不分摊到具体产品中去	倾向于传统会计的完全成本思想，强调成本概念的完整性，它以：物化劳动 C + 活劳动 V 来确定成本内容，力求反映产品成本全貌，以满足对外报告的需要
成本项目的设置和具体内容不同	企业为生产经营商品和提供劳务等发生的各项直接支出，包括直接工资、直接材料、商品进价以及其他直接支出，直接计入生产经营成本。而将企业发生的销售（货）费用、管理费用和财务费用，直接计入当期损益。实行总额控制，简化了核算程序，又便于同行业比较	成本项目不仅包括原材料，燃料、动力，生产工人工资及应计提的职工福利基金，废品损失，而且把车间经费、企业管理费（包括利息项目）作为管理费用列入成本项目，甚至销售费用也作为成本项目

从表 7－1 中可以看出，制造成本法是计算和分配产品成本的一种方法。它在计算产品成本时，只分配与生产经营最直接和关系最密切的费用，而将与生产经营没有直接关系或关系不密切的费用，直接记入期间费用。其优越性为：①简化了成本核算；②有利于强化成本管理责任；③有利于加强成本管理的基础工作；④有利于进行以制造成本法为基础的产品成本水平预测和决策；⑤有利于我国会计制度与国际会计制度接轨。

五、降低成本费用的意义和途径

（一）降低成本费用的意义

降低成本费用是降低产品价格，提高产品竞争能力的重要前提；降低成本费用，可以减少企业的资金占用，扩大生产规模；降低成本费用，可以增加企业赢利，增加社会积累。

（二）降低成本费用的途径

（1）改进包装产品设计。产品设计是决定产品成本的先天性因素，合理的设计使产品在保证质量、充分发挥其功能的前提下，减少原材料、动力等的消耗，缩短生产周期，提高劳动生产率，从而降低产品成本。

（2）节约原材料和能源消耗。原材料一般占产品成本的很大比重，应合理使用原材料，避免大材小用、优材劣用，同时要努力节约燃料动力消耗。这样，既可以为企业降低成本，又可以为国家节约物质财富。

（3）提高劳动生产率。劳动生产率反映的是生产过程中劳动消耗量与产品产量之间的比率。提高劳动生产率，意味着单位时间内生产的产品数量增多，或生产单位产品所需要的社会必要劳动时间的减少。所以，劳动生产率的提高不仅会使产品产量增加，也会使单位产品成本降低。为了提高劳动的生产率，企业必须加强职工业务培训，提高工作熟练程度；不断采用新工艺、新技术、新设备，合理安排生产，改善劳动组织。

（4）提高设备利用率。充分利用生产设备，提高设备利用率，可以在单位时间内生产出更多的产品，从而为企业增加产量，减少折旧费和其他固定费用的支出。为此，企业要开展技术革新和技术改造，提高设备生产能力；要制定先进合理的设备定额；加强机器设备的维修保养，提高设备完好率。

（5）提高产品质量，减少废品损失。在生产过程中要努力提高产品质量和等级，防止和减少废品、次品的产生，这样不但能增加销售收入，同时也降低了产品成本。

（6）提高工作质量，减少损失性支出。成本费用中包含着一部分损失性支出，如季节性、修理期间的停工损失，坏账（确定无法收回的账）损失，存货的盘亏、毁损和报废等，企业提高工作质量，就可以减少这部分支出，从而降低成本费用。

此外，改善经营管理，降低制造费用，节约管理费用，减少非生产性支出等，也是降低成本费用的有效途径。

第二节　包装企业成本预测和成本计划

一、成本预测

（一）成本预测的概念和意义

成本预测是根据企业现有的经济技术条件和今后的发展前景，通过对影响成本变动的有关因素的分析和测算，科学地测定企业未来一定期间内的成本水平和变动趋势。

成本预测是成本管理的首要环节。一方面它为制定成本计划，进行成本控制、成本分析和考核提供依据；另一方面又为降低成本，加强经济核算发挥作用。同时，成本预测也是经营决策、价格决策、赢利决策的基础和前提。

（二）成本预测的分类

成本预测按预测的范围分，可分为制订方案（计划）预测和实施过程预测。前者是从提高经济效果角度出发，为企业决策提供成本资料和依据；后者是通过对前一阶段决策执行情况检查后，对后一阶段成本升降情况的预测，以便采取措施，保证企业决策目标的实现。

成本预测按预测时期划分，可分为近期（月、季、年）预测和远期（三年、五年、十年）预测两种。

（三）成本预测的步骤和方法

企业年度成本预测主要从三个方面进行，现分述如下：

1. 分析宏观经济变动对企业成本的影响

这种方法主要是分析生产力布局变动，经济结构变动，管理体制改革，价格变动对企业产品成本的影响。

2. 可比产品成本预测

可比产品是指企业上年或近几年内曾经正常生产而本年度仍继续生产的产品。可比产品成本预测的基本步骤及运转如图 7－3 所示。

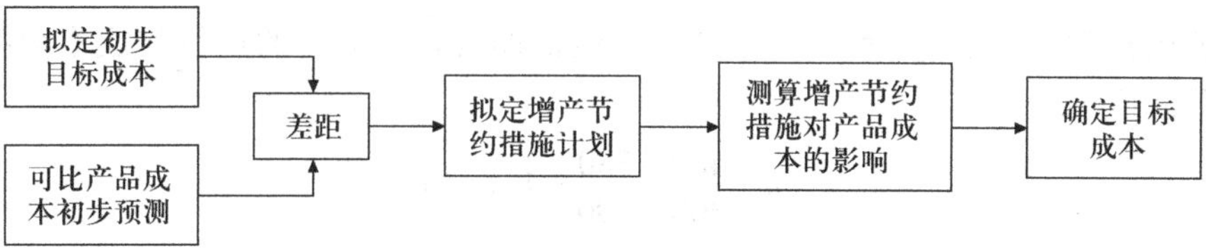

图 7－3　可比产品成本预测的基本步骤

第一步：拟定初步目标成本。其方法有：①以某种先进成本（如国内外某产品的先进成本、历史最低成本、标准成本）作为目标成本。②根据企业计划年度的生产经营目标来测算目标成本。

第二步：初步测算。测算的方法有：

（1）按上年预计平均单位成本测算计划年度可比产品成本，计算公式：

$$\text{某产品上年预计平均单位成本} = \frac{\text{1～9月份的实际成本} + \text{10～12月份的预计产量} \times \text{10～12月份的平均单位成本}}{\text{1～9月份的实际产量} + \text{10～12月预计产量}}$$

$$\text{按上年预计平均单位成本计算的计划期可比产品的总成本} = \sum \text{各种可比产品上年预计的平均单位产品成本} \times \text{计划年度各种可比产品计划产量}$$

（2）按最近三年可比产品的实际平均成本预测计划年度可比产品成本。

$$\text{按最近三年可比产品平均成本计算的计划年度可比产品总成本} = \text{各种可比产品上年预计的平均单位产品成本} \times \left(1 \pm \text{计划年度可比产品增减\%}\right)$$

（3）分解混合成本。为使成本预测更切合实际，可将混合成本分解为固定成本（如折旧费、修理费、保险费、管理人员工资等）和变动成本（如产品的直接材料消耗和生产工人的计件工资等）两部分。分解混合成本的方法，目前常用的有两种：

第一种：高低点法。它是根据历史成本资料中产量最高和最低时的成本数据，来测算其固定成本费用和变动成本费用。计算公式：

$$y = a + bx$$

在公式 $y = a + bx$ 中，x 为产品产量，y 为混合成本，均为已知数，a 为固定成本，b

为单位产品（单位业务量）变动成本，只要求出 b，就可以根据总成本和单位变动成本确定固定成本，从而进行成本预测。

b 可用下式求得：

$$b=\frac{\text{最高点产量的成本费用}-\text{最低点产量的成本费用}}{\text{最高点产量}-\text{最低点产量}}$$

$$a=\text{总成本}-\text{该期产量}\times\text{单位变动成本}$$

例：某包装工业企业 2004 年 1 ~6 月份甲产品的产量和总成本资料如表 7 -2 所示。

表 7 -2　某厂甲产品产量及总成本

月　份	1	2	3	4	5	6
产量 x/件	200	220	240	280	260	300
成本 y/元	380	440	440	470	460	480

根据上述资料，将最高期（6 月份）与最低期（1 月份）的产量与成本数据进行比较，计算如下：

$$b=\frac{480-380}{300-200}=1\ (\text{元})$$

$$a=480-300\times 1=180\ (\text{元})$$

$$\text{或：}380-200\times 1=180\ (\text{元})$$

设计划期预测产量为 400 件，则可预计计划期产品总成本与单位成本如下：

$$y=a+bx=180+400\times 1=580\ (\text{元})$$

$$\text{单位成本}=\frac{580}{400}=1.45\ (\text{元})$$

第二种：运用"最小二乘法"。它是根据企业若干期产量和成本费用的历史资料，测算最能代表产量与成本费用之间关系的回归直线，由此分解混合成本。这个方法用下式计算单位变动成本 b：

$$b=\frac{n\cdot\sum xy-\sum x\cdot\sum y}{n\cdot\sum x^2-(\sum x)^2}$$

a 可用下式求得：

$$a=\frac{\sum y-b\cdot\sum x}{n}$$

式中　n——期数。

据此，可将第二步（2）中的公式修改为：

$$\begin{matrix}\text{按最近三年平均成本计算}\\\text{的计划年度可比产品总成本}\end{matrix}=\begin{matrix}\text{最近三年可比}\\\text{产品平均变动费用}\end{matrix}\times\left(1\pm\begin{matrix}\text{计划年度可比}\\\text{产品增减\%}\end{matrix}\right)+\begin{matrix}\text{最近三年可比}\\\text{产品的固定费用}\end{matrix}$$

第三步：拟定增产节约措施计划。可以运用价值工程，改进产品结构和工艺；选择最佳经营方案，合理组织生产；最后进行费用项目分析，提出降低费用消耗的具体措施。

第四步：测算增产节约措施对产品成本的影响。

（1）测算材料费用降低对成本的影响。

$$\frac{\text{材料（燃料、动力）消耗定额}}{\text{影响产品成本的降低率}} = \frac{\text{该项费用占}}{\text{成本的\%}} \times \frac{\text{该项费用}}{\text{降低\%}}$$

（2）测算由于劳动生产率提高速度大于工资增长速度而形成的节约。

$$\frac{\text{成本}}{\text{降低率}} = \frac{\text{生产工人工资}}{\text{占成本的\%}} \times \left(1 - \frac{1+\text{平均工资增长的\%}}{1+\text{劳动生产率增长的\%}}\right)$$

（3）测算由于产量增加而形成的节约。

当固定费用随产量的增长而略有增加时：

$$\frac{\text{成本}}{\text{降低率}} = \frac{\text{固定费用占}}{\text{成本的\%}} \times \left(1 - \frac{1+\text{固定费用增长的\%}}{1+\text{生产增长的\%}}\right)$$

当固定费用的增长幅度为零时：

$$\frac{\text{成本}}{\text{降低率}} = \frac{\text{固定费用占}}{\text{成本的\%}} \times \left(1 - \frac{1}{1+\text{生产增长的\%}}\right)$$

（4）测算由于废品率降低而形成的节约。

$$\frac{\text{成本}}{\text{降低率}} = \frac{\text{废品损失占}}{\text{成本的\%}} \times \frac{\text{废品}}{\text{降低的\%}}$$

例：某包装企业计划年度上级下达的可比产品成本降低率为10%，企业经过试算各项技术经济指标，并经群众讨论，确定计算年度影响成本的主要因素如下：

①计划年度产品生产增长	+30%
②主要材料消耗定额降低	−8%
③劳动生产率提高	+12%
④生产工人工资增长	+8%
⑤燃料和动力消耗定额降低	−5%
⑥管理费用增加	+6%

企业按上年全年预计平均单位成本计算的计划年度可比产品总成本为194.3万元，可比产品各成本项目的比重为：

①主要材料	61.6%
②燃料与动力	0.6%
③工人工资	9.0%
④管理费用	28.8%
合计	100%

根据以上资料测算列表7－3。

表7－3　可比产品成本降低率测算表

项　目	各项目降低/%	各项目变动影响成本降低/%
原材料	8%	8%×61.6%=4.93%
燃料和动力	5%	5%×0.6%=0.03%
工资和提取的职工福利费	$1-\frac{1+8\%}{1+12\%}=3.57\%$	3.57%×9%=0.32%

续表

项　目	各项目降低/%	各项目变动影响成本降低/%
管理费用	$1-\frac{1+6\%}{1+30\%}=18.46\%$	18.46% ×28.8% =5.32%
可比产品成本降低率	—	10.6%

计算结果，确定可比产品成本降低率为10.6%，降低额为20.5958万元（1 943 000 × 10.6%）。

上述情况表明，企业进行成本降低指标测算的结果，已达到上级下达指标要求，据此，即可着手编制成本计划。

3. 不可比产品成本预测

（1）技术测定法。根据设计结构、生产技术条件和工艺方法，确定产品成本。此法比较科学，但工作量大。

（2）产值成本（或销售收入成本）比例法。即按照工业总产值（或销售收入）的一定比例来确定成本的一种方法。

（3）金额测定法。根据产品价格的构成（成本、税金和利润）来确定产品成本。

（四）目标成本

1. 目标成本的作用

目标成本是指在一定时期内，产品成本应达到的目标，是用数字表示的一种产品成本的发展目标。这个目标，应当比实际成本低，是降低成本方面的奋斗目标。目标成本是一种预计成本，通常所说的计划成本、定额成本都属于目标成本。

通过目标成本控制，使成本工作的重点由被动的事后核算，转向主动的事前控制；由单一生产过程核算，逐步向设计和销售过程延伸；由单一的费用管理，转变为对全厂主要经济指标的控制，从而显示了目标成本管理的预见性、全面性和科学性。

2. 目标成本的确定

目标成本一般是在市场调查、预测产品价格和目标利润的基础上，根据国家规定的价格，或者依据有关价格政策和市场情报资料而确定的。市场价格减去目标利润、预计费用（销售费用、管理费用、财务费用）和应交纳的税金，就可作为产品生产的目标成本。计算公式如下：

$$\begin{matrix}\text{单位产品}\\\text{目标成本}\end{matrix}=\begin{matrix}\text{单位产品}\\\text{价　　格}\end{matrix}-\begin{matrix}\text{单位产品}\\\text{目标利润}\end{matrix}-\begin{matrix}\text{单位产品}\\\text{销售税金}\end{matrix}-\begin{matrix}\text{单位产品}\\\text{预计费用}\end{matrix}$$

此外，也可以先求出目标总成本，然后据以确定单位产品目标成本，计算公式为：

$$\begin{matrix}\text{目　标}\\\text{总成本}\end{matrix}=\begin{matrix}\text{预　计}\\\text{销售额}\end{matrix}-\begin{matrix}\text{目标}\\\text{利润}\end{matrix}-\begin{matrix}\text{应交销售}\\\text{税　　金}\end{matrix}-\begin{matrix}\text{预计}\\\text{费用}\end{matrix}$$

$$\text{单位产品目标成本}=\frac{\text{目标总成本}}{\text{预计销售量}}$$

例：某包装企业5月份甲产品销售市场预测：预计销售量1000件，预测单价70元，目标利润45000元，单位税金7元，单位费用3元，该厂5月份固定成本总额为2000元。

解1：单位产品目标成本 = 70 − 45 − 7 − 3 = 15 元

解 2：目标总成本 = 1000 件 × 70 元 − 45000 元 − 7000 元 − 3000 元 = 15000（元）

$$单位产品目标成本 = \frac{15000\ 元}{1000\ 件} = 15\ （元）$$

其中，单位固定成本 2 元，单位变动成本 13 元。

二、成本计划

（一）成本计划的概念和意义

企业在确定了目标成本以后，就要制定成本计划。成本计划是企业生产经营计划的一个重要组成部分，它以货币形式预先规定企业计划期内产品的生产耗费水平和成本降低幅度。成本计划的意义在于：①成本计划为组织和动员广大群众增产节约、降低成本提出奋斗目标。②成本计划是健全企业内部经济责任制的基础。③成本计划对其他计划执行情况有促进作用。④成本计划是促进企业改善经营管理、提高经济效益的重要手段。⑤成本计划是企业成本控制的重要依据。

（二）编制成本计划的要求

在发动群众挖掘潜力，试算平衡的基础上编制计划；严格限定成本开支范围和费用开支标准；要保证成本与费用计划的先进性和可比性；要适应企业管理的要求。

（三）成本计划的内容

产品成本计划按其编制的依据可分为两大类：一类是按生产费用的经济用途划分，通过产品种类及其成本项目来反映计划期内各种产品的预定成本耗费水平，它称为商品成本计划；另一类是按生产费用的经济性质划分，通过费用要素项目来反映计划期内物化劳动和活劳动的耗费水平，它称为生产费用预算。按产品成本及其项目编制的商品产品成本计划，能分析各产品成本项目升降的原因，提出成本降低任务，为挖掘降低产品成本的潜力指明方向。按费用要素项目编制的生产费用预算，是控制各种性质的费用支出、分项制定各种消耗定额的依据。

包装工业企业产品成本计划的内容如图 7－4 所示。

- 产品成本计划
  - 商品产品成本计划
    - 主要商品产品单位成本计划
    - 全部商品产品成本计划（按产品类别编制）
    - 全部商品产品成本计划（按成本项目编制）
  - 生产费用预算
  - 降低成本主要措施方案

图 7－4 包装工业企业产品成本计划内容

现将产品成本计划的内容简述如下：

（1）主要商品产品单位成本计划。它是用来反映单位产品成本结构以及该产品在计划期内应达到的成本水平。此项计划应根据企业管理部门确定的主要生产经营产品按主要产品分成本项目编制。对原料及主要材料还要按材料品种分别列示，每个项目均应列出上年预计平均数、本年计划数及降低额和降低率。

（2）全部商品产品成本计划（按产品类别编制）。它是根据产品单位成本计划汇编而成，用来确定全部商品产品总成本，包括可比产品总成本与不可比产品总成本。同时，对可比产品成本管理的要求是逐年降低成本，因此还要列出可比产品的成本降低额和成本降低率。

（3）全部商品产品成本计划（按成本项目编制）。它是按成本项目编制的全部商品产品成本计划。编制时对可比产品、不可比产品要按成本项目分别计算，其中可比产品还要按项目列出按上年预计单位成本计算的总成本和按本计划单位成本计算的总成本，以及成本降低额和降低率。

以上按产品类别和按成本项目编制的全部商品产品成本计划，都是根据单位成本及其计划产量编制的，因此，两者求得的全部商品产品总成本应该相等。这两个计划中反映的可比产品成本的降低额和降低率，也就是可比产品成本降低计划。

（4）生产费用预算。它是按费用要素反映的计划期内生产费用的支出总额。它由两大部分组成：第一部分为基本部分，反映按费用要素计算的各项生产费用数额以及占费用总额的比重；第二部分为调整计算部分，在生产费用总额的基础上加减有关调整项目，使生产费用总额与商品产品成本总额相等，以便与全部商品产品成本计划相互核对。生产费用预算可以作为编制材料采购计划、劳动工资计划、流动资金计划等依据。它还可以为企业计算工业净产值和国家汇编国民经济计划提供资料。

（5）降低成本主要措施方案。它是在各车间、各部门提出各种计划措施的基础上，经过综合平衡由厂部汇总编制的。它主要用以提出企业在计划期内降低成本的方法和途径，反映成本降低的项目、降低的内容、降低的数额和产生的经济效果。

（四）产品成本计划编制的程序和方法

成本计划在编制方法上，应与企业的核算体系和管理要求相一致。如果企业实行的是一级核算，则车间不计算成本，只由财务部门编制产品成本计划。它有一个显著特点：直接由厂部财务部门统一编制。编制程序是：先收集料、工、费等各项定额和计算指标资料，然后编制单位产品成本计划，最后再按产品类别和成本项目分别编制商品产品成本计划。

这种方法适用于小型包装工业企业，如果企业管理水平较低也可采用这种方法。

对实行分级核算制的企业，编制成本计划的特点是：间接地逐级累进编制费用预算，然后再由厂部财务部门汇总统一编制。编制程序是：先由辅助生产车间编制其费用预算及分配表，再由各基本生产车间编制各自的车间经费预算及分配表、车间成本计划，厂部财务部门同时编制企业管理费用预算，最后再汇总编制商品产品成本计划及生产费用预算。

这种分级（分车间）编制的单位产品成本计划方法适用于大中型包装工业企业成本计划的编制，它能更好地贯彻统一领导与分级管理相结合的原则，充分调动各车间、各部门的积极性。

第三节　包装企业成本控制和成本考核

一、成本控制

1. 成本控制的概念和意义

成本控制，就是运用科学的方法对企业产品生产经营活动中所发生的各种费用进行有效的审查和限制，尽可能地降低成本中各项费用的含量。成本控制有广义和狭义之分：

（1）狭义的成本控制，即成本的日常生产经营过程中，按照成本计划对发生生产耗费的各项活动进行组织、调节和监督使成本控制在预定的目标范围之内。

（2）广义的成本控制可分为三个阶段：①事前控制，一般通过成本预测和成本计划进行。②事中控制，即产品形成过程中的控制，一般通过费用开支的审批和发动群众进行监督。③事后控制，即对实际成本进行分析考核，以总结经验，发现问题，纠正偏差。三个阶段相互联系，不断循环。

成本控制的意义在于：实施目标成本控制以保证费用预算和成本计划的完成；加强经济核算，降低成本，增加赢利。

2. 成本控制的程序

（1）制定成本控制标准。它包括品质标准和数量标准两类。品质标准主要是国家的成本管理法规，企业主要是执行问题。数量标准则要求企业按照一定的方法加以制定。制定成本数量控制标准的方法，通常有 3 种：①计划指标分解法；②定额控制法；③预算控制，它又分为固定预算（又称静态预算）和弹性预算。

（2）执行标准。即对成本的形成过程进行具体的监督。

（3）确定差异。核算实际消耗脱离成本指标的差异，分析其程序、性质、原因和责任归属。

（4）消除差异。组织群众挖掘潜力，提出降低成本的措施或修订成本标准的建议。

（5）考核奖惩。

3. 建立健全成本控制的组织体系

实行成本分级分口管理责任制，它包括两个方面：一是正确处理厂部、车间、班组在成本管理中的关系，以厂部为主导，把三级组织的成本管理结合起来；二是正确处理财务部门同其他有关部门在成本管理中的关系，以财务部门为中心，把财务部门同生产、技术、供销、劳动工资等分口的成本管理结合起来。

4. 成本控制的基本方法

（1）原材料费用的控制。材料费用一般由两个因素构成：消耗数量和采购成本。对其管理也要从两方面入手。对材料消耗加强定额管理，降低材料费用支出；建立材料的领退制度，防止虚报冒领和积压材料；建立严格的验收制度和保管制度，控制在途材料损耗和库存材料损耗。在材料的采购阶段，规定材料价格差异率指标，以降低采购成本。

（2）工资费用的控制。要正确制定定员和劳动定额，做到企业既能完成生产任务，又使工资支出不超过工资总额，从而节约工资费用，降低成本。这样，工资增长率可以相应低于劳动生产率的增长幅度。

（3）综合费用的控制。这是指对于管理费用、销售费用和财务费用的控制。它们项目较多，内容复杂，但又具有相对的固定性。对它们一般采用预算控制，即先根据各项费用开支标准编制费用预算，据此再按月确定各单位的用款指标。

二、成本分析

1. 全部产品成本计划完成情况分析

全部产品成本计划完成情况分析的内容和方法。成本计划中的计划总成本是由计划产量乘计划单位成本求得的，而实际总成本则是实际产量乘实际单位成本求得的。因此，影响总成本变动的因素是产量和单位成本。在这个因素中影响总成本计划完成的最主要因素是产品的单位成本本身。分析时为使成本指标有一个共同可比的基础，就要剔除产量变动对成本计划完成情况的影响，用公式表示则为：

$$\sum(\text{产品实际产量}\times\text{产品实际单位成本})=\text{产品实际总成本}$$

$$\sum(\text{产品实际产量}\times\text{产品计划单位成本})=\text{产品计划总成本}$$

按照实际产量核算后的计划总成本同实际总成本的差异，就是实际总成本比计划总成本节约或超支的数额。计算公式为：

$$\text{全部产品总成本实际比计划节约额}=\sum(\text{实际产量}\times\text{计划单位成本})-\sum(\text{实际产量}\times\text{实际单位成本})$$

产品成本计划完成率，是用相对数来反映全部产品成本计划完成程度的指标。计算公式为：

$$\text{全部产品总成本计划完成率}=\frac{\sum(\text{实际产量}\times\text{实际单位成本})}{\sum(\text{实际产量}\times\text{计划单位成本})}\times 100\%$$

影响全部产品总成本计划完成情况的因素是：单位成本变动、产量变动和产品结构变动 3 个因素。所以，为了进一步了解全部产品总成本计划完成情况的原因，就应对以上 3 个因素进行分析。

2. 可比产品成本降低计划完成情况分析

这项分析的主要内容是：计划成本降低额和降低率和实际成本降低额和降低率（计算公式详见下述成本考核的内容）。

3. 主要产品单位成本分析

单位产品成本分析，是在对产品总成本分析的基础上，进一步按各产品的单位成本以及它们的各成本项目进行分析，以便找出原因，采取措施，挖掘潜力，使产品成本降低到一个新的水平。

三、成本考核

成本考核，就是在一定时期终了，考核企业的成本计划、单位产品成本指标和可比产品成本降低任务完成的情况。产品成本考核的指标体系一般由以下 4 个部分组成。

1. 可比产品成本降低率和降低额

（1）可比产品成本降低额。

$$\text{可比产品成本降低额}=\sum(\text{上年度可比产品实际单位成本}-\text{本年度可比产品单位成本})\times\text{本年度可比产品产量}$$

（2）可比产品成本降低率。

$$\text{可比产品成本降低率}=\frac{\text{可比产品成本降低额}}{\sum(\text{上年度可比产品实际单位成本}\times\text{本年度可比产品产量})}\times 100\%$$

2. 全部产品成本降低额

$$\text{全部产品成本降低额}=\left(\text{本期各种产品的实际产量}\times\text{本期各种产品的计划单位成本}\right)-\text{本期全部产品的实际成本}$$

3. 主要商品产品单位成本降低率

$$\text{主要商品产品单位成本降低率}=1-\frac{\text{实际单位产品成本}}{\text{计划单位产品成本}}\times 100\%$$

4. 百元产值成本降低率

$$\text{百元产值成本降低率}=1-\frac{\text{实际百元产值成本}}{\text{计划百元产值成本}}\times 100\%$$

四、成本核算

成本核算是按照国家有关成本费用收支范围的规定，核算企业在生产经营过程中所支出的物质消耗、劳动报酬以及有关费用支出的数额、构成和水平。为了充分发挥成本核算的作用，应注意划分资本性支出和收益性支出；划分应计入产品成本费用和不应计入产品成本费用；划分各个会计期间的费用界限；注意待摊、预提费用；正确划分各种产品应负担的费用界限；正确划分完工产品成本与在产品成本的界限。有关会计核算方法原理及进行相应的账务处理等本书从略。

第四节　包装使用总成本的控制

“整体包装解决方案”（CPS）为压缩包装和流通全过程的成本，使用了包装使用总成本的概念。包装使用总成本是指包装产品从设计制造到使用废弃整个生命周期的总成本，即“整体包装解决方案”要考虑的成本。它不仅是包装的生产成本，而且包括包装使用成本、使用包装后的流通成本。包装生产成本是包装原料和加工成制品的成本；包装使用成本指用户使用包装制品包装产品的作业过程成本和获得包装制品的配送成本；使用包装后的流通成本则指包装件在托盘集装、运输、仓储及废弃包装回收等流通过程中所付出的成本。因此，CPS 策划要求在包装成本控制中使用系统工程的思想和方法，使包装总成本最低，而不是其中一项最低。

一、包装使用总成本的构成简介

1. 包装生产成本（C_1）

包装生产成本是指为生产包装产制品的各项生产费用，包括各项直接支出和制造费用。按经济用途分类包括包装材料成本（C_{11}）、人工成本（C_{12}）、燃料动力成本（C_{13}）、管理成本（C_{14}）等。

包装材料成本指原料及主要材料成本。控制包装生产成本，必须在保护产品安全性的前提下，从材料的选择、结构设计、尺寸设计进行综合考虑，科学设计，进而降低包装物的成本。

包装人工成本指企业直接从事包装产品生产人员的工资。对这些人员发放的计时工资、计件工资、奖金、津贴和补贴等各项费用支出，构成了包装人工费用支出。

燃料动力成本包括主要生产设备使用工时费、维修费和折旧费等。折旧是指包装机械因在使用过程中的损耗，而定期逐渐转移到包装生产成本中的那一部分价值；包装机械的维修费是包装机械发生部分损坏，进行修理时支出的费用。

管理成本指为生产包装产品而发生的各项间接费用，包括工资和福利费、折旧费、修理费、办公费、水电费、劳动保护费等。

设 C_1 为在一定时期内（生产一批包装产品）为设计、研制和生产包装而支出的全部费用。

$$C_1 = q + J + I + g$$

式中 q——主、辅材料费用；

J——燃料动力费用；

I——工资费用；

g——管理费。

单个包装成本，则

$$C_{单} = C_1/Q$$

式中 Q——包装件数量。

包装材料费用是指各类物资在实施包装过程中耗费在材料费用支出上的费用称为包装材料费用。常用的包装材料种类繁多，功能亦各不相同，企业必须根据各种物资的特性，选择适合的包装材料，既要达到包装效果，又要合理节约包装材料费用。包装材料有很多种，由于包装材料组成和功能的差异，其成本相差也很大。

下面主要简介材料费用的计算：

（1）购入材料成本的确定。

企业的包装材料除少数企业自制外，大多是外购。外购包装材料的采购成本包括购买价格和材料入库前发生的各种附带成本。材料入库前发生的各种附带成本包括：运杂费、在运输中的合理损耗、入库前的挑选整理费用、购入材料负担的不能抵扣的税和其他费用等。

例：某包装制品生产企业购买两种包装材料：甲材料 1000 千克，79 元/千克，共计买价 79000 元；乙材料 400 千克，49 元/千克，共计买价 19600 元。另外，发生共同运杂费 2800 元，运杂费按材料的重量比例分摊。计算甲、乙两种材料的购入成本各是多少？

①计算运杂费分配率及运杂费。

分配率 = 应分配的运杂费 ÷（甲材料重量 + 乙材料重量）

= 2800 ÷（1000 + 400）= 2 元/千克

甲材料的运杂费：1000 × 2 = 2000 元

乙材料的运杂费：400 × 2 = 800 元

②计算各种材料的购入成本。

甲材料的购入成本：79000 + 2000 = 81000 元

乙材料的购入成本：19600 + 800 = 20400 元

（2）发出材料成本的计价。

企业在不同时期购买的材料、不同批次的材料，其单价往往不同。因此，材料的发出成本的计算就可以根据单位的需要不同采用不同的方法。

①先进先出法。先进先出法是假定先入库的材料先发出，每次材料发出的单价，都按账面上最先购入的那批材料的实际单价计算。采用这种方法要求分清所购每批材料的数量和单价。发出材料时，要随时结算发出和结存材料的数量和金额。

②后进先出法。与先进先出法相反，后进先出法是假定最后购入的材料最先发出，每次材料发出的单价，都按账面上最后购入的那批材料的单价作为计算单价。采用这种方法也要求分清所购每批材料的数量和单价。发出材料时，也要随时结算发出和结存材料的数量和金额。

③全月一次加权平均法。是以月初结存材料金额与全月收入材料金额之和，除以月初结存材料数量与全月收入材料数量之和，算出以数量为权数的材料平均单价，从而确定材料的发出和库存成本，这种平均单价每月月末计算一次，适用于各期的材料成本变化不大的企业采用。

月末材料的加权平均单价 =（月初结存材料金额 + 本月入库材料金额）÷（月初结存材料数量 + 本月入库材料数量）

本月发出材料成本 = 本月材料的发出数量 × 月末材料的平均单价

④移动加权平均法。采用这种核算方法，便于对材料的日常管理，但日常的核算工作量较大。计算公式：

移动加权平均单价 =（原结存材料金额 + 本批入库材料金额）÷（原结存材料数量 + 本批入库材料数量）

2. 包装使用成本（C_2）

包装使用成本指包装产品在作业过程中的包装作业成本（C_{21}）和获得包装制品的配送成本（C_{22}）。

（1）包装作业成本。包括操作人员工资、包装机械的折旧与维修等费用。

直接包装人工费应根据包装一个单位产品所需要的平均标准时间来计算包装人工费用。根据包装作业的始终，按实施顺序和包装功能的内容，计算出现场担任包装人员的包装作业时间和劳动费用，计算出每个包装的直接人工费。图 7－5 为某产品包装标准作业流程。

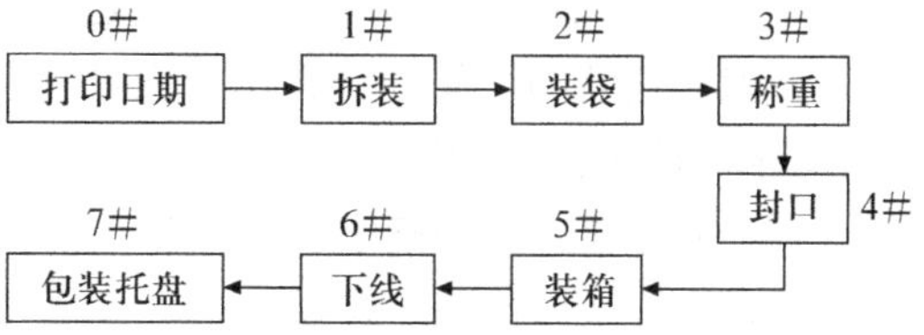

图 7－5　某产品包装标准作业流程

$$单位产品直接人工作业成本 = \sum i\ 工序作业工时用量标准 \times 标准工资率$$

（2）包装配送成本。配送成本是配送过程中所支付的费用总和。根据配送流程及配送环节，配送成本主要包括配送运输费用、搬运费用等。

配送运输成本是指配送车辆在配送生产过程中所发生的费用。一般运输成本包含：车辆损耗、司机成本、油耗、固定成本（包含车辆的年检，折旧等）。

3. 使用包装后的流通成本（C_3）

使用包装后的流通成本指包装件在托盘集合、集装、运输、仓储及废弃包装回收等流通过程中所付出的成本，包括托盘集装箱费用（C_{31}）、运输费用（C_{32}）、仓储费用（C_{33}）及废弃包装回收费用（C_{34}）等。

通过采用标准系列化尺寸的瓦楞纸箱，按托盘堆码图谱提高托盘装载率，通过合理堆码提高运输工具和仓储的空间装载率，通过网络优化选择最短运输及回收路线，或通过调研选择最低公里/吨·天费用的运输及回收路线，减少人工费用和材料费用支出，均可控制和降低使用包装后的流通成本。

二、包装使用总成本控制

依据上述分析，可知包装使用总成本 C 为：

$$C = C_1 + C_2 + C_3 = C_{11} + C_{12} + C_{13} + C_{14} + C_{21} + C_{22} + C_{31} + C_{32} + C_{33} + C_{34}$$

按系统工程原理和并行设计方法，综合采用各项措施，即可获得最低的包装使用总成本。

下面再通过案例，说明包装使用总成本的控制应用。

1. 包装使用总成本问题分析

某汽车零部件企业，采用木箱中放纸箱包装的汽车零部件销往美国市场。木质外箱高约 1.5m，必须先由一个包装作业工人进入木箱，把纸盒包装的产品摆放到木箱高度的 1/3 左右，才能在箱外进行包装作业。

（1）包装作业效率很低，作业成本高。

（2）包装质量差。包装时产品受到踩踏，每个木箱中总有 7～10 个产品包装上有明显的踩踏痕迹。

（3）包装材料成本高。需要在木箱里放置 20 个空纸箱，待产品运输到目的地之后用以更换受损的纸箱包装。

2. 控制包装总成本的措施——CPS 策划

（1）取消木箱包装，改用托盘收缩包装。按每个托盘装 72 个（以平面摆放 8 个，码高 9 层）纸箱包装的产品计算，每个托盘的重量为 1440kg。在仓储 3 个托盘堆高，运输两个托盘堆高的情况下，底层最大压力为 4320kg。根据受力分析，一方面依靠瓦楞纸箱密集堆积，另一方面通过合理确定支撑点将一部分压力分散到零件本身，从而满足底层最大压力的抗压要求，从而取消箱包装。

（2）考虑到海运可能遇到盐雾高湿环境，对纸箱进行密封保护处理。

3. 效果

每年可使该企业的包装总成本节约 120 万元。

（1）取消木箱包装，也不需要更换受损的纸箱包装，减少了包装制品的生产成本。

（2）简化了包装作业工艺，减少了使用作业成本，使原来需要 23 人减少为 11 人。

（3）取消木箱包装，减少了托盘体积，使每个集装箱多装了 6 个托盘，降低了流通成本；此外，还减少了木箱的海关免疫处理的时间和费用。

4. 案例评析

这是一个基于整体包装策划来控制包装总体成本的案例，通过本案例，有以下认识：

(1) 按整体包装的整体策划原则，在包装设计时就考虑包装的作业和运输、仓储问题，最早发现问题、从而使包装物流总成本最低。

(2) "整体包装解决方案"不仅要考虑包装制品的生产成本，而且还要考虑包装作业成本和使用包装及废弃后的流通成本，如此才能控制包装总成本最低。

(3) "降低包装成本"绝不是只降低包装制品的成本。一般而言，明显可见的包装制品成占总成本的1/3左右，还有2/3的隐性成本，如包装作业成本、退赔损失以及因包装不合理导致运输仓储费用的上升等都属于包装使用成本。

第五节 包装技术经济分析的方法

包装技术经济分析是对为达到某种预定的目的，而对可能采用的各项不同的包装技术政策、包装技术方案、包装技术措施的经济效果进行计算、分析、比较和评价，从而选择包装技术上先进、经济上合理的最优方案的过程。

技术方案经济效益的计算和评价方法有多种形式，根据是否考虑资金运动的时间价值而分为两大类，即不考虑资金时间价值的静态法和考虑时间因素的动态法。静态评价方法的评价指标主要有：投资回收期、投资效果系数、追加投资回收期和追加投资效果系数，以及计算费用等。动态评价方法的评价指标主要有：净现值法、净现值指数法和内部收益率法等。除此之外，技术方案的分析评价还要考虑某些不确定因素对方案经济效益的影响，进行不确定性及敏感性分析。

一、静态评价方法

1. 投资回收期法

投资回收期是单方案经济效益评价指标，是指技术方案投产后，以每年取得的净收益（包括利润和折旧）来回收全部投资所需的时间。其计算公式为：

$$T=\frac{P}{M}$$

式中 T——投资回收期，年；

P——投资总额；

M——达产年净收益（包括折旧）。

采用投资回收期指标对技术方案进行评价时，应将计算得到的投资回收期与标准投资回收期进行比较，当 $T \leqslant T_{标}$ 时，则可认为方案在经济上是可取的。

例1：设某项目初始投资为2000万元，投资后每年均等地获得净收益500万元，若 $T_{标}=5$ 年，试用投资回收期法判断该技术项目是否可取。

解：
$$T=\frac{P}{M}=\frac{2000}{500}=4\ （年）$$

由于 $T<T_{标}$，所以该技术项目在经济上是合理的。

例2：某包装项目计划三年内进行固定资产投资1000万元，其中第一年投资300万元，第二年投资400万元，第三年投资300万元，银行贷款年息率为3%，赢利265万元，计算投资回收期是多少？国家规定这个建设项目的标准投资回收期为5~7年，试决策。

解：（1）计算投资额：$1000+300\times3\%\times3+400\times3\%\times2+300\times3\%=1060$万元

（2）投资回收期：$1060\div265=4$（年）

该技术项目可取。

2. 投资效果系数法

投资效果系数也称投资收益率，是指技术方案投产后每年取得的净收益与总投资额之比，即：

$$投资效果系数=\frac{M}{P}$$

采用投资效果系数指标对技术方案进行经济评价时，应将计算得到的投资效果系数与标准投资效果系数（$E_{标}$）进行比较，若$E\geqslant E_{标}$，则方案在经济上是可取的，否则，方案不能接受。投资效果系数法也是单方案经济收益的评价指标。

3. 追加投资回收期法

当进行两方案比较时，经常遇到的情况是，投资额大的方案经营费用小，而投资额小的方案经营费用多。所谓追加投资回收期是指当两个方案比较时，用投资额大的方案比投资额小的方案所节约的经营费用，来回收其多追加的投资所需要的时间。其计算公式是：

$$T_{追}=\frac{P_2-P_1}{C_1-C_2}$$

当两个方案提供的年产量不同时，公式为：

$$T_{追}=\frac{P_2/Q_2-P_1/Q_1}{C_1/Q_1-C_2/Q_2}$$

式中 P_1和P_2——分别为两方案的总投资额，且$P_2>P_1$；

C_1和C_2——分别为两方案的经营费用，且$C_1>C_2$；

Q_1和Q_2——分别为两方案的年产量，为追加投资回收期（年）。

例：某包装机械厂采用新工艺可使配件产量由10 000件提高到12 000件，但需研制及安装设备投资250万元，如不采用新工艺则只需支付更新设备费（维持原产量）40万元，已知标准投资回收期为3年，两种工艺流程的成本费用如表7-4所示。

表7-4 某厂投资项目费用表

产品成本项目	材料/月	工资/月	费用/月
原工艺流程/元	400 000	100 000	40 000
新工艺流程/元	440 000	78 000	58 000

试决策采用新工艺是否合理。

解：设采用新工艺前后的设备费用为P_1、P_2，采用新工艺前后生产12 000件配件的年费用总额分别为C_1、C_2，

$$\because C_1 = \text{原工艺流程月单位产品成本} \times 12 \times 12\ 000$$

$$= \frac{400\ 000 + 100\ 000 + 40\ 000}{10\ 000} \times 12 \times 12\ 000 = 7\ 776\ 000 \text{（元）}$$

$$C_2 = \text{新工艺流程月单位产品成本} \times 12 \times 12\ 000$$

$$= \frac{440\ 000 + 78\ 000 + 58\ 000}{12\ 000} \times 12 \times 12\ 000 = 6\ 912\ 000 \text{（元）}$$

$$\therefore T_{\text{追}} = \frac{P_2 - P_1}{C_1 - C_2} = \frac{2\ 500\ 000 - 400\ 000}{7\ 776\ 000 - 6\ 912\ 000} \approx 2.43 \text{ 年}$$

由于 $2.43 < 3$，即 $T_{\text{追}} < T_{\text{标}}$

表明采用新工艺流程经济效果优于原工艺流程，决策采用新工艺。

4. 追加投资效果系数法

两个方案相比较时，投资大的方案比投资小的方案所节约的年经营费用，与其追加的投资额之比。计算公式为：

$$E_{\text{追}} = \frac{C_1 - C_2}{P_2 - P_1}$$

当两个方案提供的年产量不同时，计算公式为：

$$E_{\text{追}} = \frac{C_1/Q_1 - C_2/Q_2}{P_2/Q_2 - P_1/Q_1}$$

当 $E_{\text{追}} \geqslant E_{\text{标}}$ 时，选择投资大的方案为最优方案，否则，投资小的方案为优。

由于追加投资效果系数和追加投资回收期指标只是反映两方案对比的相对经济效益，而不能反映两方案自身的经济效益。为了正确地进行两方案的评价与选择，应注意以下要求，即第一方案（投资额小的方案）作为基础方案应满足绝对效益评价标准。

5. 计算费用法

在多方案情况下，除了可以用相对经济效益评价法中的两种方法进行选优以外，还可以采用计算费用法选优。计算费用法就是将投资或经营费用按一定的比例进行折算，计算出各方案的折算费用，以此来进行多方案的评价和选优。

折算费用有两种，一种是年折算费用，一种是总折算费用，两种折算公式分别是：

①总折算费用计算公式为：

$$Z_{\text{总}} = P + T \cdot C$$

②年折算费用计算公式为：

$$Z_{\text{年}} = C + E \cdot P$$

式中　$Z_{\text{总}}$——某方案的总折算费用，元；

$Z_{\text{年}}$——某方案的年折算费用，元/年；

P——该方案的总投资额，元；

C——该方案的经营费用，元。

在应用总折算费用指标或年折算费用指标进行多方案经济评价和选优时，以折算费用最小的方案为最优方案。

二、动态评价方法

1. 净现值法

净现值是指技术方案（或工程项目）在整个寿命周期内，每年发生的净现金流量，用一个事先给定的标准折现率，折算成的现值之和，其计算公式为：

$$NPV = \sum_{t=0}^{n} F_t \cdot \frac{1}{(1+i)^t} = \sum_{t=0}^{n} (F_1 - F_0) \cdot \frac{1}{(1+i)^t}$$

式中　NPV——方案净现值；

F_t——第 t 年的净现金流量；

F_1——第 t 年的现金流入量；

F_0——第 t 年的现金流出量；

n——方案的寿命周期；

i——标准折现率；

$\frac{1}{(1+i)^t}$——第 t 年折现系数。

净现值指标是反映技术方案在整个寿命周期（包含建设期及服务期）内获利能力的动态评价指标。净现值折算年限，应以投资开始年份为基准。

净现值的计算结果可以有三种情况：

（1）$NPV>0$，表示该技术方案的投资不仅能获得基础收益率（即标准折现率）所预定的经济收益，而且还能得到超过基准收益率的现值收益，所以该方案是可取的。

（2）$NPV=0$，表示该方案的投资刚好达到要求的基准收益水平，说明方案经济上也是合理的，一般可取。

（3）$NPV<0$，表示技术方案的收益没有达到要求的基准收益水平，说明方案经济上是不合理的，一般不可取。

因此，将净现值指标用于单方案评价时，如果 $NPV \geqslant 0$，则方案是可取的；而用于多方案评价及选优时，一般认为净现值最大的方案为最优方案。

净现值的计算步骤是：计算方案在建设期和生产服务期内逐年的现金流入和现金流出，得到各年的净现金流量图；确定标准折现率；分别计算各年的净现值收入；把各年的净收入现值累计即为净现值。（例：图 7-6 中的水平线是时间的标度，时间的推移自左向右，每一格代表一个时间单位；箭头表示现金流动的方向，向下箭头表示现金流出，向上箭头表示现金流入）。

例：如图 7-6 所示的净现金流量图，当 $i=10\%$ 时，试计算其净现值。

$$NPV = (-1000) + \frac{-500}{1+10\%} + \frac{-400}{(1+10\%)^2} + \frac{300}{(1+10\%)^3} + \frac{300}{(1+10\%)^4} + \frac{500}{(1+10\%)^5} + \frac{500}{(1+10\%)^6} + \frac{500}{(1+10\%)^7} + \frac{500}{(1+10\%)^8} + \frac{500}{(1+10\%)^9} \quad \frac{500}{(1+10\%)^{10}} + \frac{500}{(1+10\%)^{11}} + \frac{1100}{(1+10\%)^{12}} = 660\ （万元）$$

由于 $NPV>0$，所以该方案所代表的项目在经济上是可取的。

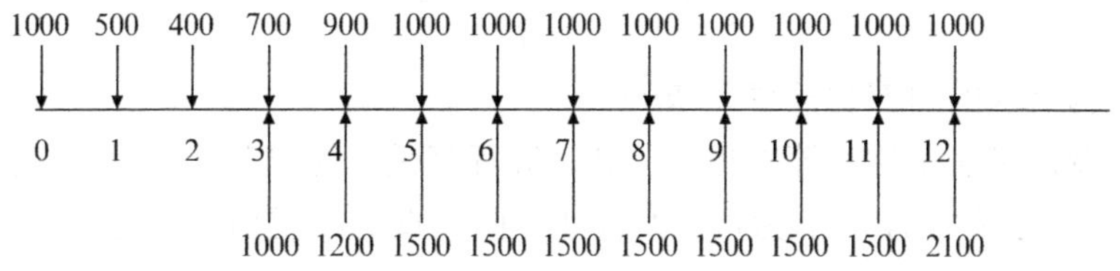

图7－6　某方案净现金流量图

2. 净现值指数法

在多方案评价选优时，如果是采用净现值法，则不能简单地根据净现值的大小来选优。因为净现值的大小只能说明赢利额的多少，而没有说明这样的赢利是在何种费用水平上取得的。净现值指标并没有直接反映出资金的利用效果。因此，净现值最大的方案不一定就是经济效益最好的方案。如果单纯以净现值最大作为方案选优的标准，就有可能发生这样的情况：往往选择赢利多但投资额也大的方案为最优，从而忽视了赢利额较大投资额较少，但却是经济效益好的方案。因此，在应用净现值法进行多方案选择时，还应计算另外一个经济效益指标——净现值指数，做为辅助评价标准。

净现值指数（*NPVI*）也是反映技术方案在寿命周期内获益能力的动态评价指标。它指的是净现值与投资额现值的比值，表示单位投资现值所产生的净现值。其计算公式为：

$$NPVI = \frac{\text{净现值}}{\text{投资额现值}}$$

例：现有满足相同需求的两个技术方案可供选择，其有关数据如表7－5所示，试进行方案选优。

表7－5　甲、乙方案有关数据表　　　　万元

方案	投资额现值	净现值	净现值指数
甲	3650	372.60	0.102
乙	3000	352.20	0.117

根据表7－5中所计算的结果，若以净现值为评价标准，则甲方案为优，但从净现值指数来考虑，乙方案又优于甲方案。因此，将净现值及净现值指数这两个指标综合考虑，应选择赢利额较大、投资较少、经济效益更好的乙方案。这在资金紧张的情况下，对于节省投资并发挥资金的利用效率是有益的。

3. 内部收益率法（*IRR*法）

对某个技术方案来说，在寿命周期内其净现值的大小与所选定的折现率 i 有关；折现率越小，净现值越大；折现率越大，净现值越小；当折现率大到一定程度后，净现值就由正变为零，再变为负。

净现值为零时的折现率 i^*，即为技术方案的内部收益率的值，它是方案本身所能达到的最高收益率。

内部收益率的值，就是满足下列公式的 i^* 解：

$$\sum_{t=0}^{n} F_t \cdot \frac{1}{(1+i^*)^t} = 0$$

式中　i^*——为所求的内部收益率（IRR）。

内部收益率的求法采用试算逼近法。其计算程序是：先以某个 i 值代入公式，净现值为正时，增大 i 值；如果净现值为负，则缩小 i 值，直到净现值等于零，这时的 i 即为所求的值 i^*。

例：某包装企业进行一项技术改造需投资 10 万元，有效期 10 年，每年可获现金净收入 1.7 万元，残值 0.8 万元，要求投资利率不低于 10%，试决策该方案是否可行？

解：依题意用内部收益率法，先测算投资方案的内部利率，再与该投资方案的内部利率标准 10% 进行比较，即可得出结论。

（1）先试年利率 $i=10\%$，查利率表可知：现金净收入年金现值系数为 6.14457，残值现值系数为 0.38554，由此得：

（1.7 万元 ×6.14457 +0.8 ×0.38554）－10 万元 =0.7540 万元

计算结果差额为正，说明选择的折现率仍低于内部收益率。

（2）再试年利率 $i=12\%$（选择年利率的差额以 1% ~2% 为好，不应超过 5%）查利率表可知现金净收入年金现值系数为 5.65022，残值现值系数为 0.257576，由此得：

（1.7 万元 ×5.65022 +0.8 ×0.257576）－10 万元 =（－0.1374）万元

计算结果差额为负，说明选择的折现率高于内部收益率。

由此可见，该方案的内部利率在 10% ~12% 之间，现通过下式求出该方案的最佳内部利率。

$$i^* = i_1 + \frac{PV}{PV-NV}(i_2 - i_1)$$

式中　i^*——内部收益率 IRR；

i_1——试插的低折现率；

i_2——试插的高折现率；

PV——采用低折现率 i_1 时的方案净现值；

NV——采用高折现率 i_2 时方案净现值。

把本例中的各项代入上述公式中，得到

$$i^* = i_1 + \frac{PV}{PV-NV}(i_2 - i_1)$$

$$= 10\% + \frac{0.7540}{0.7540-(-0.1374)} \times (12\% - 10\%)$$

$$= 10\% + 1.69\% = 11.69\%$$

由此可得出结论：由于该企业技术改造投资项目的内部利率为 11.69%，高于企业内部利率标准 10%，所以此方案可行。

三、不确定性及敏感性分析

对包装技术方案进行分析评价，除了通常采用的上述静态法与动态法之外，还要研究技术方案中某些不确定因素对方案经济效益的影响。

技术经济分析的对象和具体内容，是对可能采用的各技术方案进行分析和比较，事先评价其经济效益，并进行方案选优，从而为正确的决策提供科学的依据。由于对技术方案进行分析计算所采用的技术经济数据大都来自预测和估算，有着一定的前提和规定条件，所以有可能与方案实现后的情况不相符合，以致影响到技术经济评价的可能性。为了提高技术经济分析的科学性，减少评价结论的偏差，就要进一步研究某些技术经济因素的变化对技术方案经济收益的影响，并提出相应的对策，这就是不确定性分析的内容和目的。

经常用到的不确定性分析方法，主要有盈亏分析法、敏感性分析法和概率分析法。这三种方法都是对影响技术方案经济效益的不确定因素进行研究和预测的定量分析方法。可以根据技术方案的特点和实际需要，有条件地选择其中一种。

案例分析：某公司运用系统工程思想实现包装综合成本的降低

1. 问题描述

某公司作为某电气股份有限公司的绿色包装供应商，为其所属的7家分公司供应500多个规格品种的瓦楞纸箱产品。在运作中存在以下问题：包装外箱原纸克重过高，使成本提高；对内装产品保护不足而使产品成为残次品；包装库存量过大造成浪费；品种规格多达500多个，但因包装组合不合理造成运输费和仓储费的浪费；因重量和尺寸设计不当使包装作业费提高。

2. 改进方案

（1）降低包装箱生产成本。

针对电气产品包装的需求，该公司对瓦楞包装外箱的原纸、楞型和生产工艺等进行改进，降低包装生产成本。

①使用低克重原纸。通过对多种原纸物理性能的检测对比，K872Z原纸能满足低压电气行业的包装强度要求，达到较高的性价比。

②使用BE瓦。单位面积用原纸面积较AB瓦少0.19m^2，节约原材料成本。同时BE瓦结合了V形齿和U形齿的特点，达到“内外兼修”。外E瓦（外层瓦楞相当于V形瓦楞）挺度好、坚硬可靠、用纸少、表面平整、印刷效果好、外观形象好。内B瓦（内层瓦楞相当于U形瓦楞）具有良好的缓冲性能，对内装物起到良好的缓冲保护，满足产品抗压保护需求。

③使用一次成板工艺。经综合试验比较，一次工艺成板BE瓦纸板强度比两次工艺成板的AB瓦纸板强度高50%。

④使用0201箱型。在箱型的选择上，遵循最优的性价比，0201型纸箱完全能够满足一般低压电器产品的抗压要求，在用量面积最少的同时0201型纸箱也符合国内外包装的使用习惯。

⑤成箱工艺在25kg以下的均使用胶粘工艺。胶粘工艺表面平整，连接处没有缝隙，美观度高，使用环保胶水不受出口环保限制。避免了传统钉针工艺表面不平整，使用的扁丝受潮后容易生锈等问题。

⑥成箱方式使用一片成箱，与传统的两片成箱方式相比，减少一个40mm的接舌和两个20mm的毛边，减少用料面积。

（2）降低包装使用成本。

通过纸箱规格整合，尺寸系列化，减少纸箱的使用规格，多种产品之间实现通用包装，使包装的各个系统达到最优化，大大降低了包装的使用成本。

①整合纸箱规格，降低采购成本，提高工作效率。整合使用量少的产品订单，使产品规格系列化、标准化，降低了包装的采购成本。纸箱规格的通用性使纸箱可以在不同车间和不同分公司之间进行调货使用，减少了生产准备的规格和时间，提高了工作效率。

②考虑作业成本，规范纸箱标准。所有包装产品的重量严格控制在25kg以下，同时考虑到产品在包装过程的搬运及堆码，所有包装尺寸长度大部分在70cm左右，最长的也不超过80cm，宽度大部分为40cm左右，最宽不超过50cm，高度与宽度相当。通过箱型、尺寸及质量的限制，产品填充过程的直立、填充、封箱、贴标、搬运和堆码等各个工序环节衔接得更加紧密，填充的效率大大提高，降低了作业成本。

③按尺寸系列化设计纸箱尺寸，提高在集装箱内的装载容量，以提高仓储效率。再配合电子标签的使用，提高了产品出入库的准确性。

④降低运输成本。通过整合纸箱规格，实现包装产品的单规格批量化生产，使包装产品在物流配送过程中实现大批量的送货，提高装车利用率。原先小批量规格外箱，物流配送成本很高。整合后包装的通用性实现了不同产品包装在需要时进行及时调货，减轻了物流交货期压力。此外，使用BE瓦箱壁由原先AB瓦的7mm左右减至4mm左右，按10个纸箱一个打包计算，每打包纸箱高度可以降低3cm，这样大大提高了装车利用率，直接减少送货次数，降低物流运输成本。

（3）降低包装管理成本。

以前由于包装规格多而杂，无形中增加了采购成本和采购管理成本。在前期的包装整合调研中，也有包装采购员抱怨因外箱规格多而工作开展困难，经常出现下单错误等现象。通过整合提高效率，降低了管理成本。

3. 改进后效果

该公司2007年，对7家分公司的产品包装进行全面整合，把包装从500多个整合到84个，每年降低包装综合成本300万元左右，具体主要包括以下项目：楞型变化提高原纸利用率，降低成本约8万元/年；原纸克重降低节约成本约21万元/年；减少耗材及省去的开机费降低成本约为8万元/年。集装箱装箱利用率提高节约运费约为27万元/年；仓储成本节约约18万元/年；纸箱规格由原来的500个减少到84个，包装检验员的工作量减少五分之四，直接降低成本约4.32万元/年；减少托盘的使用量，单从产品型号计算托盘使用可以由原先500个减少至84个。单品种装车提高空间利用率，纸箱由AB瓦变为BE瓦提高装车数量，降低运输车次，降低储运成本约16万元/年；通过整合，达到批量订单基本上实现零库存，减少仓储和包装成本至少40万元/年；在包装管理成本方面，下单采购人员由原来的8人变为现在的4人，采购厂商由原来的3家变为现在的1家，采购产品由原来的500种变为现在84种，直接降低包装采购管理成本29万元/年。

4. 案例评析

在纸箱包装微利化的时代，绝不能仅仅依靠节约材料，降低生产成本来控制包装成本。必须从包装的整个生命周期角度，利用整体包装解决方案，运用系统工程的思想和方法，控制包装总成本最低，而不是其中一项最低。该公司在对低压电器行业做包装整合方案，充分考虑包装的使用和包装管理的各个环节，降低包装综合成本。

思考题

1. 包装成本管理包括哪些主要环节？其任务是什么？
2. 理解区分什么是产品成本和生产费用？什么是制造成本和期间费用？
3. 制造成本法具有什么特点？它和完全成本法比较有什么不同？
4. 如何进行成本预测和确定目标成本？如何编制成本预算？
5. 成本控制和成本分析各指什么？进行成本控制的方法有哪些？
6. 什么是包装使用总成本？由哪些费用构成？如何控制包装使用总成本？
7. 什么是技术经济分析？其评价方法有哪几类？简述各类评价方法的基本原理。

参 考 文 献

[1] 王野．包装管理．长沙：湖南大学出版社，1989. 12.
[2] 杨先举．工业企业管理原理与组织．北京：中国人民大学出版社，1990. 12.
[3] 林静，刘朝明．中国社会主义市场经济论．郑州：河南人民出版社，1993. 8.
[4] 黎发源等．现代市场经济学概论．北京：经济日报出版社，1994. 6.
[5] 彭好荣．工商企业经营管理．北京：经济管理出版社，1994. 7.
[6] 王治通．现代企业管理原理．成都：成都科技大学出版社，1993. 3.
[7] 程国良，金光华．工业企业管理原理与方法．上海：复旦大学出版社，1990.
[8] 王北辰，李士瀛，张霁野．现代企业经营与发展战略．北京：经济管理出版社，1987.
[9] 纪宝成．市场营销学教程．北京：中国人民大学出版社，1989.
[10] 邝鸿．现代市场营销大全．北京：经济管理出版社，1991.
[11] 王荣文．市场经济企业竞争手册．北京：中国友谊出版公司，1993.
[12] 暴奉贤，陈宏立．经济预测与决策方法．珠海：暨南大学出版社，1991.
[13] 中国人民大学工业企业管理教研室．工业企业生产管理．北京：中国人民大学出版社，1985.
[14] 廖永平．机械工业企业质量管理．北京：机械工业出版社，1990. 5.
[15] 张维德，李锡纯．全面质量管理实践．西安：陕西工业出版社，1984. 12.
[16] 财政部《企业会计制度讲座》编写组编．企业会计制度讲座．长沙：湖南科学技术出版社，1993. 8.
[17] 夏乐书，刘明辉．企业财务管理．沈阳：辽宁人民出版社，1993. 8.
[18] 李俊生．企业财务通则教程．北京：中国人事出版社，1993. 3.
[19] 虞觉翔．新编工业企业财务管理．上海：立信会计出版社，1994. 1.
[20] 林万祥．成本会计．成都：西南财经大学出版社，1995. 10.
[21] 康述尧．企业财务管理与分析．成都：成都科技大学出版社，1994. 1.
[22] 彭世明等．现代企业理财．北京：中国商业出版社，1994. 2.
[23] 谢贤星，王乃琮．股份制企业财务管理．北京：光明日报出版社，1993. 9.
[24] 财政部注册会计师考试办公室．财务管理．北京：中国财经出版社，1993. 6.
[25] 何进日，戴子礼．财务管理学．长沙：湖南出版社，1993. 8.
[26] 王墨春．现代工业企业生产管理学．沈阳：辽宁人民出版社，1987.
[27] 王书元，王润球．论企业家的包装观念．长沙包装，1989.
[28] 王润球．重视改进包装是企业的明智之举．中国包装报，1989. 11.
[29] 傅志红．谈塑料包装与环境保护的关系．出口商品包装．1995（5）.
[30] 谢荣全．试论行业管理和协会工作者的整体素质．中国包装，1994（1）.
[31] 王跃中．走出务虚．中国包装，1994（1）.
[32] 黄小蕙等．我国第一家行业协会在改革中发挥行业管理的作用．中国包装，1994（1）.
[33] 中国包装编辑部．国外社团纵横谈．中国包装，1994（3）（4）.
[34] 欧阳庆林．加强和改进我国行业管理的重要意义及建议．中国包装，1995（4）.

[35] 李安平．我国塑料包装的现状与对策．包装工程，1995.（5）.
[36] 罗克文等．美国包装废料处理技术与中国对策．包装工程，1993（3）.
[37] 林长熙等．用废旧聚氨酯泡沫塑料处理有机废水．渝洲大学学报，1994（1）.
[38] 方荧．包装废弃物的处理及其综合利用．包装世界，1992（1）.
[39] 何竹敏．我国铝质易拉罐的现状与思考．中国包装，1993（3）.
[40] 刘无畏．包装行业形势与展望．中国包装，1993（3）.
[41] 杨福馨．塑料包装废弃物的回收利用增值途径探讨．包装世界，1993（1）.
[42] 石镇楫．高阻隔性食品包装材料的最新发展动向．包装工程，1992（5）.
[43] 乔蕴谋编著．产品包装标准化．北京：中国标准出版社.
[44] 周三多等．管理学 - 原理与方法（第四版）[M]. 上海：复旦大学出版社，2007，07，332 - 363.
[45] 丁志丽．ERP 在企业管理中的作用浅析 [J]. 企业管理，2011（3）.
[46] 陈延寿，宋萍等．ERP 教程 [M]. 北京：清华大学出版社，2009，07.
[47] 陈启坤．成功实施 ERP 的规范教程 [M]. 北京：电子工业出版社，2009，03.
[48] 梁武荣．实施旬滚动生产计划的设想 [J]. 北京：机电工程技术，2002（1）.
[49] 滚动计划法，zhidao. baidu. com/question/333487891. html 2011 - 11 - 16.
[50] 祝尚福．计算机网络计划技术在建筑施工中的应用 [J]. 广东工业大学学报；2000（4）.
[51] 杨乃定．企业管理理论与方法导引（M). 北京：机械工业出版社，2010，01.
[52] 李万庆．工程网络计划技术（M). 北京：科学出版社，2009，09.
[53] 高福聚．工程网络计划技术（M). 北京航空航天大学出版社，2008，09.
[54] 李建忠．网络技术在工程施工管理中的应用 [J]. 网络与信息，2011，05.
[55] 国家环保总局污染控制司. 城市固体废弃物管理与处理处置技术（M). 北京：中国石化出版社 2001. 1，2273 - 281.
[56] 戴宏民. 绿色包装（M). 北京：化学工业出版社，2002. 8，141 - 254.
[57] 皮林格、巴纳主编，范家起、张玉霞译. 食品用塑料包装材料——阻隔功能、传质、品质保证和立法．北京：化学工业出版社，2004，9. 第 1 版.
[58] 孙彬青. 食品包装材料中化学物质的迁移分析. 江南大学硕士学位论文. 2006，6，10 - 45.
[59] 袁振华. 食品包装材料中化学物向食品迁移和安全评价. 浙江预防医学，1999 年第 11 期：29 - 31.
[60] 杨福馨，侯林清，杨连登. 包装材料的回收利用与城市环境（M). 北京：化学工业出版社 2002，5，149 - 176.
[61] 戴宏民. 绿色包装 [M]. 北京：化学工业出版社，2002. 8，39 ~ 43.
[62] 孙诚. 包装结构设计（第二版）[M]. 北京：中国轻工业出版社. 2003，12，211 ~ 212.
[63] 戴宏民. 新型绿色包装材料 [M]. 北京：化学工业出版社，2005，1.
[64] 戴宏民. 包装管理（第二版）[M]. 北京：印刷工业出版社，2005，4.
[65] 中华人民共和国商务部. 欧盟商品包装 [J]. 商务部网下载资料 47 - 48，82 - 84.
[66] PaPka S D , Kyriades S. Experiments and Full-scale Numeral Simulations of in-plane Crushing of a Honeycomb. Acta Mater. 1998. 8，2765 ~ 2776.
[67] 徐新华，吴忠标，陈红. 环境保护与可持续发展 [M]. 北京：化学工业出版社. 2000，11，164 - 168.
[68] 卢仁艳. 解析欧盟新贸易壁垒：REACH 法规 [J]. 北京：合作经济与科技. 2010（3），37 - 39.
[69] 徐勇谋. 现代物流管理基础 [M]. 北京：化学工业出版社，2003，8.
[70] 周廷美，张英. 包装物流概论 [M]. 北京：化学工业出版社，2006，7.
[71] 陈文安，胡焕绩. 新编物流管理 [M]. 上海：立信会计出版社，2003，3.

[72] 韩永生. 包装管理. 标准与法规 [M]. 北京：化学工业出版社，2003，9.
[73] 戴宏民. 包装与环境 [M]. 北京：印刷工业出版社，2007，5.
[74] 戴宏民. 在提供完整包装解决方案中发展绿色包装 [J]. 重庆工商大学学报. 2008（6）13～15，2008（7），19～20.
[75] 张波涛. 整体包装解决方案 [J]. 中国包装工业. 2008（6），16.
[76] 戴佩华，戴宏民. 基于供应链管理的产品整体包装解决方案设计 [J]. 包装工程，2009（9），37～39.
[77] 鄂玉萍，王志伟. 整体包装解决方案理念之辨析 [J]. 包装工程，2008（10），223～225.
[78] baike. baidu. com/view/3279202. htm，RFID 标签. 2010（7）、17.
[79] 余冰，陈景兰，戴恩勇，朱丹. RFID 标签在库存管理中应用的研究综述 [J]. 物流技术，2011（1），45～47.
[80] 戴佩华，戴宏民. 基于供应链管理的产品整体包装解决方案设计 [J]. 包装工程，2009（9），37～39.
[81] 周明星. 精益包装管理：降低客户包装综合成本 [J]. 电气制造，2009（7），53～55.
[82] 潘颖雯，张克英. 企业管理与技术经济分析 [M]. 天津大学出版社，2010，5.
[83] 丁毅，蔡晋，高雁. 价值工程在包装优化设计中的应用 [J]. 包装工程，2007（10），34～36.